高等学校信息技术、计算机科学与技术专业教材

模拟与数字电路技术基础

李 伟 编著

人民交通出版社

北 京

内 容 提 要

本书面向信息类专业和涉电类专业方向的电路电子技术基础教学需求,以信息化电子基础和应用为主线,系统化阐述电路、模拟电子技术、数字电子技术方面的基本理论、基本知识、基本技能和基本专业应用。全书包括信息与信号、电子化信号与信息应用形式、电路与元件、电路基本定律和分析方法、半导体电子元件电路、基本放大电路、信号的数字化处理、组合逻辑电路、触发器、时序逻辑电路等内容。

本书可作为高等院校电子信息类、计算机类、物联网类、人工智能类、大数据类、自动化类各专业教材,也可供智慧交通、交通设备与控制工程、交通设施监测、智能车辆、机械自动化、轮机工程等其他专业教学选用或供社会读者阅读。

图书在版编目(CIP)数据

模拟与数字电路技术基础/李伟编著. —北京:
人民交通出版社股份有限公司,2024.8. —ISBN 978-7-114-19583-9

Ⅰ. TN710.4;TN79

中国国家版本馆 CIP 数据核字第 2024GX4383 号

高等学校信息技术、计算机科学与技术专业教材

书　　　名	模拟与数字电路技术基础
著 作 者	李　伟
责 任 编 辑	戴慧莉
责 任 校 对	赵媛媛　龙　雪
责 任 印 制	刘高彤
出 版 发 行	人民交通出版社
地　　　址	(100011)北京市朝阳区安定门外外馆斜街 3 号
网　　　址	http://www.ccpcl.com.cn
销 售 电 话	(010)59757973
总 经 销	人民交通出版社发行部
经　　　销	各地新华书店
印　　　刷	北京科印技术咨询服务有限公司数码印刷分部
开　　　本	787×1092　1/16
印　　　张	15.75
字　　　数	390 千
版　　　次	2024 年 8 月　第 1 版
印　　　次	2024 年 8 月　第 1 次印刷
书　　　号	ISBN 978-7-114-19583-9
定　　　价	49.00 元

(有印刷、装订质量问题的图书,由本社负责调换)

在当前信息化时代,电子技术作为信息领域的硬件基石和主要分支,已被广泛地应用于社会生产活动与日常生活。电子信息领域作为当前全球研发投入最集中、创新最活跃、应用最广泛、辐射带动作用最强的科技创新领域,是全球科技创新的竞争高地,业已成为国家现代科学技术发展水平的重要标志之一。

为了保障和加强本科阶段信息类学生的电子技术水平,目前在国家本科专业标准中,对所有信息大类专业都有电子技术知识的教学要求,其他如智慧交通、交通设备与控制工程、交通设施监测、智能车辆、机械自动化、轮机工程等涉电专业方向,也有电子技术知识背景需求,以通过电子技术类课程的学习,使学生获得电路、模拟电子技术、数字电子技术方面的基本理论、基本知识和基本技能,培养学生分析和解决实际问题的能力,为学生学习后续相关课程打下基础。

在电子技术类课程本科教学中,现有课程教材大多按照电子技术领域内的电路、模拟电子技术、数字电子技术三大类型划分,将教学内容分别组织成为"电路分析""模拟电子技术"和"数字电子技术"三本不同的专业教材,不同类型教材的章节上侧重详细说明上述三个领域的不同电路和知识;少数教材将电路、模拟电子技术整合为电路电子内容的教材,或者将模拟电子技术、数字电子技术整合为电子技术内容的教材;较为缺乏面向专业应用需求,系统化融合电路、模拟电子技术、数字电子技术内容的一本教材。

对于信息大类专业的计算机科学与技术、物联网工程、人工智能、大数据等信息化特色专业和其他涉电专业方向而言,若执行同电子信息工程、通信工程等信息类"偏硬件开发"性专业相同的电子技术类课程教学计划,由于电子技术领域内容丰富,电路、模拟电路、数字电路等知识和技能上相互有交叉联系,但上述专业课程理论学时多为 32~64 学时,面临着课程少学时、领域富内容的专业性需求整合困难;同时,因电子技术领域内容硬核,多为电子器件、电气性能、电路分析等硬件性概念、原理和知识,学习难度较大,但上述专业培养上大多偏向软件性、电子设备系统应用方向,也存在课程硬基础、学生软应用的期望匹配性困难。

本教材编著计划正是针对老专业新细分方向和新专业建设中的现实教学困境而提出的,尝试在信息化环境下,突出新教学需求和新主线,围绕"偏软件应用"信息处理应用需求核心,以信息应用为主线,以电路电子技术为手段,突出不同电子器件、电路、方法等信息化作用分析、说明,科学系统化整合课程内容和功能模块,合理建设不同教学资源,打造一本"教学目标突出专业特色化、电子技术体系构建科学完整化、内容安排呈现适度合理化"的《模拟与数字电路技术基础》教材,力争有效解决课程少学时、领域富内容的专业需求性整合问题和课程硬基础、学生软应用的期望匹配性问题,科学实现上述信息类"偏软件应用"性专业和其他涉电专业方向中电子技术知识教学。

本教材建议使用方式为:

(1)课程教学目标"以建立电子电路基础为主",本教材建议使用安排(以32学时课程为例)可为:自学第1章、第2章(0学时),主要讲授第3章、第4章(10学时),第5章(10学时),第7章(12学时)。

(2)课程教学目标"以突出数字电子技术为主",本教材建议使用安排(以48学时课程为例)可为:自学并讨论第1章、第2章(2学时),主要讲授第3章、第4章(10学时),第5章(10学时),第7章~第10章(26学时)。

(3)课程教学目标"以并重模拟电子技术基础、数字电路技术基础为主",本教材建议使用安排(以64学时课程为例)可为:自学并讨论第1章、第2章(2学时),主要讲授第3章、第4章(10学时),第5章、第6章(22学时),第7章~第10章(30学时)。

重庆交通大学徐凯教授、许强副教授审阅了全书,提出了很多宝贵意见和建议,在此表示衷心感谢!同时,也向关心、帮助和支持本教材撰写、出版的电子信息工程系、信息科学与工程学院、重庆交通大学全体同仁表示衷心感谢!

限于作者自身能力和水平,虽精心构思、反复审校,但书中依然可能存在疏漏、欠妥和错误之处,恳请各界读者多加指正,以便今后不断改进。

作　者
2024 年 6 月于重庆交通大学

本书中主要符号及其含义说明

一、通用符号

A	安培的通用符号
C	电容通用符号
D_Z	稳压二极管通用符号(下标大写 Z)
E	电动势的通用符号
G	电导通用符号
i	交流电流的通用符号
I	直流电流的通用符号
P	功率的通用符号
q	电荷的通用符号
Q	热量的通用符号
R	电阻通用符号
u	交流电压的通用符号
U	直流电压的通用符号
V	伏特的通用符号
W	功、电能、瓦特的通用符号

二、电流符号

Δi	电流增量
Δi_b	晶体管基极 b 电流增量
Δi_c	晶体管集电极 c 电流增量
Δi_D	二极管正向电流增量
I_B	大写字母、大写下标表示直流电流量(或静态电流),下标表示电流所在晶体管基极 b 支路
I_b	大写字母、小写下标表示交流电流有效值,下标表示电流所在晶体管基极 b 支路
i_B	小写字母、大写下标表示直流电流、交流电流的瞬时总量,下标表示电流所在晶体管基极 b 支路
i_b	小写字母、小写下标表示交流电流瞬时值,下标表示电流所在晶体管基极 b 支路
I_{BQ}	晶体管基极 b 支路电流静态值
I_C	大写字母、大写下标表示直流电流量(或静态电流),下标表示电流所在晶体管集电极 c 支路
I_c	大写字母、小写下标表示交流电流有效值,下标表示电流所在晶体管集电极 c 支路
i_C	小写字母、大写下标表示直流电流、交流电流的瞬时总量,下标表示电流所在晶体管集电极 c 支路

i_c	小写字母、小写下标表示交流电流瞬时值,下标表示电流所在晶体管集电极 c 支路
I_{CQ}	晶体管集电极 c 支路电流静态值
I_D	二极管正向电流
i_D	二极管正向交流电流
I_E	大写字母、大写下标表示直流电流量(或静态电流),下标表示电流所在晶体管发射极 e 支路
I_e	大写字母、小写下标表示交流电流有效值,下标表示电流所在晶体管发射极 e 支路
i_E	小写字母、大写下标表示直流电流、交流电流的瞬时总量,下标表示电流所在晶体管发射极 e 支路
i_e	小写字母、小写下标表示交流电流瞬时值,下标表示电流所在晶体管发射极 e 支路
I_{EQ}	晶体管发射极 e 支路电流静态值
I_F	PN 结正向电流(下标大写 F)
I_i	输入电流(有效值)
i_i	交流输入电流
I_I	直流输入电流
Im	交流电流峰值
I_o	输出电流(有效值)
i_o	交流输出电流
I_{OH}	输出端为高电平时的输出电流
I_{OL}	输出端为低电平时的输出电流
I_Q	电流静态值
I_{REF}	参考电流
I_s	交流信号源电流(下标小写 s)
I_S	二极管反向饱和电流值(下标大写 S)
Is	理想电流源(I 大写,s 小写)
I_{SC}	有源二端网络的短路电流(下标大写 SC)
$I_{z_{max}}$	稳压二极管稳压工作时流经的最大电流
$I_{z_{min}}$	稳压二极管稳压工作时流经的最小电流

三、电压符号

Δu	电压增量
Δu_{be}	晶体管基极 b、发射极 e 之间端口电压增量
Δu_{ce}	晶体管集电极 c、发射极 e 之间端口电压增量
Δu_D	二极管正向电压增量
Δu_o	交流输出电压增量(下标小写 o)
u_{be}	小写字母、小写下标表示交流电压瞬时值,下标表示电压所在晶体管基极 b、发射极 e 之间端口

U_{be}	大写字母、小写下标表示交流电压有效值,下标表示电压所在晶体管基极 b、发射极 e 之间端口
u_{BE}	小写字母、大写下标表示直流电压、交流电压的瞬时总量,下标表示电压所在晶体管基极 b、发射极 e 之间端口
U_{BE}	大写字母、大写下标表示直流电压量(或静态电流),下标表示电压所在晶体管基极 b、发射极 e 之间端口
U_{BEQ}	晶体管基极 b、发射极 e 之间端口电压静态值
U_{BR}	二极管击穿电压
u_{CE}	小写字母、大写下标表示直流电压、交流电压的瞬时总量,下标表示电压所在晶体管集电极 c、发射极 e 之间端口
u_{ce}	小写字母、小写下标表示交流电压瞬时值,下标表示电压所在晶体管集电极 c、发射极 e 之间端口
U_{CE}	大写字母、大写下标表示直流电压量(或静态电流),下标表示电压所在晶体管集电极 c、发射极 e 之间端口
U_{ce}	大写字母、小写下标表示交流电压有效值,下标表示电压所在晶体管集电极 c、发射极 e 之间端口
U_{CEQ}	晶体管集电极 c、发射极 e 之间端口电压静态值
U_{CES}	晶体管饱和管压降
u_D	二极管正向交流电压
U_D	二极管正向直流电压
U_i	输入电压(有效值)
u_i	交流输入电压
u_I	输入电压信号(下标大写 I)
U_I	直流输入电压
U_{IH}	输入端为高电平时的对地电压
U_{IL}	输入端为低电平时的对地电压
Um	交流电压峰值
u_N	集成运放反相输入端的对地电压
U_o	输出电压(有效值)
u_o	交流输出电压、输出电压信号(下标小写 o)
U_O	直流输出电压(下标大写 O)
U_{OC}	有源二端网络的开路电压(下标大写 OC)
U_{OH}	输出端为高电平时的对地电压
U_{OL}	输出端为低电平时的对地电压
U_{ON}	二极管开启电压
U_Q	电压静态值
U_{REF}	参考电压
u_s	放大电路交流信号源电压(下标小写 s)

Us　　理想电压源(U 大写, s 小写)

U_T　　温度的电压当量

U_{TH}　　阈值电压

U_Z　　稳压二极管反向击穿电压

V_{BB}　　晶体管基极回路电源

V_{CC}　　晶体管集电极回路电源

四、电阻符号

R_b、R_B　　晶体管的基极电阻

R_c、R_C　　晶体管的集电极电阻

R_e、R_E　　晶体管的发射极电阻

R_{eq}　　等效电阻

R_i　　放大电路的输入电阻(下标小写 i)

R_L　　负载电阻

R_o　　放大电路的输出电阻(下标小写 o)

R_s　　放大电路交流信号源内阻(下标小写 s)

Rs　　电压源内阻(R 大写, s 小写)

五、二极管符号

r_d　　二极管的等效动态电阻值

r_D　　二极管的等效静态电阻值

六、晶体管符号

b　　晶体管基极

BJT　　晶体管

c　　晶体管集电极

e　　晶体管发射极

七、放大电路符号

A_{ii}　　电流放大倍数,第一个下标表示输出电流量,第二个下标表示输入电流量

A_{iu}　　电流-电压放大倍数,第一个下标表示输出电流量,第二个下标表示输入电压量

A_u　　电压放大倍数的通用符号

β　　共射交流放大系数

$\bar{\beta}$　　共射直流放大系数

A_{ui}　　电压-电流放大倍数,第一个下标表示输出电压量,第二个下标表示输入电流量

A_{us}　　考虑信号源内阻时的电压放大倍数的通用符号

八、数字逻辑符号

$0 \rightarrow 1$　　时钟信号上升沿

$1 \rightarrow 0$　　时钟信号下降沿

B　　二进制

CLK　　时钟

CP　　时钟

CS	片选
D	十进制
EN	允许(使能)
G	逻辑门
GND	接地端
H	十六进制
K	开关
O	八进制
Q	触发器输出信号端
S	时序电路的状态
T	周期
t_{pd}	数字逻辑门电路的传输延迟时间
V_{IH}	数字逻辑门的输入高电平
V_{IL}	数字逻辑门的输入低电平
V_{OH}	数字逻辑门的输出高电平
V_{OL}	数字逻辑门的输出低电平

九、其他符号

C	光速
f	信号频率
F	法拉
L	电路尺寸
λ	波长
Ψ	磁通量
ω	角频率
Ω	欧姆

CONTENTS | 目 录

CHAPTER 1

第1章

信息与信号

1.1 信息

人的一生就是处理各种各样信息的过程。每个人从出生就具有获取信息和处理信息的能力,而对于信息这个概念,每个人都不会觉得陌生,比如使用听觉器官"聆听"现实世界的高、低等声音;使用视觉器官"观察"现实世界的美、丑等影像;使用嗅觉器官"闻嗅"现实世界的香、臭等气味;使用味觉器官"品尝"现场世界的酸、甜、苦等味道;使用触觉器官"感触"现实世界的滑、粗等知觉。

在认识世界、改造世界过程中,人正是通过获得、识别自然界和社会的不同信息来区别不同事物,得以认识和改造世界。认识世界,可以理解为认识、区分组成现实世界的万事万物的特征和行为规律的过程;改造世界,可以理解为应用或者影响已知万事万物的特征和行为规律,进而获得令人满意效果的过程。

人使用信息认识世界、改造世界中的事例数不胜数,如两名同学之间,是以不同相貌、不同体态、不同姓名、不同学号等信息进行区分,班级同学间交互交流后,熟知彼此,三观相符者,可能成为好友;如两台车辆之间,是以不同车牌、不同车型、不同车架号、不同发动机号等信息进行区分,车辆管理部门进而可以管理不同车辆事务。

信息表征着世界万物的关系规律与运行次序,是为人正确认识世界、合理改造世界提供判断和决策的资料,获取信息、了解信息、熟悉信息、掌握信息、处理信息是对信息使用的一般形式。"信息"一词在英文、法文、德文、西班牙文中均是"information",日文中为"情报",中国古代用的是"消息"。

信息作为科学术语,最早出现在哈特莱(R. V. Hartley)于1928年撰写的《信息传输》一文中。1948年,信息论奠基人香农(Shannon)在题为《通讯的数学理论》的论文中指出:"信息是用来消除随机不定性的东西"。该定义说明,确定的信息代表着确定的状态或者是确定的条件,信息的作用就是消除随机不确定性。此后,许多研究者从各自的研究领域出发,给出了不同的定义,部分具有代表意义的表述如下:

控制论创始人维纳(Norbert Wiener)认为:"信息是人们在适应外部世界,并使这种适应反作用于外部世界的过程中,同外部世界进行互相交换的内容和名称。"它也被作为经典性定义被广泛引用。

美国信息管理专家霍顿(F. W. Horton)给信息下的定义是:"信息是为了满足用户决策的需要而经过加工处理的数据"。信息是经过加工的数据,或者,信息是数据处理的结果。

中国著名信息学专家钟义信教授认为："信息是事物存在方式或运动状态,以这种方式或状态直接或间接的表述。"在一切通信和控制系统中,信息是一种普遍联系的形式。

科学的信息概念可以概括为:信息是对客观世界中各种事物的运动状态和变化的反映,是客观事物之间相互联系和相互作用的表征,表现的是客观事物运动状态和变化的实质内容。

根据电子信息领域对信息的研究成果,信息作为音信、消息、通信系统传输和处理的对象,泛指人类社会传播的一切内容。从物理学上来讲,信息与物质是两个不同的概念,信息不是物质,虽然信息的传递需要能量,但是信息本身并不具有能量。信息的性质是非常独特的,既不是物质也不是能量,但可以识别、转换、存储、传输。

1.2 信号

信息最显著的特点是不能独立存在,信息的存在必须依托载体——信号。电子学家、计算机科学家认为"信息是电子线路中传输的以信号作为载体的内容"。

信号作为信息的载体,是用于传输信息的传输工具,在现实世界中,一般体现为某种具体的物理现象和过程,从中可以真实表征获取其传输的信息。信号要能变化,才能表征其传输的信息变化;信号要能被观测到和感知到,才能从信号中获得其传输的信息。

能够传递信息的信号形式往往同现实世界的信号表达和观测方式紧密相关。在中国古代,守卫边境的哨兵利用点燃烽火台而产生的滚滚狼烟,向远方同伴传递敌人入侵的消息,此时信息传输的信号形式为光信号;在深山群峰之间,视野受限的游人可以利用大声喊叫说话产生声波传递到他人的耳朵,使他人了解喊叫说话人要表达的信息,此时信息传输的信号形式为声信号;在茫茫宇宙中,航天器利用各种无线电波同地球航天机构保持联通,交流航天信息,此时信息传输的信号形式为电信号。

人们正是通过对光、声、电等信号形式进行观测和接收,才知道彼此利用光、声、电等信号想要传输表达的消息。黑暗中指引航向的灯塔发出光信号、体育场扬声器播放的指示音乐使用声音信号、四通八达的电话网电流采用电信号,都是传达特定信息的信号载体形式。常见信号形式中,电信号容易产生、控制、传输和处理,因此获得了广泛的应用,成为加载信息的理想信号。

1.3 信号表示方法

信号可以用数学形式表示,即:函数

$$y = x(t)$$

式中:y——温度、湿度等某个物理量;

t——时间、频率等自变量。

信号的不同数学形式可表示同一信号的时间特性、频率特性等信号特性关系。信号时间特性是在时间域观测信号,分析信号随时间 t 的变化关系,呈现为一定形式的时域波形;信号的频率特性是对时间域信号进行傅立叶变换求其频谱,分析信号随时间频率变化关系,呈现为一定形式的频域波形。时间域和频率域反映了对信号的两个不同观测面,用两者表示信号是等价的。

在信号的时域数学形式 $y = x(t)$ 中,一般较为关心两个方面:一是信号 y 有哪些变化? 二是信号 y 在哪些时间变化? 从信号的时域变化表示信息而言,一是信号变化能展现的信息大小是多少? 二是信号变化能展现的信息类型是哪些?

因此,在表示信号中,需要重点关注信号变化的信息大小值如何表示? 信号变化的信息类型数目如何表示?

在现代科学中,一般使用特定数字符号以一定组合规则来表示上述两个内容:数制表示信号变化的信息大小值,码制表示信号变化的信息类型数目。

1.3.1　大小的表示方法——数制

1.3.1.1　数制基本概念

数制也称为"进位计数制",是用一组固定的数字和符号(数码)并以统一的规则来表示数值的方法。

目前,常用的进位计数制有十进制、二进制、八进制、十六进制。它们的区别是表示数的符号在不同的位置上时所代表的数的值是不同的。

任何一个数制都包含三个基本要素:数码、基数和位权。同一大小的信息可使用不同的数制表示和转换。

(1)数码。

数制中表示基本数值大小的不同数字和符号称为数码,常用数制的数码如下。

十进制数用0、1、2、3、4、5、6、7、8、9十个数码符号来描述,如:123、456、9876 等。十进制是日常生活中最常使用的进位计数制,计数规则是逢十进一。

二进制数用0 和1 两个数码符号来描述,如:101、11、1011011。二进制是在计算机系统中采用的进位计数制,二进制计数规则是逢二进一。

八进制数用0、1、2、3、4、5、6、7 八个符号来描述,如:12、734、651。八进制是在计算机指令代码和数据的书写中经常使用的数制,计数规则是逢八进一。

十六进制数用0,1,…,9、A、B、C、D、E、F(或 a、b、c、d、e、f)十六个数码符号来描述,如:9A、F7E4、6E5F。十六进制也是在计算机指令代码和数据的书写中经常使用的数制,计数规则是逢十六进一。

(2)基数。

数制中所使用数码的个数称为基数,常用数制的基数如下:

①十进制的基数为10;

②二进制的基数为2;

③八进制的基数为8;

④十六进制的基数为16。

(3)位权。

数制中某一位上的"1"所表示数值的大小(所处位置的价值)或者为数值大小贡献的大小比例或者大小权重称为位权,常用数制的位权举例如下:

①十进制数1239,1的位权是1000,2的位权是100,3的位权是10,9的位权是1;

②二进制数1011(一般从左向右开始),第一个1的位权是8,0的位权是4,第二个1的位权是2,第三个1的位权是1;

③八进制数1317(一般从左向右开始),第一个1的位权是512,3的位权是64,第二个1的位权是8,7的位权是1;

④十六进制数1A17(一般从左向右开始),第一个1的位权是4096,A的位权是256,第二个1的位权是16,7的位权是1。

1.3.1.2 数值大小计算方法

(1)数制判断。

在判断一个数所使用或者所属数制时,有时可以根据其使用的数码符号范围判断,有时则无法判断,需要制定其他特殊含义符号进行判断。

如:数2F9E使用了十六进制的2、9、E、F数码,而其他数制中数码都没有E、F,因此,可以唯一确定数2F9E只能属于十六进制数。

但对于数1101,使用的0、1两个符号都符合十进制、二进制、八进制、十六进制的数码范围。为了明确其数制的唯一性,使用类似情况的数1101时,需要增加一个对所属数制的表示符号,即数制符号。

数制符号规定为:二进制B(binary)、八进制O(octal)、十进制D(decimal)、十六进制H(hexadecimal),数的表示格式也变化为"数(数制符号)"形式,即十进制数1101(D)、二进制数1101(B)、八进制数1101(O)、十六进制数1101(H)。

一般情况,表示十进制数时,数制符号D可以省略,按此默认规则,前述数1101默认为十进制数1101。

(2)大小计算。

在判断一个数表示的数值大小时,在明确所属数制的基础上,利用进位计数制的权重、数码等信息,数的数值大小计算公式为:

$$数\ A_3A_2A_1A_0 = A_3\ 位数码 \times A_3\ 位权重 + A_2\ 位数码 \times A_2\ 位权重 + A_1\ 位数码 \times A_1\ 位权重 + A_0\ 位数码 \times A_0\ 位权重$$

如:

$$1234(D) = 1 \times 10^3 + 2 \times 10^2 + 3 \times 10^1 + 4 \times 10^0 = 1000 + 200 + 30 + 4 = 1234$$

$$1011(B) = 1 \times 2^3 + 0 \times 2^2 + 1 \times 2^1 + 1 \times 2^0 = 8 + 0 + 2 + 1 = 11$$

$$1234(O) = 1 \times 8^3 + 2 \times 8^2 + 3 \times 8^1 + 4 \times 8^0 = 512 + 128 + 24 + 4 = 668$$

$$1234(H) = 1 \times 16^3 + 2 \times 16^2 + 3 \times 16^1 + 4 \times 16^0 = 4096 + 512 + 48 + 4 = 4660$$

1.3.1.3 不同数制的相互转换

(1)十进制向二进制转换。

①整数:除二进制基数2取余法,如图1.1所示。

$$123(D) = 1111011(B)$$

②小数:乘二进制基数2取整法,如图1.2所示。

$$0.123(D) = 0.000111(B)$$

由上式可知,小数转换由于小数位保留不同,会存在一些误差。

基数	待转换数	余数
2	123	
2	61	1
2	30	1
2	15	0
2	7	1
2	3	1
2	1	1
	0	1

自下向上

图1.1 整数十-二进制转换

基数	待转换数	整数
2	0.123	
2	0.246	0
2	0.492	0
2	0.984	0
2	0.968	1
2	0.936	1
2	0.872	1
	...	...

自上而下

图1.2 小数十-二进制转换

（2）十进制向八进制转换。

①整数：除八进制基数8取余法，如图1.3所示。

$$123(D) = 173(O)$$

②小数：乘八进制基数8取整法，如图1.4所示。

$$0.123(D) = 0.076(O)$$

基数	待转换数	余数
8	123	
8	15	3
8	1	7
	0	1

自下而上

图1.3 整数十-八进制转换

基数	待转换数	整数
8	0.123	
8	0.984	0
8	0.872	7
8	0.976	6
	...	...

自上而下

图1.4 小数十-八进制转换

（3）十进制向十六进制转换。

①整数：除十六进制基数16取余法，如图1.5所示。

$$123(D) = 7B(H)$$

②小数：乘十六进制基数16取整法，如图1.6所示。

$$0.123(D) = 0.1F(H)$$

基数	待转换数	余数
16	123	
16	7	B
	0	7

自下而上

图1.5 整数十-十六进制转换

基数	待转换数	整数
16	0.123	
16	0.968	1
16	0.488	F
	...	...

自上而下

图1.6 小数十-八进制转换

（4）二进制向十进制转换。

①整数：各位二进制数字乘二进制各位权重之和。

$$1111011(B) = 1 \times 2^6 + 1 \times 2^5 + 1 \times 2^4 + 1 \times 2^3 + 0 \times 2^2 + 1 \times 2^1 + 1 \times 2^0$$

$$= 64 + 32 + 16 + 8 + 2 + 1 = 123(D)$$

②小数:各位二进制数字乘二进制各位权重之和。

$$0.000111(B) = 0 \times 2^{-1} + 0 \times 2^{-2} + 0 \times 2^{-3} + 1 \times 2^{-4} + 1 \times 2^{-5} + 1 \times 2^{-6}$$
$$= 0 + 0 + 0 + 0.0625 + 0.03125 + 0.015625 = 0.109(D)$$

(5)八进制向十进制转换。

①整数:各位八进制数字乘八进制各位权重之和。

$$173(O) = 1 \times 8^2 + 7 \times 8^1 + 3 \times 8^0 = 64 + 56 + 3 = 123(D)$$

②小数:各位八进制数字乘八进制各位权重之和。

$$0.076(O) = 0 \times 8^{-1} + 7 \times 8^{-2} + 6 \times 8^{-3} = 0 + 0.109375 + 0.011719 = 0.121(D)$$

(6)十六进制向十进制转换。

①整数:各位十六进制数字乘十六进制各位权重之和。

$$7B(H) = 7 \times 16^1 + 11 \times 16^0 = 112 + 11 = 123(D)$$

②小数:各位十六进制数字乘十六进制各位权重之和。

$$0.1F(O) \rightarrow 1 \times 16^{-1} + 15 \times 16^{-2} = 0.0625 + 0.0586 = 0.121(D)$$

(7)二进制向八进制转换。

以小数点为分界,小数点左侧为整数位,整数位自小数点开始,自右向左取三位二进制对应一位八进制,不足三位二进制则自右向左补零,反之,取一位八进制对应三位二进制;小数点右侧为小数位,小数位自小数点开始,自左向右取三位二进制对应一位八进制,不足三位二进制则自左向右补零,反之,取一位八进制对应三位二进制。

①二进制数向八进制数转换如:

$$1101011010(B) = 001 \sim 101 \sim 011 \sim 010 = 1 \sim 5 \sim 3 \sim 2 = 1532(O)$$
$$0.1101011010(B) = 0.110 \sim 101 \sim 101 \sim 000 = 0.6 \sim 5 \sim 5 \sim 0 = 0.6550(O)$$
$$1101001.001011(B) = 001 \sim 101 \sim 001.001 \sim 011 = 1 \sim 5 \sim 1.1 \sim 3 = 151.13(O)$$

②八进制数向二进制数转换如:

$$1532(O) = 1 \sim 5 \sim 3 \sim 2 = 001 \sim 101 \sim 011 \sim 010 = 1101011010(B)$$
$$0.6550(O) = 0.6 \sim 5 \sim 5 \sim 0 = 0.110 \sim 101 \sim 101 \sim 000 = 0.1101011010(B)$$
$$151.13(O) = 1 \sim 5 \sim 1.1 \sim 3 = 001 \sim 101 \sim 001.001 \sim 011 = 1101001.001011(B)$$

(8)二进制向十六进制转换。

以小数点为分界,小数点左侧为整数位,整数位自小数点开始,自右向左取四位二进制对应一位十六进制,不足四位二进制则自右向左补零,反之,取一位十六进制对应四位二进制;小数点右侧为小数位,小数位自小数点开始,自左向右取四位二进制对应一位十六进制,不足四位二进制则自左向右补零,反之,取一位十六进制对应四位二进制。

①二进制数向十六进制数转换如:

$$1101011010(B) = 0011 \sim 0101 \sim 1010 = 3 \sim 5 \sim A = 35A(H)$$
$$0.1101011010(B) = 0.1101 \sim 0110 \sim 1000 = 0.D \sim 6 \sim 8 = 0.D68(H)$$
$$1101001.001011(B) = 0110 \sim 1001.0010 \sim 1100 = 6 \sim 9.2 \sim C = 69.2C(H)$$

②十六进制数向二进制数转换如:

$$35A(H) = 3 \sim 5 \sim A = 0011 \sim 0101 \sim 1010 = 1101011010(B)$$
$$0.D68(H) = 0.D \sim 6 \sim 8 = 0.1101 \sim 0110 \sim 1000 = 0.1101011010(B)$$
$$69.2C(H) = 6 \sim 9.2 \sim C = 0110 \sim 1001.0010 \sim 1100 = 1101001.001011(B)$$

(9)八进制向十六进制转换。

可统一转换为十进制数或者二进制数,再使用前面相应转换规则完成。

1.3.2 类型的表示方式——码制

不同的数码不仅可以表示数量的大小,还可以表示不同的事物。而用来表示不同事物的数码是代码,并非数值信息,已不再具有数量或者大小的含义,只是表示不同事物的数码组合。

例如,在同学们大一入校报到时,为了便于在学校中识别同学,学校通常会给每个同学编制一个学号代码,学号代码仅仅表示不同的同学,已失去了数量或者数值大小的含意,类似还有:每个人的身份证号、每台车辆的车牌号码、每个地区的邮政编码、每个同学的手机号码等。

编制代码遵循的规则称为"码制",如:不同学校编制学号时使用的字符和组合规则是不一样的,不同国家的身份证号编制时也会遵循各自国家制定的规则。但不论制定哪种码制,都要注意几个问题:一是可以使用的不同符号有哪些?二是不同符号的组合规则是怎样?

在电子信息领域,一般常用二进制码制编制二进制代码,来表示不同信号、不同信息、不同事物。二进制码制使用的数码符号只有0、1两个符号,较为简单,同时也易与正、负两个不同极性,或者电子电路的通、断两个不同工作状态相关联实现不同功能。

二进制代码对0、1符号使用的次数、个数或者位数不同,决定了不同类型二进制代码的个数范围;二进制代码对0、1符号使用的组合规则不同,决定了不同代码的表示形式或者码制的不同类型。

一位二进制代码,有两种不同符号组合,0可代表第一个信号,1可代表第二个信号。因此,一位的二进制代码可以表示两种不同信号、不同信息、不同事物。

两位二进制代码,有四种不同符号组合,00可代表第一个信号,01可代表第二个信号,10可代表第三个信号,11可代表第四个信号。因此,两位的二进制代码可以表示四种不同信号、不同信息、不同事物。

三位二进制代码,有八种不同符号组合,000可代表第一个信号,001可代表第二个信号,010可代表第三个信号,011可代表第四个信号,100可代表第五个信号,101可代表第六个信号,110可代表第七个信号,111可代表第八个信号。因此,三位的二进制代码可以表示八种不同信号、不同信息、不同事物。

依次类推,n位二进制代码有2^n种不同符号组合,n位的二进制代码可以表示2^n种不同信号、不同信息、不同事物。

反之,若m个不同信号、不同信息、不同事物需要用二进制代码表示,需要的二进制代码位数n应该大于或等于m的开平方。例如,一位十进制数有0、1、2、3、4、5、6、7、8、9等十个不同数码,需要用四位二进制代码表示,其代码称为二-十进制代码,简称BCD代码。

BCD代码在使用0、1符号构成四位二进制代码时,采用不同的0、1组合规则,有多种不同码制,如8421BCD码、2421BCD码、余3码等,见表1.1。

四位 BCD 编码类型 表 1.1

十进制数码	编码类型		
	8421 码	余 3 码	余 3 循环码
0	0000	0011	0010
1	0001	0100	0110
2	0010	0101	0111
3	0011	0110	0101
4	0100	0111	0100
5	0101	1000	1100
6	0110	1001	1101
7	0111	1010	1111
8	1000	1011	1110
9	1001	1100	1010

8421 码使用 0000 代码表示数码"0",0001 代码表示数码"1",1001 代码表示数码"9",其他类似。综合来看,上述 10 个数码的不同二进制代码,同上述 10 个表示数值的数码的二进制数值代码相同,从编码的角度看,数制当中的二进制也是一种表示数的代码,称为自然二进制码。

例如,0101 可以说它是数值 5 的二进制数(数制的概念),也可以说它是数码 5 的 8421 码或者自然二进制码(码制的概念),但必须注意,虽然一个数的二进制码和其二进制数在写法上完全一样,但在概念上是不一样的。

余 3 码使用 0011 代码表示数码"0",0100 代码表示数码"1",1100 代码表示数码"9",其他类似,上述 10 个数码的不同二进制代码,同上述 10 个表示数值的不同二进制数值代码+0011 的结果相同,因此,称之为余 3 码。

其他码制使用的代码同表示的数码之间的关系,与 8421 码、余 3 码不同,但共同点有三个:一是都只用了 0、1 两个符号、二是都是四位 0、1 代码组合、三是同一码制中的 10 个代码没有相同的,可以用于区分不同的 10 个数码。

在计算机系统中,对于同一数值或者数据的表示,常使用 0、1 符号构成二进制代码的码制有:原码、反码、补码,如整数 1,八位原码的代码为 00000001,八位反码的代码为 11111110,八位补码的代码为 11111111,使用场合随用途而发生变化,但都表示整数 1。

1.4 时域典型信号类型

时域信号是指在数学描述上可以表示为时间函数的信号,按照信号随着时间变化关系特点,可以分为模拟信号、离散信号、数字信号三种类型。

1.4.1 模拟信号

模拟信号是指时域内信号波形模拟着信息的变化而连续变化,信号幅值上连续变化,其主要特征是信号变化在时间 t 上连续、信号幅值 u 变化连续、可取无限多个值，如图 1.7 所示。

模拟信号通常用正弦信号来表述，它的特点就是可以通过幅度、频率、相位等变化来表示不同的信息。实际生产活动中各种物理量，比如记录的压力、流速、转速、湿度等都是模拟信号。

图 1.7　模拟信号时域形式

模拟信号本质上是用连续变化的物理量所表达的信号，在一定的连续时间范围内，可以有无限多个不同的取值。若模拟信号取值或形成的波形发生变化，则信号载体上的信息就会变化。因此，模拟信号传输时，很难或没有办法做到同原始的模拟信号一模一样；同时，模拟信号传输的线路越长，干扰等其他因素所带来的噪声会累计得越来越多。

在过往年代，记录声音、图像用磁带，若翻录录音带、录像带的次数越多，则翻录磁带上所记录和代表的声音和图像质量会越差，其原因就是噪声积累造成了磁带信号质量下降。

1.4.2　离散信号

离散信号是指时域信号波形在离散时刻变化信息，信号幅值上连续变化，其主要特征是信号变化在时间上离散、信号幅值变化连续，可取无限多个值，如图 1.8 所示。

离散信号本质上是特定时间点上连续变化的物理量所表达的信号，在一定数量特定时间点上可以有无限多个不同的取值。

1.4.3　数字信号

数字信号是指时域信号波形在离散时刻变化信息，信号幅值上也是离散的，其主要特征是信号变化在时间上离散、信号幅值变化离散，只能取有限若干数值，如图 1.9 所示。

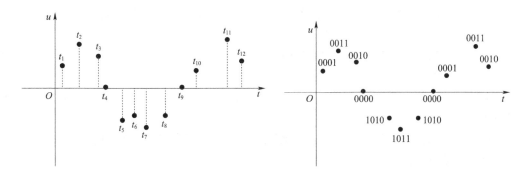

图 1.8　离散信号时域形式　　　　　图 1.9　数字信号时域形式

数字信号通常由模拟信号转化而得来，在相邻的两个符号之间不可能有第三个符号。二进制信号就是一种数字信号，它是由"1"和"0"这两位数字的不同的组合来表示不同的信息。数字信号若只传输二进制数据，它只有高、低两种状态，对应的就是二进制数值符号 1 和 0，只有这两种状态或者取值状态时是有效的，其他都是无效的。

二进制数字信号"1"和"0"在对信号蕴含信息的展现中，强调区分不同的高、低的两种状态，并不是固定大小的两种取值。只要两种状态可以有效区分，就满足两种状态类型的约定。如把某班级全体学生按照个子的高矮分成两组，1.8m 以上为高个子，1.6m 以下为矮个子,1.8m 以上具体是多少,不用考虑,1.6m 以下具体是多少,同样不做考虑。

二进制数字信号取值时,使用可以区分的两种状态,而不是使用固定大小的两种取值,其优点是非常突出与实用的,即使信号幅值大小在信号传输受到干扰产生取值大小变化,但只要信号幅值状态可以区分为不同两种,其信号载体上的信息依然不会变化。

在现代技术的信号处理中,数字信号发挥的作用越来越大,几乎复杂的信号处理都离不开数字信号。离散化的数字形式的信号,更便于数字计算机处理,提高了信息处理的能力,带来了信息技术的革命与更广泛的应用场景。

❓ 习题1

1-1 请说明如下事例中信息、信号的含义。

(1)中医问诊摸脉。

(2)城市道路的交通信号灯。

(3)手语交流。

(4)望远镜望向天空。

(5)古代战争的鸣金收兵。

(6)舰船航行的灯语。

(7)教室中教师讲课。

(8)运动场上运动员交流。

1-2 请说明下列数字符号的正确性。

12115(D)、623(O)、12(B)、45118(O)、64ATE(H)、11034(B)、1011101(B)、723(H)、1A(O)、12118(D)、64ATE(H)、11F34(D)

1-3 若有十进制数值大小为 243.756(D),请分别写出其二进制形式、八进制形式、十六进制形式。

1-4 若有某进制数值大小为 243.756(O),请分别写出其二进制形式、八进制形式、十进制形式、十六进制形式。

1-5 若某班级中有35名同学,使用0、1代码区分每名同学,需要使用0、1代码的长度是多少?

1-6 若有十进制代码3位,可表示的类型有多少种? 同样情况,使用0、1代码,需要0、1代码的长度是多少?

1-7 请举例说明日常生活、工作的模拟信号、数字信号形式。

第2章

电子化信号与信息应用形式

2.1 电子

1897年,英国物理学家约瑟夫·约翰·汤姆生在研究阴极射线时发现了电子(electron),它是最早发现的基本粒子,带负电,电量为 $1.602176634 \times 10^{-19}$ C,是电量的最小单元,质量为 9.10956×10^{-31} kg,常用符号 e 表示。

一切原子都由一个带正电的原子核和围绕它运动的若干电子组成。当电子脱离原子核束缚,可自由移动时,其产生的净流动现象称为电流。按照人们需要,利用电场和磁场,控制电子的运动,可制造出各种电子元件和仪器,如电子管、电子显微镜等。

若能将现实世界的各类信息及其变化同电子特性相关联,可得到现实世界信息的特定电子化载体——电子信号。

电子信号作为电信号的一种,是通过电子学方法传送、处理和存储外界信息的载体,是在导电介质中以电子进行传送的电信号,是在空间中使用电磁波传送(红外线也是电磁波)信号,可以通过幅度、频率、相位变化来表示不同的信息,一般指电子设备中的各种电信号。

目前,绝大多数信息器件、设备和系统传输和处理的都是电信号,信息电子技术的基础和核心是在信息的电信号形式上,感知、传输、处理和应用电信号所蕴含传输的信息。

2.2 电子化的信号与信息

信息作为现实世界各种事物特性的代名词,同一信息可以不同的载体或者以不同的信号形式进行传输,如图2.1所示。

教师授课的内容作为一个信息集合体,在同一教室场景中,通过文字形式展示以光信号进入同学们的视野,通过教师的讲课以声音信号传播出去,通过转换电信号形式在教室麦克风、扬声器等电子系统中传输。对于某一信息采用哪种具体信号作为其载体形式,需要依据信息特性、信息发送、信息接收、所处物理环境等综合考虑。

目前,在常见光信号、声音信号、电信号、图像、生物信号等多种信号载体形式中,电信号易于传送和控制;同时,自然界内的各种非电形式的物

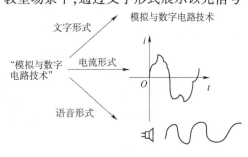

图2.1 信息的不同信号形式

理量较为方便利用各种传感器转换为电信号。因而,电信号形式在信息、信号的获取、传输、应用处理中获得了大量使用。

电信号是一个总称,包含所有以电方式表现的信号,一般可分为:电子信号、电气信号;交流电信号、直流电信号;强电信号、弱电信号、微电信号;传感(光电、热电、压电等)电信号、射电信号等。

在电子电路中,电信号可以理解或者表示为电子电路中随着时间而变化的电压或者电流信号,在数学描述上,可以将电压或者电流信号表示为时间的函数,并可以画出时间-信号波形。

在作为信息的载体时,电信号可以通过其电压信号或者电流信号的幅度、频率、相位的变化,来表示电信号载体中所蕴含传输不同信息的变化。在此基础上,信息的获取、传输、应用处理,可以视为采取某种合适的手段或者技术方法,对作为信息载体的电压信号或者电流信号的幅度、频率、相位变化的获取、传输、应用处理。

电压信号或者电流信号的幅度、频率、相位的变化包括电压信号或者电流信号的幅度、频率、相位的取值大小变化情况和取值类型个数变化情况,实际上都反映了电压信号或者电流信号作为载体信号形式,蕴含传输的某类信息取值大小变化情况和取值类型个数变化情况。

本教材中的"信号"是指电流或电压信号,电流信号可以经专用电路转换为电压信号,电压信号也可以经专用电路转换为电流信号,不过都应理解为与时间有关的时间域信号形式,脱离时间单独定义的电流或电压不能称为"信号"。

电信号按照时间变化的特点,分为模拟电信号和数字电信号两类,模拟信号是使用电压幅度、频率、相位的组合来表达信息的,数字信号有"0"和"1"两个状态:高于某个电压值即认为是"1",低于某个电压值就是"0"。

2.2.1　模拟电信号

模拟电信号一般采用电流或者电压信号形式,可以通过电流或电压幅度、频率、相位的变化来表示不同的信息特征量,可以在任意瞬间呈现为任意数值。

模拟电信号在一定的时间范围之内,可以有无限多个不同的取值,具有分辨率高、信息密度高、处理起来更简单等显著优点。

但模拟电信号抗干扰能力弱,由于传输信号的线材、输入输出端子的物理特性等,使得模拟电信号容易受到外界影响,如磁场干扰、导体电阻等影响,导致模拟电信号的电流或电压波动,模拟信号就会丢失信息。

模拟信号的任何电流或电压值都是有效的,当它混杂干扰或者已被"非意愿"改变波形的电流或电压传输过来时,不可能知道原始的"意愿"信号状态,甚至都不知道这个信号是不是已经被干扰或者"非意愿"改变过。因此,模拟信号的噪声和信号混合后是难以区分开的,从而造成信号质量下降,很难或者没有办法做到同原始的模拟信号一模一样,同时,模拟信号传输的线路越长,干扰等其他因素所带来的噪声会累计得越来越多。

图2.2　模拟电信号传播波形

如图2.2所示,最初传播的是平滑的波形,受到其他干扰信号影响后,模拟电信号波形就会发生变化。

类似图2.2的事例有很多,如:采用模拟制式的电视信号,离发射站越远,电视信号质量就越差,图像的噪声(被称为"雪花")就越多,严重影响图像质量;乘坐飞机时,在飞机起降阶段都不允许使用电子设备,就是担心影响飞机的导航系统信号。

模拟电信号还非常容易受到拦截。无线电台或者无线电站是靠发射和接收无线电波来传递信息完成通信的,无线电波在传播过程当中,发生的发射、折射、绕射、散射等现象,都不断地改变其传播方向。虽然无线电波可以按照信息提供者的意愿传输接收方,但同时也可能将信息传递给他人,如不同地方都可以用收音机收听到同一个电台的节目。

在国内的一些战争题材影视作品中,作为模拟信号传输的一些无线电波信号,其保密性差、抗干扰能力弱,很容易在空中被第三方拦截,接收传输的模拟无线电波信号,进而获取其中传输的信息。为了解决"拦截"问题,使用模拟信号传输的无线电通信必须经常性更换联络频率和联络时间,如果找不到准确的频率和时间,也就无法实现"拦截"。

2.2.2　数字电信号

二进制数字电信号"0"和"1"两个状态,一般采用高于某个电压值即认为是"1",低于某个电压值就是"0",只有高、低两种状态,对应的就是二进制数值符号 0 和 1。需要强调的是,可以区分的、不同的高或者低的某种状态,并不是固定大小的两种幅值,而是两种可以区分的取反范围,只要两种状态可以区分,就是满足两种状态类型的约定,如图2.3所示。

图2.3　数字电信号传播波形

数字电信号在传输过程中,只传输二进制数据,虽然同样可以混入干扰等噪声,但数字电信号只有高、低两个电平,只有这两种状态或者取值状态时才是有效的,其他都是无效的。

数字电路的输入信号只有达到某一个电压幅值(阈值),才会得到数字电路的处理形成输出信号,得到标准整齐的脉冲信号,也就是数字信号的波形。当电路中输入噪声的电压较小的时候,噪声幅值会被数字电路滤除掉,不会产生电路输出;当电压值变化很多时,数字信号会周期性的重新计时,同样不会丢失信息;当传输过程中噪声干扰严重时,可以再次生成没有噪声干扰的和原发送端一样的数字信号的,表明噪声是不会影响数字电路的输出信号,数字信号可以实现长距离高质量的传输。

数字信号也提高了传输内容的保密性,可用简单的数字逻辑运算来加密解密。如,若 Y 为一段语音的数字信号,C 为传输时采用的密码,传输前做一个 $X = Y + C$ 的加密逻辑运算操作,将密码 C 加入语音数字信号 Y 中,可得到新的加密语音数字信号 X。传输过程中,即使有第三方"拦截"到了加密语音数字信号 X,也不可能马上就得到语音数字信号 Y。

在信息的确认接收方,接收方需要知道密码 C 和加密方法:$Y + C$,才能在接收加密语音数字信号 X 后,使用已知密码 C 和加密方法 $Y + C$ 进行相应的解密工作,实现从加密语音数字信号 X 得到语音数字信号 Y。因此,语音数字化为加密处理提供了十分便利的条件,而且密码的位数越多,破译密码就越困难。

数字信号加密除了可用在一维语音信号中,还可以用在二维图像信号中,用于图像数字信号加密,如,付费有线电视使用机顶盒可把已加密、无法观看的图像信号,进行解密还原为可观看的图像信号。

数字信号也具有一些缺点,即若要提高数字信号的精确度,需要增加数字信号数位。如为了提高处理信息的精度,Windows 操作系统已从 32 位上升到 64 位,但同时也带来了数据信息暴增问题。

数字信号可理解为将模拟信号加以时间上、数值上的分割量化,每个时间分割点上的大小数值分割量化转化为数字。若模拟信号在时间上的分割时间单位越小,时间变化就分割得越细微,所得到的数字信号时间变化,同原始模拟信号在时间上的变化情况相比就越逼真、越准确;若模拟信号在取值上的分割幅度单位越小,取值的数值变化就分割得越细微,所得到的数字信号数值取值变化,同原始模拟信号在数值取值上的变化情况相比就越逼真、越准确,但这也意味着数字信号的量化取值类型越来越多,导致数据信息暴增。同时,从数学上不管再如何分割,得到的数字信号都不可能分割的和原始模拟信号一模一样。在科学上解决数字信号和原始的模拟信号的等效性问题有两个途径:一是量化的方法要求,二是研制性能更优的光、量子等新类型计算机。

2.3 电子电路及其系统

绝大多数的信息化系统都是以随着时间变化而变化的电压或电流类型的电信号形式作为其信息的载体,通过使用以电子电路及其系统为代表的信息电子技术传输和处理电信号,实现了对所需信息的获取、传输、应用处理,也构成了现今世界上广泛应用的电子信息设备和系统,如计算机、手机、电视机等。

电子电路作为一个整体,实现对输入电信号进行特定处理的电信号处理,处理之后就是需要的输出电信号,如图 2.4 所示。

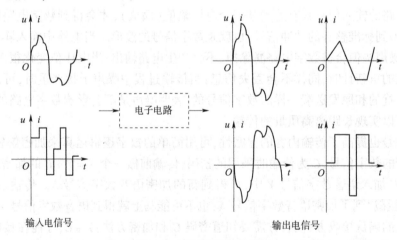

图 2.4　电子电路信号处理

电信号的特定处理,即为根据电子电路使用者的意图,需要采取某种合适电路模型和合适电路参数,对输入电信号(电压信号或者电流信号)的幅度、频率、相位产生特定的影响,使输入电信号(电压信号或者电流信号)的幅度、频率、相位发生特定的变化,成为一个新的输出电信号,具有同输入电信号不同的幅度、不同的频率、不同的相位。

输入电信号、输出电信号之间具有的不同幅度、不同频率、不同相位,实际就反映了一个电信号蕴含信息的获取、传输、应用处理的过程,代表了一个输入信息到输出信息的变化过程,意味着电子电路对信息的一种处理过程。

2.3.1 模拟电子电路

处理模拟电信号的电子电路被称为"模拟电路","模拟"源于希腊词汇,含义为"成比例的",即"模拟电路"可把输入电信号"成比例的""一模一样的"转化成输出电信号,如图2.5所示。

图2.5 模拟电路信号处理形式

模拟电路具有六大功能:信号放大功能、信号运算功能、信号滤波功能、信号产生和转换功能、信号功率放大功能、制作直流稳压电源等。

(1)信号放大功能。

信号放大功能是把微弱的电信号(电压信号、电流信号)放大到需要的能量级。多种多样的传感器设备在将自然界各种物理信号转化为电信号的过程中,一般都需要将检测到的微弱信号放大到实际需要的电信号能量级,再进行特定处理。因而,信号放大功能是模拟电路中最基本、最重要的功能。

现实中用到模拟电路放大功能的地方非常多,从生活中各式各样的电子产品,到科研生产的方方面面,放大电路无处不在,不同的放大电路具有不同的要求和指标。

(2)信号运算功能。

信号运算功能是利用电信号实现算术运算,模拟电信号在运算电路中,按照一定的数学规律变化,输出电信号能够反映对输入电信号的某种运算处理结果,呈现为某种信号运算功能,能够实现的运算包括比例、加减、微分、积分、对数、指数等运算形式。

(3)信号滤波功能。

信号滤波功能是把有用信号当中混杂的其他无用信号(噪声)数值减小乃至消除。滤波可把有用信号从噪声中提取出来,实现滤波功能的模拟电路称为模拟滤波器。

滤波器按功能可划分为:低通滤波器、高通滤波器、带通滤波器、带阻滤波器、全通滤波器,利用的是同一滤波器或者电路对不同频率的特性不同。

(4)信号产生和转换功能。

信号产生和转换功能是产生信号以及对信号进行其他形式转换,以用于后续电路环节的处理,如将模拟信号转换为数字信号,或者将信号波形改变,作为后续电路的信号源等。

(5)信号功率放大功能。

信号功率放大功能是指输出电信号功率足够大,可直接驱动负载,如音响设备的功率放大电路可使得输出电信号功率远大于输入电信号功率,输出电信号可直接驱动扬声器,音量能变得更大,声音可以传播得更远。

(6)直流稳压电源制备。

模拟电路可提供稳定的直流信号,完成能量的转换。各种各样的电子设备,尤其是数码产品,往往采用低压直流电源供电,需要依靠模拟电路制备适用的直流稳压电源。

2.3.2 数字电子电路

数字电子电路是处理数字电信号的电路,又称为数字逻辑电路、数字电路。"数字"的英文是 digital,意思是"数位",按位处理"0"和"1"数字信号,如图 2.6 所示。

图 2.6 数字电路信号处理形式

数字电路以二进制逻辑代数为数学基础,使用二进制数字信号,既可以进行算术运算,也可以方便地进行逻辑运算(与、或、非、判断、比较、处理等),数字信号以及相应的数字系统非常适合用于运算、比较、存储、传输、控制、决策等应用环节中。

数字电路具有三大功能:信号算术运算功能、信号逻辑运算功能、信号存储功能。

(1)信号算术运算功能。

信号算术运算是算术运算,二进制符号只有 0、1,数字电路每一位的状态只有 0 或 1 两个有限状态,运算对象表示简单,需要的计算单元也是最少的,可"简化运算",可靠性也高些。数字电路的算术运算,可简化到只用加法,实现计算的单元,也可简化到只有加法器;二进制减法也可转化为加法运算,实现减法的功能。

若能把模拟信号转化为数字信号,那么能用数学方法解决的问题,数字电路也都能解决。

(2)信号逻辑运算功能。

信号逻辑运算解决的是逻辑问题,是对因果关系等进行分析的一种运算,逻辑就是条件和结论之间的关系。布尔用数学方法研究逻辑问题并建立逻辑演算,因此逻辑运算又称为布尔运算。逻辑运算就是用等式表示判断,把推理看作等式变换。布尔逻辑和布尔代数的创立为现代计算机的出现奠定了数学基础,建立逻辑演算,是判断、控制和编程的基础。

数字信号逻辑运算的基础是用 0、1 来表示二值数字逻辑,具有逻辑属性的变量就称为逻辑变量,逻辑变量同普通变量一样,也可用字母、符号、数字以及它们的组合形式来表示,逻辑变量之间的运算称为逻辑运算。

逻辑变量的取值或者逻辑常量的取值只有两个:0 和 1,没有中间状态,同二进制形式只有 0 和 1 两种符号,没有第三种混淆的中间符号相一致,二进制的 0 和 1 在逻辑上是可以代表真/假、是/否、有/无等对立的逻辑状态。逻辑变量进行逻辑运算的基本形式为与逻辑运算、或逻辑运算、非逻辑运算,两种及以上基本形式可以组合成为更为复杂逻辑运算形式。

二进制数字信号逻辑运算和算术运算的主要区别为:

①逻辑运算是按位进行的,位与位之间的运算是没有进位和借位的;数学运算,位与位之间产生的借位、进位需要代入下一位运算中;

②逻辑运算的结果,并不代表数值的大小,而是表示一种逻辑概念,表达为成立或者不成立,或类似于用1(0)表示真(假)两种对立的状态。

(3)信号存储功能。

信号存储功能是用电路的0、1两种状态来进行存储数据,以及存储程序、指令等。

数字信号存储0、1两个状态,对存储物质要求简单,只有0和1两个相对物理状态的物质,都可以用来作为物质存储介质,以存储和记录二进制数据,如:磁盘上有序、无序两个截然相反状态的磁性粒子排列,可用于记录二进制数值;光盘上短的、长的两种凹凹凸凸,也是两种不同的状态,也可分别代表0、1两种状态,用于记录二进制数值。

2.3.3 电子电路系统

通常将由电子元器件或部件或模块组成的能够产生、传输、采集或处理电信号及信息的客观实体称为电子电路系统。电子电路系统是由若干相互连接、相互作用的基本电路组成的具有特定功能的电路整体。

电子电路系统分为模拟型、数字型、混合型,无论哪一种形式的电子电路系统,都是能够完成某种任务的电子设备。一般把规模较小、功能单一的称为单元电路;而由若干个单元电路(功能块)组成,规模较大、功能复杂的电子电路称为电子系统。

电子电路系统由输入、输出、信息处理三大部分组成,用来实现对某些信息的处理,控制或带动某种负载,其两个过程链条分别为:

传感检测信息输入—信号调理放大变换—信号处理决策—放大变换—控制驱动执行输出—对象—反馈—信号处理决策。

人为控制—信号处理决策—放大变换—控制驱动执行输出—对象—反馈—信号处理决策。

以图2.7所示的采集声音信号并进行放大输出的电子电路系统为例分析。

图2.7 麦克风声音采集的电子电路信号处理形式

图2.7中,麦克风把声音信号变成模拟电信号,并经放大器环节,增大模拟电信号对应时刻的电信号幅值,得到放大后的模拟电信号,扬声器把放大后的模拟电信号变成放大后的声音信号输出。

在该电子电路系统中,声音信号—模拟电信号—增大的模拟电信号—放大的声音信号等信号之间的系列变换全部都由模拟电子环节来实现。

若在类似的另外一种电子电路系统(图2.8)中,声音输入信号采用MP4信号,MP4信号都是以数字形式存储的数字声音信号。

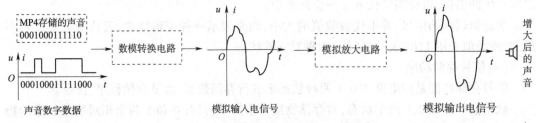

图2.8　声音数字数据的电子电路信号处理形式

　　数字声音信号 MP4 输入 D/A 转换器环节后，变换成模拟声音信号，后续环节类似图2.7，线性放大器增强模拟声音信号对应时间的电信号幅值，得到放大后的模拟声音信号，音箱把放大后的模拟电信号变成放大后的声音信号输出。

　　图2.8 系统有数字信号，也有模拟信号，相应的有处理数字信号的数字电子电路环节，和处理模拟信号的模拟电子电路环节，该系统被称为模拟-数字混合系统。

　　同时，对于 MP4 中的数字声音信号，可利用如图2.9 所示的系统来实现。麦克风把声音信号转换成模拟电信号，再经过 A/D 转换器，模拟电信号被转换成数字信号，该数字信号就代表了声音信号的数字形式，可被方便地存储在服务器等存储设备中，便于使用，该系统也是一个典型的模拟-数字电子系统。

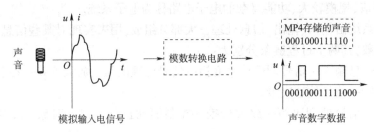

图2.9　麦克风声音采集存储的电子电路信号处理形式

　　身处信息数字化的当代，现在生活中使用的普遍是数字设备或者称为数码设备，部分曾经辉煌的模拟电子设备，如模拟电子管或者晶体管的电视机、模拟手机或者磁带式录音机（随身听）看似都已消亡在历史中，已被数字高清电视、超清电视、智能手机、MP4 播放器、IPOD 等数码产品替掉，但从电子电路系统的信息处理过程来看，模拟系统、数字系统有机协同工作，才能实现更丰富的功能应用，更好地满足现代信息社会发展需求。

2.4　电子技术

　　电子技术是对电子信号进行处理的技术，电子技术和电子学是与电子有关的理论与技术，是根据电子学的原理，运用电子元器件设计和制造某种特定功能的电路以解决实际问题的科学。处理的方式主要有：信号的发生、放大、滤波、转换等，包括信息电子技术和电力电子技术两大分支，其中，信息电子技术依据所处理的电子信号特性不同又可分为模拟电子技术、数字电子技术两大类。

　　现在，人们已经掌握了大量的电子技术方面的知识，同时电子技术还在不断地发展着，新电子特性、新电子器件、新电子电路、新电子系统等不断涌现和投入实践应用。

中国很早就已经发现电和磁的现象，在古籍中曾有"磁石召铁"和"琥珀拾芥"的记载。磁石首先应用于指示方向和校正时间，如在《韩非子》和东汉王充著《论衡》两书中提到的"司南"。由于航海事业发展的需要，中国在11世纪就发明了指南针，在宋代沈括所著的《梦溪笔谈》中有"方家以磁石磨针锋，则能指南，然常微偏东，不全南也"的记载。说明了指南针的制造，而且已经发现了磁偏角；国外直到12世纪，指南针才由阿拉伯人传入欧洲。

在18世纪末和19世纪初，出于生产需要，关于电磁现象方面的研究工作发展得很快，部分典型研究情况如下。

1785年，库仑在实验室确定了电荷间的相互作用力，电荷的概念开始有了定量的意义。

1820年，奥斯特在实验时发现了电流对磁针有力的作用，揭开了电学理论新的一页；同年，安培确定了通有电流的线圈的作用与磁铁相似，指出了此现象的本质问题。

1826年，欧姆通过实验得出了著名的欧姆定律。

1831年，法拉第发现的电磁感应现象，成为后续电子技术发展的重要理论基础。

1833年，楞次建立了确定感应电流方向的定则（楞次定则），并阐明了电机可逆性的原理，对电磁现象理论与使用发挥了巨大的作用。

1834年，雅可比（同一时期内，同楞次一道从事电磁现象研究工作）制造出世界上第一台电动机，证明了实际应用电能的可能性。

1844年，楞次与焦耳分别独立地确定了电流热效应定律（焦耳-楞次定律）。

1864—1873年，在法拉第的研究基础上，麦克斯韦提出了电磁场理论，从理论上推测到电磁波的存在，为无线电技术的发展奠定了基础。

1888年，赫兹通过实验获得电磁波，证实了麦克斯韦的理论。

1895年，马克尼和波波夫尝试实际利用电磁波为人类服务，彼此独立地分别在意大利和俄国进行通信实验，为无线电技术发展开辟了道路。

1883年，爱迪生发现了热电子效应。

1895年，洛伦兹假定了电子存在。

1897年，汤姆逊用试验找出了电子。

1904年，弗莱明利用热电子效应制成了电子二极管，并证实了电子管具有"阀门"作用，并首先被用于无线电检波。

1906年，德弗雷斯在弗莱明二极管中放进了第三个电极——栅极，而发明了电子三极管，这是早期电子技术上最重要的里程碑，之后经过五年的研究改进，开启了使用电子技术的时代。

1948年，贝尔实验室的几位研究人员用半导体材料做成了世界上第一只晶体管，称为"半导体器件"或"固体器件"，并在1951年开始商用，成为电子技术发展中分立型电子元件阶段的又一个里程碑。

20世纪50年代逐步发展出电子元件"集成"的观点，1950年，Kilby在一次电子技术会议上宣布"固体电路"的出现，后续统一称为"集成电路"。集成电路的出现和应用，标志着电子技术发展到了一个新的阶段，实现了材料、元件、电路三者之间的统一。集成电路同传统电子元件的设计与生产方式、电路的结构形式有着本质的不同。

1960 年,集成电路处于"小规模集成"阶段,每个半导体芯片上有不到 100 个元器件。

1966 年,进入"中规模集成"阶段,每个芯片上有 100～1000 个元器件。

1969 年,进入"大规模集成"阶段,每个芯片上的元器件达到 10000 个左右。

1975 年,进入"超大规模集成"阶段,每个芯片上的元器件多达 10000 个以上。而目前的超大规模集成,是在几十平方毫米的芯片上有上百万个元器件,已经进入"微电子"时代,大大促进了先进科学技术的发展。

随着半导体技术的发展,以及科学研究、生产、管理等需要,电子计算机应时兴起,并日臻完善。自 1946 年诞生第一台电子计算机以来,特别是 20 世纪 70 年代微型计算机问世以来,价廉、方便、可靠、小巧等优势,大大加快了电子计算机的普及速度。电子计算机已经历了电子管、晶体管、集成电路、超大规模集成电路四代,每秒运算速度已达 10 亿次,第五代计算机(人工智能计算机)和第六代计算机(生物计算机)正处于快速发展时期。

"电子信息"作为一个信息学词汇,其出现正与计算机技术、通信技术、高密度存储技术的迅速发展并在各个领域里得到广泛应用有着密切关系。

电子信息工程是一门应用电子信号、电子电路等现代化技术进行电子信息控制和信息处理的学科,主要研究"以电子方式"来获取和处理信号、信息,设计、开发、应用和集成电子信息设备系统。电子信息工程已经涵盖了社会的诸多方面,如家用电器如何处理电信号、电信网络怎样传递数据、信息传输如何保密等都要涉及电子信息工程的应用技术。

随着生产和科学技术发展的需要,现在电子技术的应用已经渗透到了人类生活和生产的各个方面,得到高度发展和广泛应用,如:空间电子技术、生物医学电子技术、信息处理和遥感技术、微波应用等,对于社会生产力的发展,起到了变革性推动作用。

电子技术水准是社会现代化的一个重要标志,电子工业是实现现代化的重要物质技术基础,电子工业的发展速度和技术水平,特别是电子计算机的高度发展及其在生产领域中的广泛应用,直接影响到工业、农业、科学技术和国防建设,也直接影响到亿万人民的物质、文化生活。

❓习题2

2-1 请说明电子化信号在生活工作的实际应用例子。

2-2 请说明一种在生活工作使用的电子电路系统及其典型环节。

2-3 请讨论电子化信号在传递信息方面的特性和优势。

2-4 请列举模拟电子信号的使用事例。

2-5 请列举数字电子信号的使用事例。

第3章
电路与元件

CHAPTER 3

3.1 概念与模型

3.1.1 概念

电路是为了某种需要由电工设备或电路元件按一定方式组合而成的电流通路。

图3.1所示电路是由一个开关、一节电池,三段导线、一个灯泡按着首尾两端子逐个互联构成的电路,若有电流,形成了电流通路时,灯泡会点亮。

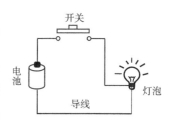

图3.1 灯泡电路

开关、电池、导线、灯泡是图3.1所示电路的电工设备或者电路元件;两个电路元件首尾两端子互联是图3.1所示电路构成的组合方式;构成图3.1所示电路的某种需要是为了形成电流通路,以点亮灯泡。

实际中,所有的实际电路都可按此来定义和分析,但电路元件、构成方式、实现的电路功能可能会有所区别,如图3.2所示的显示器、图3.3所示的计算机扩展功能板卡电路。

图3.2 显示器

图3.3 计算机扩展板卡电路

为简化电路构成分析描述,根据不同电路元件在电路中主要特性和功用不同,可以分为电源、负载、控制设备、导线四大类电工设备或者电路元件。

(1)电源是提供电能的装置,可将其他形式的能量转化为电能,如干电池、蓄电池、发电机等。

(2)负载是用电能来工作的设备,可将电能转化为其他形式的能,或对电信号进行处理,如电灯、电炉、电视机、电动机、电阻等。

（3）控制设备起到控制电路通断的作用,可用来接通或断开电路,如开关、闸刀、保护器等。

（4）导线可将电源、负载、控制设备连接起来,形成电流的通路,如焊丝、单股导线、双绞线等。

在此基础上,电路定义可描述为由电源、负载、导线和控制设备按一定方式连接组成的电流通路。

3.1.2 模型

由于实现的需要或者用途不同,实际电路中的电路元件、组合方式也会不同,导致电路不易于理论研究和分析。因此在不影响实际电路主要特性的前提下,使用简化方式抽象得到一个电路模型替代。电路模型是用抽象的理想电路元件及其组合,近似地代替实际的器件,从而构成了与实际电路相对应的电路模型。

（1）理想电路元件。

理想电路元件是根据实际电路元件所具备的电磁性质所假想的具有某种单一电磁性质的元件。典型理想电路元件有电阻元件、电感元件、电容元件、理想电压源、理想电流源等,其电路符号如图 3.4 所示。

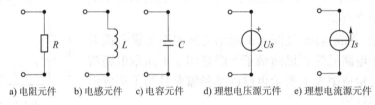

a) 电阻元件　　b) 电感元件　c) 电容元件　d) 理想电压源元件　e) 理想电流源元件

图 3.4　理想元件电路符号

①电阻元件:电阻元件只具耗能的电特性,电路符号如图 3.4a) 所示,电路参数符号用 R 表示。

②电感元件:电感元件只具有储存磁能的电特性,电路符号如图 3.4b) 所示,电路参数符号用 L 表示。

③电容元件:电容元件只具有储存电能的电特性,电路符号如图 3.4c) 所示,电路参数符号用 C 表示。

④理想电压源元件:理想电压源元件具有输出电压恒定的电特性,输出电流由它和负载共同决定,电路符号如图 3.4d) 所示,电路参数符号用 Us 表示。

⑤理想电流源元件:理想电流源元件具有输出电流恒定的电特性,两端电压由它和负载共同决定,电路符号如图 3.4e) 所示,电路参数符号用 Is 表示。

图 3.5 为部分电路元件实物。

a) 色环电阻　　b) 热敏电阻　　c) 光敏电阻　　d) 压敏电阻　　e) 电位器

图　3.5

| f) 铝电解电容 | g) 陶瓷电容 | h) 钽电容 | i) 环型电感 | j) 棒型电感 |

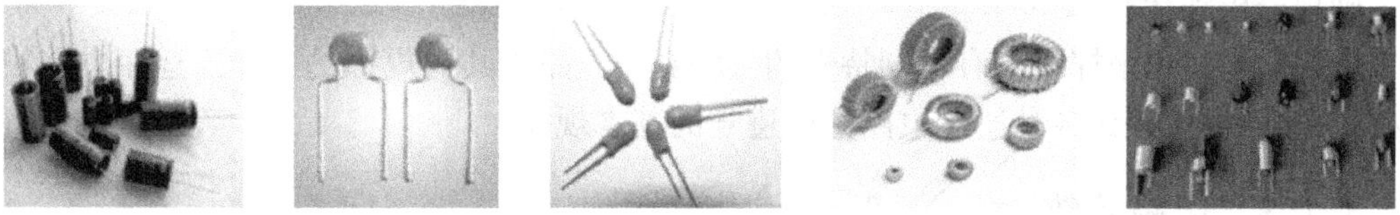

图 3.5　电路元件实物

表 3.1 为电路元件特性简表,详细特性介绍见后续章节。

电路元件特性简表　　　　　　　　　　　　　　　　表 3.1

名称	参数	电关系	性质
电阻	R	$u = i \cdot R$	消耗电能
电感	L	$u = L\dfrac{\mathrm{d}i}{\mathrm{d}t}$	存储磁场能
电容	C	$u = \dfrac{1}{C}\int i\mathrm{d}t$	存储电场能
恒压源	U_s	U_s 恒定,与 i 无关	提供电能
恒流源	I_s	I_s 恒定,与 u 无关	提供电能

在表 3.1 中,若某电路元件端子的电压-电流特性的电关系表达式呈现为线性数学关系表达式,则该电路元件称为线性电路元件,否则称为非线性电路元件。

(2)电路模型的建立。

由理想元件及其组合模拟实际电路元件,获取与实际电路具有基本相同的电磁性质,称其为电路模型的建立。

电路模型是由理想电路元件构成的,用理想电路元件及其组合模拟实际电路元器件,图 3.6a)为实际电路,图 3.6b)为简化的电路模型。

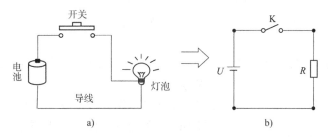

图 3.6　电路模型建立过程

由图 3.6 来看,主要差异在于:电路模型中使用了一些标准化的电路图形、电路参数符号代替了实际电路构成中的主要电路特性相同,但实物形状各异的电路元件实物,实现了理论分析中的电路主要特性简化抽象。

电路模型主要针对由理想电路元件构成的集总参数电路[电路尺寸小于 $L \ll \lambda$(波长 $\lambda =$ 光速 C/信号频率 f)],集总参数电路中元件上所发生的电磁过程都集中在元件内部进行,任何时刻从元件两端流入和流出的电流恒等,且元件端电压值确定,电磁现象可以用数学方式来精确地分析和计算。

电路模型是用来探讨具有不同特性的各种真实电路中共同规律的工具。运用电路模型分析电路,可便于探讨各种实际电路共同遵守的基本规律。

3.1.3 电路参数

3.1.3.1 电流

(1)电流的概念。

电流由电荷的定向运动形成,影响电流形成的因素有四种:需要有导致电荷定向运动的动力来源;需要有参加定向运动的正负性电荷;需要有电荷定向运动的方向;需要有参加定向运动的电荷数量。

上述四种因素都会影响到形成电流的不同效果,具体而言:引起电荷定向运动的动力来源会影响电荷定向运动的方向和速度,进而会影响形成电流的方向和大小;参加定向运动的电荷正负性会影响在一定动力来源下电荷发生定向运动的方向性;电荷定向运动的方向决定了形成电流的方向;参加定向运动的电荷数量会决定形成电流的大小数值。

因此,对于形成电流而言,形成电流的大小和形成电流的方向两个特性是必须要掌握的。

(2)电流的大小。

电流的大小用电流强度表示,即单位时间内通过导体横截面的电荷量。

$$i(t) \overset{\text{def}}{=\!=} \lim_{\Delta t \to 0} \frac{\Delta q}{\Delta t} = \frac{\mathrm{d}q}{\mathrm{d}t} \tag{3.1}$$

电流大小的单位:安培(A),也有毫安(mA)、微安(μA)、纳安(nA),换算关系为:1A = 1000mA = 1000000μA = 1000000000nA。

(3)电流的方向。

电流的方向分为电流实际方向、电流参考方向两种。

①电流实际方向:在电子电路理论分析中,规定电流实际方向统一为电路中正电荷定向移动的方向。

②电流参考方向:在电路模型分析中,为便于分析电路电流情况,依据电路模型的组织结构,任意选定的一个方向作为电流的参考方向。

对于同一个电路模型而言,在电路组织结构和电路元件未发生变化的情况,电流实际方向是固定的,不会发生任何变化;电流参考方向是由使用电路模型的不同使用者任意选定,就有可能存在选择不同电流参考方向的情况,图3.7所示为选择两种不同参考方向,都是可以的。

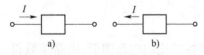

图3.7　电流参考方向不同选择

但电流实际方向只有一个,两个被选定的电流参考方向中,必定有一个电流参考方向同电流实际方向相同,另外一个电流参考方向同电流实际方向不同。在电路模型分析中,如何得出同电流实际方向相同的电流参考方向是一个需要解决的重要问题。

可以采取判断电流大小值正负性的方法来得到。若电路模型中分析得到的此处电

流大小值 $I > 0$，则表示电流的参考方向与实际方向相同，如图 3.7a) 所示；若电路模型中分析得到的此处电流大小值 $I < 0$，表示电流的参考方向与实际方向相反，如图 3.7b) 所示。

电流参考方向可以用两种方法表示，一是用箭头形式表示，如图 3.8 所示。

箭头所示方向即为已选定的此处电流参考方向，这种方向表示形式一般用于电路模型图中标示出所选定的电流参考方向。

二是用双下标形式表示，如图 3.9 所示。

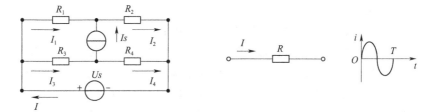

图3.8　电流参考方向的箭头表示形式 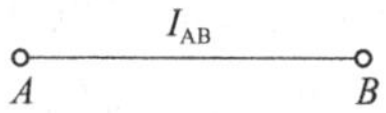　　图3.9　电流参考方向的双箭头表示形式

A 代表此处电流的定向运动起点端子，B 代表此处电流的定向运动终点端子，如 I_{AB} 即标示已选定的此处电流参考方向为从 A 端子流向 B 端子，这种方向表示形式一般用于分析电路模型电流参数关系的电流关系表达式中。

关于电流参考方向，需要补充说明的是，在电路模型分析中，为便于分析电路模型的内部电流关系，电流参考方向一般是要选定的，特别是对于较为复杂电路模型，可能存在一个复杂电路支路，如图 3.10 所示。

若不选定电流参考方向，复杂电路模型的某些支路事先无法确定电流实际方向，同时，对于电路模型中随时间变化的电流时，电流参考方向也非常重要，如图 3.11 所示。

图3.10　复杂电路支路中的电流参考方向表示　　图3.11　随时间变化的电流

电流实际方向也是有一定变化的，在 $O \sim T/2$ 时间内，电流实际方向与参考方向相同，在 $T/2 \sim T$ 时间内，电流实际方向与电流参考方向相反。因此，电流参考方向的选定，对于电路模型讨论分析而言，会带来一些简便性。

（4）在电流参考方向的使用中一定要注意：

①电流不选定参考方向时，电流的正负无意义；或者电流值的正负情况，不是表示电流值大小的衡量，而是表示电路模型中的电流实际方向同电路模型分析使用者所选定的电流参考方向是否一致的标准。

②电路模型中各处电流参考方向一旦选定，在电路模型分析讨论中不得更改，否则会影响电路模型各电参数分析。

3.1.3.2　电压

（1）电压的概念。

电场中某两点 A、B 间的电压（降）U_{AB} 等于将单位正电荷 q 从 A 点移至 B 点电场力所做的功 W_{AB}。从电压定义来看，结合前面电路定义中的第一个因素，需要有导致电荷定向运动的动力来源,电压实际上可以认为是用于表示驱动电荷定向运动的动力来源大小的一个电参数。当然,动力来源实质上是来源于电荷定向移动起点 A 点到终点 B 点之间的电场力,但电场驱动电荷定向移动的能力大小可表现为电压电参数大小。

对于电压电参数而言,有三个因素需要关注:

①需要确定电荷定向移动起点 A 点到终点 B 点之间的距离大小,该因素影响着驱动电荷定向移动起点 A 点到终点 B 点之间电场力做功的大小,决定了起点 A 点到终点 B 点之间电压的大小数值;

②需要确定电荷定向移动起点 A 点到终点 B 点之间的电场力方向,该因素影响着正电荷定向移动的方向,也决定了形成电流的电流实际方向;

③需要确定电荷定向移动起点 A 点到终点 B 点之间的电场力大小,该因素影响着定向移动正电荷的数量,也决定了形成电流的电流实际大小数值。

(2)电压的大小。

按照电压的概念,电压的大小用驱动单位电荷的电场力所做功表示。将单位正电荷 q 从 A 点移至 B 点电场力所做的功 W_{AB},可表示为:

$$U_{AB} = \frac{\mathrm{d}W_{AB}}{\mathrm{d}q} \tag{3.2}$$

电压大小的单位:伏特(V),也有毫伏(mV),微伏(μV)、纳伏(nV),千伏(kV),换算关系为:$1V = 1000mV = 1000000\mu V = 1000000000nV = 0.001kV$。

(3)电压的方向。

电压的方向有电压实际方向、电压参考方向两种。

①电压实际方向:正电荷在电场力作用下的移动方向(在一段电路上,由高电位指向低电位,即电压降的方向,正电荷沿着这个方向移动,将减小能量,并转换为其他形式的能量)。在电子电路理论分析中,规定电压实际方向统一为电路中正电荷在电场力作用下的移动方向。

②电压参考方向:在电路模型分析中,为便于分析电路电流情况,依据电路模型的组织结构,可任意选定的一个方向作为电压的参考方向。

对于同一个电路模型而言,在电路组织结构和电路元件未发生变化的情况,电压实际方向是固定的,不会发生任何变化;电压参考方向是由使用电路模型的不同使用者任意选定,有可能存在选择不同电压参考方向的情况,图 3.12 所示为选择两种不同电压参考方向,都是允许的。

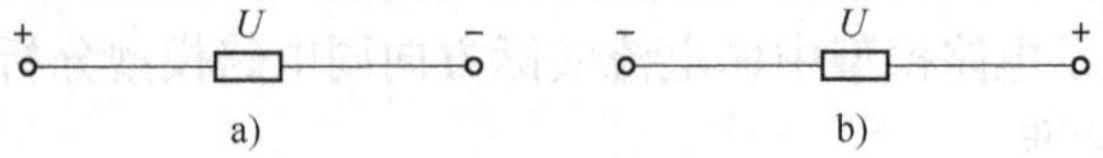

图 3.12 电压参考方向不同选择

但电压实际方向只有一个,两个被选定的电压参考方向中,必定有一个电压参考方向同电压实际方向相同,另外一个电压参考方向同电压实际方向不同。在电路模型分析中,如何得出同电压实际方向相同的电压参考方向也是一个需要解决的重要问题。

类似于电流方向判定方式,可以采取判断电压大小值正负性的方法来得到。若电路模型中分析得到的此处电压大小值 $U > 0$,则表示电压的参考方向与实际方向相同,如

图 3.12a)所示;若电路模型中分析得到的此处电压大小值 $U<0$,表示电压的参考方向与实际方向相反,如图 3.12b)所示。

具体例子也可如图 3.13 所示。

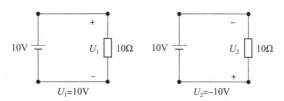

图 3.13　电压方向实例

电压参考方向可以用三种方法表示。

一是用正负极性形式表示,如图 3.14 所示。

"+"符号代表已选定的此处电场正极,"－"符号代表已选定的此处电场负极,由正极指向负极的方向即为已选定的此处电压参考方向,这种方向形式一般用于电路模型图中标示出所选定的电压参考方向。

二是用箭头形式表示,如图 3.15 所示。

箭头指向即为已选定的此处电压参考方向,这种方向形式一般用于电路模型图中标示出所选定的电压参考方向。

三是用双下标形式表示,如图 3.16 所示。

A 代表此处为电场力移动电荷的起点端子,B 代表此处为电场力移动电荷的终点端子,如 U_{AB} 即标示已选定的此处电压参考方向为从 A 端子指向 B 端子,这种方向形式一般用于分析电路模型电压参数关系的电压关系表达式中。

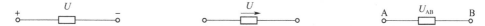

图 3.14　电压参考方向的正负极性形式　　图 3.15　电压参考方向的箭头形式　　图 3.16　电压参考方向的双下标形式

(4)在电压参考方向的使用中一定也要注意:

①电压不选定参考方向时,电压的正负无意义,或者电压值的正负情况,不是表示电压值大小的衡量,而是表示电路模型中的电压实际方向同电路模型分析使用者所选定的电压参考方向是否一致的标准;

②电路模型中各处电压参考方向一旦选定,在电路模型分析讨论中不得更改,否则会影响电路模型各电参数分析。

(5)参考方向。

从电压、电流定义来看,电路模型中的电压、电流有着紧密影响关系,分析电路模型,需要分别选定电压参考方向、电流参考方向。

从使用者选定来看,对这两个参考方向并无其他要求,但为了体现电压、电流相互影响关系,可以对电压参考方向、电流参考方向的二者关系定义描述为关联参考方向、非关联参考方向两种截然不同或者说相反的关系形式。

①电压、电流关联参考方向。

电压、电流关联参考方向如图 3.17 所示,电压参考方向已设定为从"＋"极性端到"－"

极性端,则若电流参考方向设定为 I 从"＋"极性端流入,从"－"极性端流出,则电压参考方向、电流参考方向就构成关联参考方向的关系形式,从图 3.17 和文字说明可得出,电压、电流关联参考方向也可理解为电压参考方向、电流参考方向完全相同。

②电压、电流非关联参考方向。

电压、电流非关联参考方向如图 3.18 所示,电压参考方向已设定为从"＋"极性端到"－"极性端,则若电流 I 从"－"极性端流入,从"＋"极性端流出,则电压参考方向、电流参考方向就构成非关联参考方向的关系形式,从图 3.18 和文字说明可得出,电压、电流非关联参考方向也可理解为电压参考方向、电流参考方向相反。

图 3.17　电压、电流关联参考方向形式　　图 3.18　电压、电流非关联参考方向形式

电路模型分析中,为简化分析,建议选择电压、电流关联参考方向进行分析,在这种情况下,电压、电流参考方向选取相同,则默认可以只标示一个电压参考方向或者一个电流参考方向。

【例 3.1】　电路中电压电流参考方向如图 3.19 所示。问:对 A、B 两部分电路电压、电流参考方向关联否?

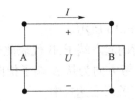

图 3.19　电压、电流参考方向关联判定

解:由图 3.19 可知,A 电压、电流参考方向非关联;B 电压、电流参考方向关联。

3.1.3.3　电位

在电路模型中任选一个点 O 作参考点(零电位点),则电路中一点 A 到 O 点的电压 U_{AO} 称为 A 点的电位,记为 V_A,单位:伏特(V)。电路模型的参考点可以任意选取。

【例 3.2】　电路如图 3.20 所示,设 C 点为电位参考点(零电位点),即为 $V_C = 0$。问:电路中 A、B、D 的电位如何?

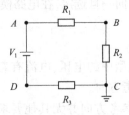

图 3.20　电位判定实例

解:由图 3.20 可知,$V_A = U_{AC}$、$V_B = U_{BC}$、$V_D = U_{DC}$。

电压也被称为电位差,电路中 A、B 之间的电压 U_{AB} 就是 A 点电位与 B 点电位之差,即为:$U_{AB} = V_A - V_B$。

3.1.3.4 电动势

在电源内部推动电荷移动的力称为电源力,电源力将单位正电荷从电源的负极移动到正极所做的功称为电动势。

电动势 E 只存在电源内部,其数值反映了电源力做功的本领,方向规定由电源负极指向电源正极,这个方向同电源两端的端子之间的电压参考方向刚好是相反的,如图3.21所示。

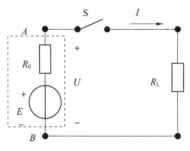

图3.21 电动势方向

3.1.3.5 电功率

电功率简称为功率,表示单位时间内电路吸收的电能。

直流电路功率用大写符号 P 表示,同两侧电压 U、流经电流 I 关系为:

U、I 参考方向关联时

$$P = U \times I$$

U、I 参考方向非关联时

$$P = -U \times I$$

若 $P > 0$,表明电路吸收电功率是负载;

若 $P < 0$,表明电路发出电功率是电源。

在变化的电压、电流电路中,用小写字母 p 表示瞬时功率。

电功率的常用单位瓦特(瓦,W)

$$1W = 1V \times 1A = 10^3 mW、1kW = 10^3 W$$

【例3.3】 电路如图3.22所示,若已知元件吸收功率为 $-20W$,电压 U 为5V,其电流 I 为多少?

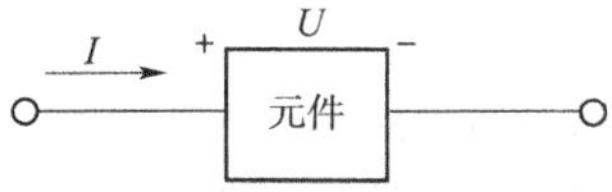

$$I \xrightarrow{\quad} \boxed{\begin{array}{c} + \quad U \quad - \\ \text{元件} \end{array}}$$

图3.22 电功率计算实例

解:可做如下计算:

$$I = \frac{P}{U} = \frac{-20W}{5V} = -4A$$

【例3.4】 电路如图3.22所示,若 I 参考方向反向,已知元件中通过的电流为 $-100A$,电压 U 为10V,其电功率 P 为多少?

解:可做如下计算:

$$P = -UI = -10\text{V} \times (-100\text{A}) = 1000\text{W}$$

由其电功率 $P > 0$，则该元件可推断为某类负载。

电阻在 t 时间内消耗的电能 W 用功率乘以时间计算：

$$W = P \times t$$

电能的基本单位:焦耳(焦,J)或千瓦·小时(千瓦·时,kW·h)。1J = 1W×1s、1kW·h = 1kW·1h。

焦耳-楞次定律确定了热量 Q 与电能 W 的换算公式: $Q = 0.239U \times I \times t$,单位:卡路里(卡,cal)。

额定值是电气设备在规定的环境条件下和一定的时间范围内使用时的电压、电流、电功率等的允许值,额定值往往有一个富裕量。

用电器的铭牌数据值称为额定值,额定值指用电器长期、安全工作条件下的最高限值,一般在出厂时标定。额定电功率反映了设备能量转换的本领。

"220V、1000W"的电动机,指该电动机运行在 220V 电压时、1s 内可将 1000J 的电能转换成机械能和热能。

"220V、40W"的电灯,表明该灯在 220V 电压下工作时,1s 内可将 40J 的电能转换成光能和热能。

3.2 基本理想元件及其电特性

3.2.1 电源理想元件

3.2.1.1 理想电压源

理想电压源是能独立向外电路提供恒定电压的二端元件,又称为恒压源。理想电压源忽略了实际电压源的内阻,是一种理想元件,电路符号如图 3.23 所示。

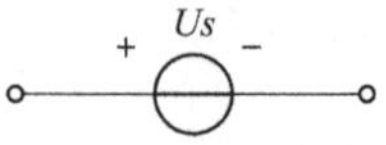

理想电压源可输出恒定电压 U_S,但输出电流 I 不恒流,I 由电源和外电路共同决定。

图 3.23 理想电压源电路符号

理想电压源的伏-安特性曲线可在二维坐标平面上绘制,以理想电压源的输出电压 U 作为纵坐标,以理想电压源的输出电流 I 为横坐标,理想电压源的伏-安特性曲线如图 3.24 所示。

理想电压源的伏-安特性曲线为平行于电流坐标轴的一条直线,表明理想电压源输出电压 U_S 恒定,而输出电流 I 可在一定范围内变化,取决于理想电压源外接的其他电路部分。

从理想电压源的伏-安特性曲线可得出,理想电压源输出电压 U_S 恒定时,其 U_S 电压的恒定体现在电压 U_S 值大小(电压高低)和电压 U_S 方向(正负极)都不随时间(相对范围内)而变化,符合直流电压源特性。

若实际电源输出的电压值变化不大,可用理想电压源和电阻相串联的电源模型表示,即实际电源的电压源模型,如图 3.25 所示。

而实际电源总是存在内阻的,若把电源内阻视为恒定不变,则电源内部、外部的消耗就主要取决于外电路负载的大小,电压源形式的电路模型中,内外电路消耗是以分压形式进行。

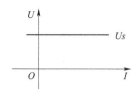

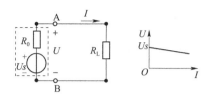

图 3.24　理想电压源的伏-安特性曲线　　　图 3.25　实际电源的理想电压源模型和特性

3.2.1.2　理想电流源

理想电流源是能独立向外电路提供恒定电流的二端元件,又称为恒流源。理想电流源忽略了实际电流源的内阻,是一种理想元件,电路符号如图 3.26 所示。

理想电流源可输出恒定电流 I_S,但输出电压 U 不恒压,U 由电源和外电路共同决定。理想电压源的伏-安特性曲线可在二维坐标平面上绘制,以理想电压源的输出电流 I 作为纵坐标,以理想电压源的输出电压 U 为横坐标,理想电压源的伏-安特性曲线如图 3.27 所示。

图 3.26　理想电流源电路符号

理想电流源的伏-安特性曲线为平行于电压坐标轴的一条直线,表明理想电流源输出电流 I_S 恒定,输出电压 U 可在一定范围内变化,取决于理想电流源外接的其他电路部分。

从理想电流源的伏-安特性曲线也可得出,理想电流源输出电流 I_S 恒定时,其 I_S 电流的恒定体现在电流 I_S 值大小(电流高低)和电流 I_S 方向(正负极)都不随时间(相对范围内)而变化,符合直流电流源特性。

若实际电源输出的电流值变化不大,可用理想电流源和电阻相并联的电源模型表示,即实际电源的电流源模型,如图 3.28 所示。

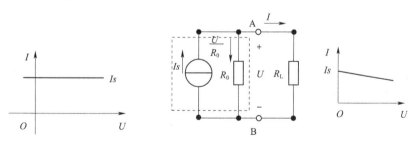

图 3.27　理想电流源的伏-安特性曲线　　　图 3.28　实际电源的理想电流源模型和特性

而实际电源总是存在内阻的。若把电源内阻视为恒定不变,则电源内部、外部的消耗就主要取决于外电路负载的大小,在电流源形式的电路模型中,内外电路的消耗是以分流形式进行的。

3.2.1.3　理想交流源

交流源是能独立向外电路提供随时间作周期性变化的电流或电压的二端元件,分为交流电流源和交流电压源,在一个周期内的平均电流或平均电压为零。不同于直流电源,交流源输出电压或者输出电流方向是会随着时间发生改变的,而直流没有周期性变化。

通常交流电(简称 AC)波形为正弦曲线,一般多以正弦交流电压源来讨论,如图 3.29 所示,但实际上还有其他的波形,例如三角形波、正方形波,生活中使用的市电就是具有正弦波形的交流电。

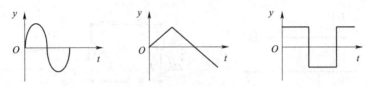

图 3.29　交流电时间域波形

正弦交流电是按正弦规律变化的电压和电流,用小写的 u 和 i 表示电压、电流的瞬时值,如图 3.30 所示,在电路图上所标的方向是指 u、i 参考方向。正弦量瞬时值为正,表明其实际方向与参考方向一致;瞬时值为负,表明其实际方向与所选定的参考方向相反。

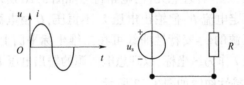

图 3.30　正弦交流电压、电流时域波形和电路符号

在描述正弦交流电源的输出电压 $u(t) = U_m\sin(\omega t + \theta)$ 或输出电流曲线时,有三个要素:幅值、角频率、初相位,如图 3.31 所示。

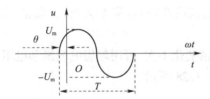

图 3.31　正弦交流电三要素

(1)幅值:幅值 U_m 或 I_m 为正弦曲线的振幅、最大值,反映正弦量变化幅度的大小。

(2)角频率:角频率 ω 是角度换为时间的一个比例常数,表示相位变化的速度,反映正弦量变化快慢,转换关系式为:

$$2\pi = \omega T \Rightarrow \omega = 2\pi f = \frac{2\pi}{T} \tag{3.3}$$

(3)初相位:初相位 θ 是 $t = 0$ 时的相位,反映正弦量的计时起点。

在对正弦交流电进行描述时,也常采用有效值进行描述,其有效值大小可由相同时间内产生相当焦耳热的直流电的大小来等效,交流电峰值与有效值(均方根值)关系为:

$$U = \frac{U_m}{\sqrt{2}} \tag{3.4}$$

引入有效值后,正弦电流表达式也可写为:

$$u(t) = \frac{U_m}{\sqrt{2}}\sin(\omega t + \theta)$$

用相量表示正弦量的方法:

$$u(t) = \frac{U_m}{\sqrt{2}}\sin(\omega t + \theta) = U_m e^{j\theta} = \dot{U}_m$$

我国使用的电力频率 $f = 50\text{Hz}$，$T = 0.02\text{s}$，$\omega = 314\text{rad/s}$。

3.2.2 理想负载元件

3.2.2.1 电阻

金属导体中的电流是自由电子定向移动形成的，自由电子在运动中要与金属正离子频繁碰撞，每秒的碰撞次数高达 10^{15} 左右。这种碰撞阻碍了自由电子的定向移动，表示这种阻碍作用的物理量被称为电阻。

导体的电阻越大，表示导体对电流的阻碍作用越大，不但金属导体有电阻，其他物体也有电阻。

电阻 R 由导体两端的电压 U 与通过导体的电流 I 的比值来定义，表达式为：

$$R = \frac{U}{I} \tag{3.5}$$

电阻伏-安特性曲线如图 3.32 所示。具有图示性质的电阻称为线性电阻或欧姆电阻。德国物理学家欧姆在 1826 年提出的欧姆定律定义了线性电阻特性，其表达式为：$I = \dfrac{U}{R}$。需要注意的是，欧姆定律表达式在 U、I 关联参考方向时成立，若 U、I 为非关联参考方向时，应为：$I = -\dfrac{U}{R}$。为简化应用，电路分析中一般使用 U、I 关联参考方向。

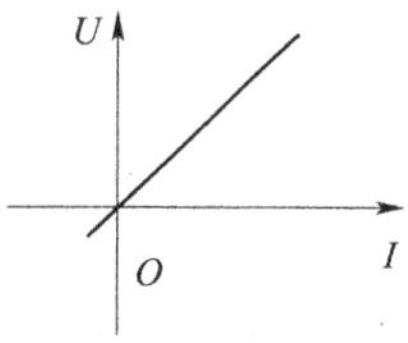

为纪念欧姆所做贡献，电阻的单位被命名为欧姆，简称欧，符号为 Ω。

图 3.32 电阻伏-安特性曲线

当导体两端的电压一定时，电阻越大，通过的电流就越小；反之，电阻越小，通过的电流就越大。因此，电阻的大小可以用来衡量导体对电流阻碍作用的强弱，即导电性能的好坏。

常用的电阻单位还有千欧姆（$k\Omega$）、兆欧姆（$M\Omega$），它们的换算关系是：$1k\Omega = 1000\Omega$，$1M\Omega = 1000k\Omega$。

在电路原理图中为了简便，一般将电阻值单位中的"Ω"省去，凡阻值在千欧以下的电阻，直接用数字表示；阻值在千欧级的，用"k"表示；兆欧级的，用"M"表示。

电阻量值与导体材料、形状、体积以及周围环境等因素有关。不同导体，电阻一般不同，电阻是导体本身的一种性质，导体的电阻是由它本身的物理条件决定的，如金属导体的电阻是由它的材料性质、长短、粗细（横截面积）以及使用温度决定的。

电阻率是描述导体导电性能的参数。对于由某种材料制成的柱形均匀导体，其电阻 R 与长度 L 成正比，与横截面积 S 成反比，即：

$$R = \rho \frac{L}{S} \tag{3.6}$$

式中：ρ——比例系数，由导体的材料和周围温度所决定，称为电阻率，其国际单位制（SI）是欧姆·米（$\Omega \cdot m$）。常温下一般金属的电阻率与温度的关系为：

$$\rho = \rho_0(1 + \alpha t) \tag{3.7}$$

式中：ρ_0——0℃时的电阻率；

α——电阻的温度系数；

t——温度（℃）。

半导体和绝缘体的电阻率与金属不同,与温度之间不是按线性规律变化的,当温度升高时,它们的电阻率会急剧地减小,呈现出非线性变化的性质。

3.2.2.2　电容

两个相互靠近的导体,中间夹一层不导电的绝缘介质,就构成了电容器。在电路图中通常用字母 C 表示电容元件。

当电容器的两个极板之间加上电压时,电容器就会储存电荷。电容器作为一种储存电荷的"容器",就有"容量"大小不同。在电路中使用电容量这个物理量衡量电容器储存电荷的能力。常见电容器符号如图 3.33 所示。

电容器必须在外加电压的作用下才能储存电荷,电容器的电容量在数值上等于一个导电极板上的电荷量与两个极板之间的电压之比。不同的电容器在电压作用下储存的电荷量也可能不相同。

国际上统一规定,给电容器外加 1V 直流电压时,所能储存的电荷量,为该电容器的电容量(即单位电压下的电量),如图 3.34 所示。

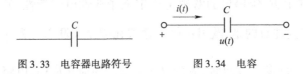

图 3.33　电容器电路符号　　　　图 3.34　电容

电容关系表达式为:

$$C = \frac{q}{u} \tag{3.8}$$

电容器电容量的基本单位是法拉(F),在 1V 直流电压作用下,若电容器储存的电荷为 1C,电容量就被定为 1F。

在实际应用中,电容器的电容量往往比 1F 小得多,因此常用较小的单位,如毫法(mF)、微法(μF)、纳法(nF)、皮法(pF)等。它们的关系是:$1F = 1000mF$;$1mF = 1000μF$;$1μF = 1000nF$;$1nF = 1000pF$;即:$1F = 1000000μF$;$1μF = 1000000pF$。

在直流电路中,电容器是相当于断路的,最简单的电容器是由两端的极板和中间的绝缘电介质(包括空气)构成的,通直流电后,极板带电,形成电压(电势差),但是由于中间的绝缘物质,所以整个电容器是不导电的,相当于在直流下断路。不过,这样的断路情况是在没有超过电容器的临界电压(击穿电压)的前提条件下的。

在直流电路中,电容器若都是在其击穿电压以下工作的,可作绝缘体看。任何物质都是相对绝缘的,当物质两端的电压加大到一定程度后,物质都是可以导电的,这个电压为击穿电压。电容器也不例外,电容器被击穿后,就不是绝缘体了。

在交流电路中,电流的方向是随时间呈一定的函数关系变化的,而电容器充放电的过程是有时间的,在极板间会形成变化的电场(随时间变化的函数);同时,随着交流电信号频率上升,一般电容器的电容量呈现下降的规律,当电容器工作在谐振频率以下时,表现为容性;当超过其谐振频率时,表现为感性,一定要避免电容器工作于谐振频率以上。

电容器在调谐、旁路、耦合、滤波等电路中起着重要的作用。晶体管收音机的调谐电路,彩色电视机的耦合电路、旁路电路等都要用到电容器。

3.2.2.3 电感

电感是描述由于线圈电流变化,在本线圈中或在另一线圈中引起感应电动势效应的电路参数,为自感和互感的总称,提供电感的器件称为电感器。

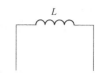

图 3.35 电感电路符号

电感器结构类似于变压器,但只有一个绕组,是能够把电能转化为磁能而存储起来的元件,在电路图中通常用字母 L 表示电感元件,如图 3.35 所示。

电感器导线内通过交流电流时,在导线的内部周围产生交变磁通,导线的磁通量与生产此磁通的电流之比的关系表达式为:

$$L = \frac{\psi}{I} \tag{3.9}$$

电感单位:亨(H)、毫亨(mH)、微亨(μH),换算关系为:$1H = 1000mH,1mH = 1000\mu H$。

电感器特性是通直流、阻交流,频率越高,线圈阻抗越大,与电容器特性正好相反。当电感线圈中通过直流电流时,其周围只呈现固定的磁力线,不随时间而变化;当电感线圈中通过交流电流时,其周围将呈现出随时间而变化的磁力线,变化的磁力线在线圈两端会产生感应电势,此感应电势相当于一个"新电源",若形成闭合回路时,此感应电势就要产生感应电流,感应电流所产生的磁力线总量会力图阻止磁力线的变化,故电感线圈有阻止交流电路中电流变化的特性。

实践中,电感器在电路中也经常和电容器一起构成 LC 滤波器、LC 振荡器等,利用电感特性,还可得到阻流圈、变压器、继电器等其他类型的电路部件。

3.2.3 理想控制元件

电路控制设备是用于控制用电设备的开关装置以及这些开关装置和相关的控制、测量、保护及调节设备的组合的通称,包括由这些装置和设备以及相关联的内部连接、附件、外壳和支撑件组成的总装。常用的电路控制设备有开关、闸刀、继电器、断路器、干簧管、自动开关等,本教材中一般仅为开关。

开关是指一个可以使电路开路、使电流中断或使其流到其他电路的电子元件。最常见的开关是由人操作的电路控制设备,其中有一个或数个电子接点。接点的"闭合"表示电子接点导通,允许电流流过;开关的"开路"表示电子接点不导通形成开路,不允许电流流过。开关中除了接点之外,也会有可动件使接点导通或不导通,开关可依可动件的不同为分为杠杆开关、按键开关、船形开关等,也可以是其他形式的机械连杆可动件。

开关主要参数有:额定电压(是指开关在正常工作时所允许的安全电压,加在开关两端的电压大于此值,会造成两个接点之间打火击穿)、额定电流(是指开关接通时所允许通过的最大安全电流,当超过此值时,开关的接点会因电流过大而烧毁)、绝缘电阻(是指开关的导体部分与绝缘部分的电阻值,绝缘电阻值应在 100MΩ 以上)、接触电阻(是指开关在开通状态下,每对接点之间的电阻值,一般要求在 $0.1 \sim 0.5 \Omega$ 以下,此值越小越好)、耐压(是指开关对导体及地之间所能承受的最高电压)、寿命(是指开关在正常工作条件下,能操作的次数,一般要求在 5000 ~ 35000 次左右)。

(1)闸刀。

闸刀是电力设备手动开关的一种,一般由瓷底座、塑料盖、铜件组成,上部为进线口,下部为出线口,中间设计有安装熔断丝部位,多用于低压电,有单相闸刀和三相闸刀之分。

闸刀根据应用不同有各种规格,一般都标注电压和电流,如220V、16A,表明是适用于220V电压、电流不超过16A的电路。

(2)继电器。

继电器是一种电控制器件,是当输入量(激励量)的变化达到规定要求时,在电气输出电路中使被控量发生预定的阶跃变化的一种电器,具有控制系统(又称输入回路)和被控制系统(又称输出回路)之间的互动关系。

继电器通常应用于自动化控制电路中,实际上是用小电流去控制大电流运作的一种"自动开关",在电路中起着自动调节、安全保护、转换电路等作用。

(3)磁簧开关。

磁簧开关是由两片磁簧片(通常由铁和镍这两种金属所组成)密封在玻璃管内,两片磁簧片呈重叠状况,但中间间隔有一小空隙,外来适当的磁场将会使两片磁簧片接触。

(4)自动开关。

自动开关又称自动空气开关,是低压电路常用的具有保护环节的断合电器。当电路发生严重过载、短路以及失压等故障时,能自动切断故障电路,有效地保护串接在后级的电气设备。

3.2.4 理想导线

导线是用于运输电能及信息的导电线材,一般由铜或铝制成,也有用银线所制(导电、热性好),用来疏导电流或者是导热;也可用作制造电机、构件、连接线,工业上也指电线。常见导线有实心、绞合、编织等,也有用于特种要求的绝缘电线、电器引接线、补偿导线等。常用导线按照结构分单股线和多股线,如图3.36所示。

图3.36 导线实物

常用导线接线方式有三种:导线、连接的导线、未连接的导线,如图3.37所示。

导线形式是最基本的元件与元件间的连接方式;连接的导线形式是两根导线彼此物理上连接在了一起,可互相通电;未连接的导线形式为导线与导线之间没有相互连接,不能通电。

当一个电路图过于复杂时,若所有的元件全部连接实线,会使得原理图特别杂乱,为了规整和方便查看,会经常使用到类似"飞线"的方式,元件与元件之间不直接用实线连接,而通过标签或在导线的一端用类似标签的符号+字符的形式进行注释,如图3.38所示。

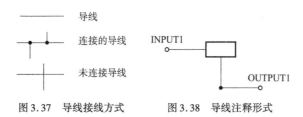

图 3.37　导线接线方式　　　　图 3.38　导线注释形式

"INPUT1""OUTPUT1"的位置就是"飞线",等价于两个元件间有相同标识的位置用实线连接,在使用上,导线带文字,或导线带标签的形式没有逻辑上的区别,物理意义都是一样的。

习题3

3-1　什么是电路? 什么是电路模型? 二者的区别和联系是什么?

3-2　请列举几种日常生活、工作常见的电路及其电路模型。

3-3　电流、电压的实际方向是如何规定的? 电流、电压的参考方向同实际方向的关系是什么?

3-4　关联参考方向、非关联参考方向有何区别?

3-5　分别绘制电阻、恒流源、恒压源的伏安特性曲线。

第4章
电路基本定律和分析方法

4.1 基尔霍夫定律

若干电路元件按一定的连接方式构成电路后,电路中各元件的电压或电流必然受到两类约束,一类约束来自元件本身的性质,即元件的电压电流关系;另一类约束来自元件的相互连接方式,即基尔霍夫定律。

基尔霍夫定律包括基尔霍夫电流定律(KCL)和基尔霍夫电压定律(KVL)两个定律,是集总电路必须遵循的普遍规律。

4.1.1 术语

在基尔霍夫定律中,涉及支路、结点、路径、回路、网孔等术语,现结合图 4.1 所示的电路模型图说明。

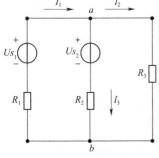

图 4.1 术语说明的电路模型

4.1.1.1 支路
(1)定义 1:电路中每一个二端元件就是一条支路。
(2)定义 2:电路中通过同一电流的分支。

一条支路可以是单个元件构成,亦可以由多个元件串联组成。

按上述术语定义,图 4.1 所示电路中有三条支路,即:支路 1(Us_1、R_1 串联支路)、支路 2(Us_2、R_2 串联支路)、支路 3(R_3 支路)。

4.1.1.2 结点
结点是三条或三条以上支路的公共连接点,两个结点之间至少有一个电路元件。

按上述术语定义,图 4.1 所示电路中有 a、b 两个结点。

4.1.1.3 路径
路径是两结点间的一条通路,由支路构成。

按上述术语定义,图 4.1 所示电路中 a、b 两个结点间有三条路径。

4.1.1.4 回路
回路是由支路组成的闭合路径。

按上述术语定义,图 4.1 所示电路中有三个回路,分别由支路 1 和支路 2 构成、支路 2 和支路 3 构成、支路 1 和支路 3 构成。

4.1.1.5　网孔

对平面电路,其内部不含任何支路的回路称为网孔。

按上述术语定义,图 4.1 所示电路中有两个网孔,分别由支路 1 和支路 2 构成、支路 2 和支路 3 构成。

支路 1 和支路 3 构成的回路不是网孔。因此,网孔是回路,但回路不一定是网孔。

4.1.2　基尔霍夫电流定律(KCL)

基尔霍夫电流定律(KCL)是描述电路中与结点相连的各支路电流间相互关系的定律,其基本内容是:对于集总参数电路中的任意结点,在任意时刻流出或流入该结点电流的代数和等于零。

电流代数和:体现为电流前的" + "" – "号,可自行定义流出为" + "和流入为" – ",用数学式表示为:

$$\sum_{k=1}^{m} I(t) = 0 \tag{4.1}$$

图 4.2 所示为电路的一部分。

对图 4.2 中结点列 KCL 方程,设流出结点的电流为" + ",有:

$$- I_1 - I_2 + I_3 + I_4 + I_5 = 0$$

图 4.2 也可表示成:

$$I_1 + I_2 = I_3 + I_4 + I_5$$

即:

$$\sum I_{流入} = \sum I_{流出} \tag{4.2}$$

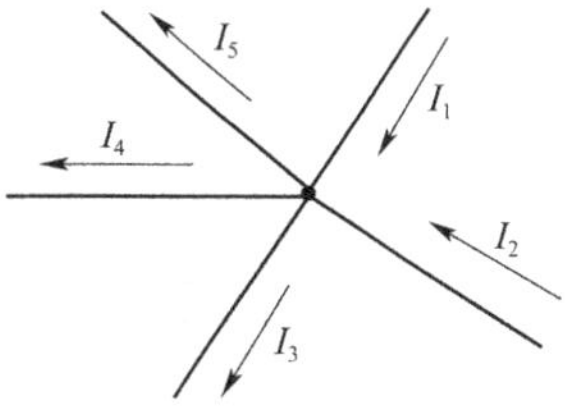

图 4.2　单个电路结点电流关系

则 KCL 又可表述为:对于集总参数电路中的任意结点,在任意时刻流出该结点的电流之和等于流入该结点的电流之和。

此时,无须考虑电流前面的正负号,将流入和流出的分别列在等式两边相加即可。

事实上 KCL 不仅适用于电路中的结点,对电路中任意假设的闭合曲面,它也是成立的,

推广:通过一个闭合面的支路电流的代数和总是等于零;或者流出闭合面得电流等于流入同一闭合面的电流。这被称为电流的连续性。

图 4.3 所示电路,三个结点上的 KCL 方程为:

$$I_1 + I_4 + I_6 = 0$$
$$- I_2 - I_4 + I_5 = 0$$
$$I_3 - I_5 - I_6 = 0$$

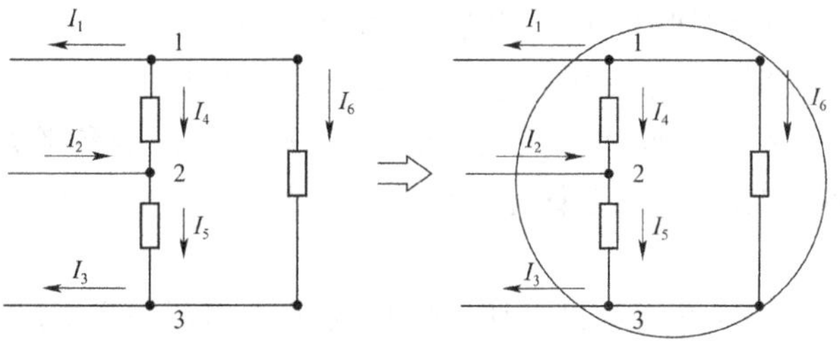

图 4.3　三个电路结点电流关系

三式相加得:

$$I_1 - I_2 + I_3 = 0$$

上式表明 KCL 可推广应用于电路中包围多个结点的任一闭合面,闭合面可看作广义结点。

对于基尔霍夫电流定律(KCL),需要明确的是:

(1)KCL 是电荷守恒和电流连续性原理在电路中任意结点处的反映;

(2)KCL 是对支路电流关系上加的约束,与支路上接的是什么元件无关,与电路是线性,还是非线性无关;

(3)KCL 方程是按电流参考方向列写,与电流实际方向无关。

【例4.1】 电路如图4.4所示,求电路中的电流 I。

解: 作一闭合曲面如图4.5所示,把闭合曲面看作一广义结点。

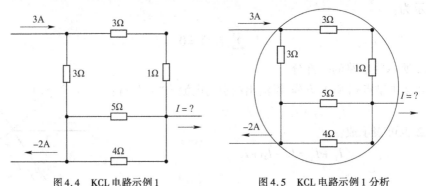

图 4.4　KCL 电路示例1　　　　图 4.5　KCL 电路示例1分析

应用 KCL,有:

$$I = 3 - (-2) = 5A$$

4.1.3　基尔霍夫电压定律(KVL)

基尔霍夫电压定律(KVL)是描述回路中各支路(或各元件)电压之间关系的定律。其基本内容是:对于集总参数电路,在任意时刻,沿任意闭合路径绕行,各段电路电压的代数和恒等于零。

电压代数和,体现为电压前的" + "" – "号,选定回路绕行方向,支路电压参考方向与绕行方向一致为" + ",相反为" – ",用数学式表示为:

$$\sum_{k=1}^{m} U(t) = 0 \tag{4.3}$$

在使用基尔霍夫电压定律时,出现了第三个电压的方向——电压回路绕行方向,这个绕行方向是自行选定的,其作用是用于确定基尔霍夫电压定律中回路各元件的电压代数和列式中的" + "或" – "情况,一定要注意同电压的实际方向、电压的参考方向之间的不同和联系。同时,也要留意基尔霍夫电压定律是针对回路中各元件的电压关系式,而不是类似的各元件电动势关系式。

【例4.2】 电路如图4.6所示,列出电路的基尔霍夫电压关系式。

解: 标定各元件电压参考方向;选定回路绕行方向,顺时针或逆时针。

对图中回路列 KVL 方程,有:

$$-U_1 - Us_1 + U_2 + U_3 + U_4 + Us_4 = 0$$

应用欧姆定律,上述 KVL 方程也可表示为:

$$-R_1 \cdot I_1 + R_2 \cdot I_2 - R_3 \cdot I_3 + R_4 \cdot I_4 = Us_1 - Us_4$$

或:

$$U_2 + U_3 + U_4 + Us_4 = U_1 + Us_1$$

即:

$$\sum U_{降} = \sum U_{升} \tag{4.4}$$

KVL 也适用于电路中任一假想的回路,如图 4.7 所示电路,将其想象成一假想回路。

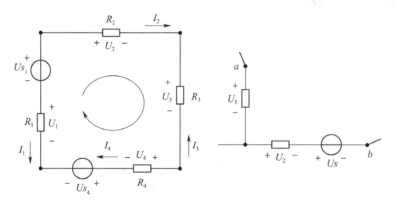

图 4.6 KVL 电路示例 1 　　　　　 图 4.7 KVL 电路示例 2

可列方程:

$$U_{ab} = U_1 + U_2 + Us$$

对于基尔霍夫电压定律(KVL),需要明确的是:

(1)KVL 的实质反映了电路遵从能量守恒定律;

(2)KVL 是对回路电压关系上加的约束,与回路各支路上接的是什么元件无关,与电路是线性还是非线性无关;

(3)KVL 方程是按电压参考方向列写,与电压实际方向无关。

4.1.4 KCL、KVL 小结

(1)KCL 是对支路电流的线性约束,KVL 是对回路电压的线性约束。

(2)KCL、KVL 与组成支路的元件性质及参数无关。

(3)KCL 表明在每一节点上电荷是守恒的;KVL 是能量守恒体现(电压与路径无关)。

(4)KCL、KVL 只适用于集总参数的电路。

(5)在运用 KCL 和 KVL 进行电路分析时,应首先指定有关回路的绕行方向,及各支路电流和支路电压的参考方向,通常两者取关联参考方向。

【**例 4.3**】 电路如图 4.8 所示,求电路中的电压 U。

解:选取回路,给出回路绕行方向,如图 4.8 右侧所示,应用 KVL,有:

$$U = 10 - 20 - 5 = -15\text{V}$$

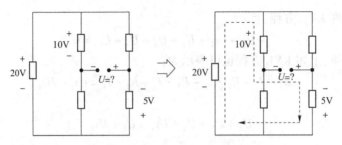

图 4.8　基尔霍夫定律分析电路例

4.2　电路等效法

有电路如图 4.9 所示,若只需要分析计算电路中电阻 R 支路的电流情况,则可以考虑使用电路等效法分析电阻 R 支路的电压、电流,常见的等效分析方法有电阻等效、电源等效、电路等效等三种,下面分别详细叙述。

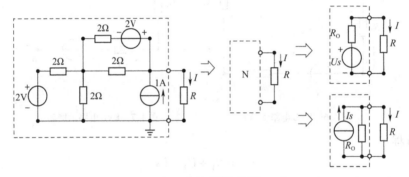

图 4.9　电路等效形式

4.2.1　电路的等效变换

4.2.1.1　二端网络(一端口)

任何一个复杂的电路,向外引出两个端子,如图 4.10 所示。

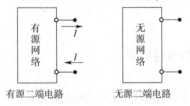

有源二端电路　　无源二端电路

图 4.10　二端电路

且从一个端子流入的电流等于从另一端子流出的电流,则称这一电路为二端电路(或一端口电路);若二端电路仅由无源元件构成,称无源二端电路。

4.2.1.2　二端电路等效的概念

两个内部结构和参数完全不相同的二端网络 B 与 C,当它们的端口具有相同的电压、电流关系,则称 B 与 C 是等效的电路,如图 4.11 所示。

相等效的两部分电路 B 与 C 在电路中可以相互代换,代换前的电路和代换后的电路对任意外电路 A 中的电流、电压和功率而言是等效的,如图 4.12 所示。

结论:

(1)电路等效变换的条件为两电路具有相同的对外伏安关系;

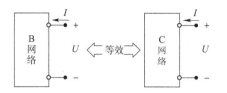

图4.11 二端电路等效

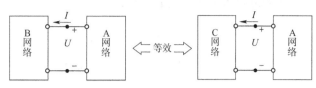

图4.12 二端电路等效代换

（2）电路等效变换是对外等效，变换前后，未变化的外电路 A 中的电压、电流和功率保持不变；

（3）电路等效变换的目的是化简电路，方便计算。

等效变换后，可更加简便地求解未变化的外电路 A 中的各参量。

如果一个单口网络 N1 外部端子的伏安关系和另一个单口网络 N2 外部端子的伏安关系完全相同，则 N1 和 N2 等效，如图 4.13 所示。

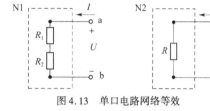

图4.13 单口电路网络等效

N1 网络端口的伏安关系：

$$U = (R_1 + R_2) \cdot I$$

N2 网络端口的伏安关系：

$$U = R \cdot I$$

可知，当 $R = R_1 + R_2$ 时，N1 网络与 N2 网络等效。

注意：等效是对计算单口网络外的外部电路 M 而言的，在计算单口网络内的电参数时，千万不能用等效的概念。

网络 N1 和网络 N2 等效，若用网络 N2 代替网络 N1 后，它对外部电路 M 的电压、电流分配关系没有改变，如图 4.14 所示。

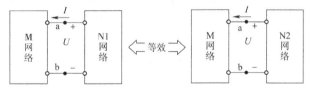

图4.14 电路网络等效代换

4.2.2 电阻等效

4.2.2.1 电阻串联

图4.15 所示为 n 个电阻的串联，设电压、电流参考方向关联，由基尔霍夫定律得电路特点如下。

（1）各电阻串联连接，根据 KCL 可知，各电阻中流过的电流相同；

（2）根据 KVL，电路的总电压等于各串联电阻的电压之和，即：

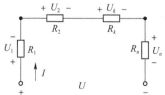

图4.15 串联电阻电路支路

$$U = U_1 + U_2 + \cdots + U_k + \cdots + U_n \qquad (4.5)$$

等效电路表示如图 4.16 所示。

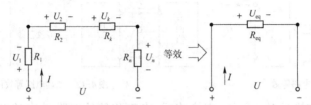

图 4.16　串联电阻电路支路等效形式

把欧姆定律代入电压表示式中,得:

$$U = R_1 \cdot I + \cdots + R_k \cdot I + \cdots + R_n \cdot I$$
$$= (R_1 + \cdots + R_k + \cdots + R_n) \cdot I$$
$$= R_{eq} \cdot I$$

以上式子说明,图 4.16 左侧的多个电阻串联电路支路与图 4.16 右侧的单个电阻电路支路具有相同的对外伏安关系,是互为等效的电路。

其中,等效电阻为:

$$R_{eq} = R_1 + \cdots + R_k + \cdots + R_n = \sum_{k=1}^{n} R_k > R_k$$

结论:

(1)电阻串联,其等效电阻等于各分电阻之和;

(2)等效电阻大于任意一个串联的分电阻;

(3)串联电阻的分压,由图 4.16 可知:

$$U_k = R_k \cdot I = R_k \cdot \frac{I}{R_{eq}} = \frac{R_k}{R_{eq}} \cdot I < U$$

【例4.4】　电路如图 4.17 所示,求两个串联电阻上的电压。

解:由串联电阻的分压公式得:

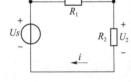

图 4.17　串联电阻电路
示例

$$U_1 = \frac{R_1}{R_1 + R_2} \cdot U \qquad U_2 = \frac{R_2}{R_1 + R_2} \cdot U$$

结论:

电阻串联,各分电阻上的电压与电阻值成正比,电阻值大者分得的电压大。因此,串联电阻电路可作分压电路。

同时可分析电阻串联的功率情况,各电阻的功率为:

$$P_1 = R_1 \cdot I^2, P_2 = R_2 \cdot I^2, \cdots, P_k = R_k \cdot I^2, \cdots, P_n = R_n \cdot I^2$$

所以:

$$P_1 : P_2 : \cdots : P_k : \cdots : P_n = R_1 : R_2 : \cdots : R_k : \cdots : P_n$$

总功率:

$$P = R_{eq} \cdot I^2 = (R_1 + R_2 + \cdots + R_k + \cdots + R_n) \cdot I^2$$
$$= R_1 \cdot I^2 + R_2 \cdot I^2 + \cdots R_k \cdot I^2 + \cdots + R_n \cdot I^2$$
$$= P_1 + P_2 + \cdots P_k + \cdots P_n$$

结论:

(1)电阻串联时,各电阻消耗的功率与电阻大小成正比,即电阻值大者消耗的功率大;

(2)等效电阻消耗的功率等于各串联电阻消耗功率的总和。

4.2.2.2 电阻并联

图 4.18 所示为 n 个电阻的并联,设电压、电流参考方向关联。

由基尔霍夫定律得电路特点为:

(1)各电阻两端分别接在一起,根据 KVL 知,各电阻两端为同一电压;

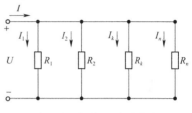

图 4.18 并联电阻电路支路

(2)根据 KCL,电路的总电流等于流过各并联电阻的电流之和,即:

$$I = I_1 + I_2 + \cdots + I_k + \cdots + I_n \tag{4.6}$$

等效电路表示如图 4.19 所示。

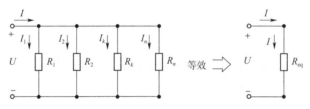

图 4.19 并联电阻电路支路等效形式

把欧姆定律代入电流表示式中,得:

$$
\begin{aligned}
I &= I_1 + I_2 + \cdots + I_k + \cdots + I_n \\
&= \frac{U}{R_1} + \frac{U}{R_2} + \cdots + \frac{U}{R_k} + \cdots + \frac{U}{R_n} \\
&= (G_1 + G_2 + \cdots + G_k + \cdots + G_n) \cdot U \\
&= G_{eq} \cdot U = \frac{1}{R_{eq}}
\end{aligned}
$$

以上式子说明:图 4.19 左侧的多个电阻并联电路支路与图 4.19 右侧的单个电阻电路支路具有相同的对外伏安关系,是互为等效的电路。

其等效电导等于并联的各电导之和,为:

$$G_{eq} = G_1 + G_2 + \cdots + G_k + \cdots + G_n = \sum_{k=1}^{n} G_k > G_k$$

故有:

$$\frac{1}{R_{eq}} = G_{eq} = \frac{1}{R_1} + \frac{1}{R_2} + \cdots + \frac{1}{R_k} + \cdots + \frac{1}{R_n} \Rightarrow R_{eq} < R_k$$

最常用的两个电阻并联时,求等效电阻的公式为:

$$\frac{1}{R_{eq}} = \frac{1}{R_1} + \frac{1}{R_2} \Rightarrow R_{eq} = \frac{R_1 \cdot R_2}{R_1 + R_2}$$

结论:

(1)电阻并联,其等效电导等于各电导之和且大于分电导;

(2)等效电阻之倒数等于各分电阻倒数之和,等效电阻小于任意一个并联的分电阻;

(3)并联电阻的电流分配。

若已知并联电阻电路的总电流,求各分电阻上的电流称分流。由图4.19可知:

$$\frac{I_k}{I} = \frac{\dfrac{U}{R_k}}{\dfrac{U}{R_{eq}}} = \frac{G_k}{G_{eq}} \Rightarrow I_k = \frac{G_k}{G_{eq}} \cdot I$$

满足:

$$I_1 : I_2 : \cdots : I_k : \cdots : I_n = G_1 : G_2 : \cdots : G_k : \cdots : G_n$$

【例4.5】 电路如图4.20所示,求两电阻并联的电流。

解:

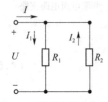

图4.20 并联电阻电路示例

$$I_1 = \frac{\dfrac{1}{R_1}}{\dfrac{1}{R_1} + \dfrac{1}{R_2}} \cdot I = \frac{R_2}{R_1 + R_2} \cdot I$$

$$I_2 = \frac{-\dfrac{1}{R_2}}{\dfrac{1}{R_1} + \dfrac{1}{R_2}} \cdot I = \frac{-R_1}{R_1 + R_2} \cdot I = -(I - I_1)$$

结论:

电阻并联,各分电阻上的电流与电阻值成反比,电阻值大者分得的电流小,因此并联电阻电路可作分流电路。

同时可分析电阻并联的功率情况,各电阻的功率为:

$$P_1 = G_1 \cdot U^2 , P_2 = G_2 \cdot U^2 , \cdots , P_k = G_k \cdot U^2 , \cdots , P_n = G_n \cdot U^2$$

所以:

$$P_1 : P_2 : \cdots : P_k : \cdots : P_n = G_1 : G_2 : \cdots : G_k : \cdots : G_n$$

总功率:

$$\begin{aligned} P &= G_{eq} \cdot U^2 = (G_1 + G_2 + \cdots + G_k + \cdots + G_n) \cdot U^2 \\ &= G_1 \cdot U^2 + R_2 \cdot U^2 + \cdots R_k \cdot U^2 + \cdots + R_n \cdot U^2 \\ &= P_1 + P_2 + \cdots P_k + \cdots P_n \end{aligned}$$

结论:

(1)电阻并联时,各电阻消耗的功率与电阻大小成反比,即电阻值大者消耗的功率小;

(2)等效电阻消耗的功率等于各并联电阻消耗功率的总和;

(3)并联电阻彼此独立,互不影响。

4.2.2.3 电阻的串并联

【例4.6】 电路如图4.21所示,计算各支路的电压和电流。

解:这是一个电阻串并联电路,首先求出等效电阻 $R_{eq} =$

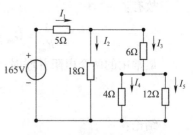

图4.21 串并联电阻电路示例1

$5\Omega +6\Omega =11\Omega$,则各支路电流和电压为:

$$I_1 = \frac{165\text{V}}{11\Omega} = 15\text{A} \qquad\qquad U_1 = 5\Omega \cdot I_1 = 75\text{V}$$

$$I_2 = \frac{9\Omega}{18\Omega +9\Omega} \cdot I_1 = 5\text{A} \qquad\qquad U_2 = 18\Omega \cdot I_2 = 90\text{V}$$

$$I_3 = 15\text{A} - 5\text{A} = 10\text{A} \qquad\qquad U_3 = 6\Omega \cdot I_3 = 60\text{V}$$

$$I_4 = \frac{12\Omega}{4\Omega +12\Omega} \cdot I_3 = 7.5\text{A} \qquad\qquad U_4 = 4\Omega \cdot I_4 = 30\text{V}$$

$$I_5 = I_3 - I_4 = 2.5\text{A} \qquad\qquad U_5 = 12\Omega \cdot I_5 = 30\text{V}$$

【例4.7】 电路如图4.22所示,求电路中的 I_1 、 I_4 、 U_4 。

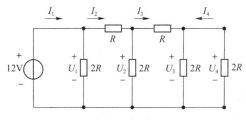

图4.22　串并联电阻电路示例2

解:(1)用分流方法求。

$$I_4 = -\frac{1}{2} \cdot I_3 = -\frac{1}{4} \cdot I_2 = -\frac{1}{8} \cdot I_1 = -\frac{1}{8} \cdot \frac{12}{R} = -\frac{3}{2 \cdot R}$$

$$U_4 = -I_4 \cdot 2 \cdot R = 3\text{V}$$

$$I_1 = \frac{12}{R}$$

(2)用分压方法求。

$$U_4 = U_3 = \frac{U_2}{2} = \frac{1}{4} \cdot U_1 = 3\text{V}$$

$$I_4 = -\frac{3}{2 \cdot R}$$

$$I_1 = \frac{12}{R}$$

从以上例题可得求解串并联电路的一般步骤:

(1)求出等效电阻或等效电导;

(2)应用欧姆定律求出总电压或总电流;

(3)应用欧姆定律或分压、分流公式求各电阻上的电流和电压。

分析串并联电路的关键问题是判别电路的串并联关系。判别电阻的串并联关系一般应掌握下述几点。

(1)看电路的结构特点。若两电阻是首尾相连是串联,首首、尾尾相连就是并联。

(2)看电压电流关系。若流经两电阻的电流是同一个电流是串联;若两电阻上承受的是同一个电压是并联。

(3)对电路作变形等效。如左边的支路可以翻转到右边,上面的支路可以翻到下面,弯曲的支路可以拉直等;对电路中的短线路可以任意压缩与伸长;对多点接地可以用短路线相连。

(4)找出等电位点。对于具有对称特点的电路,若能判断某两点是等电位点,则根据电路等效的概念,一是可以用短接线把等电位点连起来;二是把连接等电位点的支路断开(因支路中无电流),从而得到电阻的串并联关系。

【例4.8】 电路如图4.23所示,求电路的等效电阻 R_{ab}、R_{cd}。

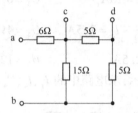

图4.23 串并联电阻等效示例1

解:
$$R_{ab} = ((5\Omega + 5\Omega)//15\Omega) + 6\Omega = 12\Omega$$
$$R_{cd} = (15\Omega + 5\Omega)//5\Omega = 4\Omega$$

本题的求解说明:等效电阻是针对电路的某两端而言的,否则无意义。

【例4.9】 电路如图4.24所示,求电路的等效电阻 R_{ab}。

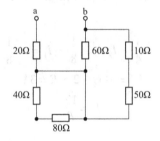

图4.24 串并联电阻等效示例2

解:应用电阻串并联等效,有
$$R_{ab} = 20\Omega + 60\Omega//(10\Omega + 50\Omega) = 50\Omega$$

4.2.3 电源等效

4.2.3.1 理想电压源的串联与并联

若干理想电压源的串联时,等效会得到一个若干理想电压源串联合成的新理想电源,其向外电路可以提供输出电压恒定为:

$$Us = \sum Us_k \tag{4.7}$$

运用上述公式时,需要注意若干理想电压源的输出电压方向符号,如图4.25所示。

由电路有:
$$Us = Us_1 - Us_2$$

若干理想电压源的并联时,输出电压相同的理想电压源才能并联,且每个电源的电流不确定,等效会得到一个若干理想电压源并联合成的新理想电源,其向外电路可以提供输出电压恒定为:

$$Us = Usk$$

运用上述公式,如图 4.26 所示。

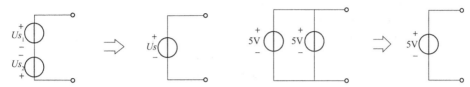

图 4.25　理想电压源串联等效形式　　　　图 4.26　理想电压源并联等效形式

由电路有:

$$Us = 5V$$

4.2.3.2　理想电流源的串联与并联

若干理想电压源的并联时,等效会得到一个若干理想电压源并联合成的新理想电源,其向外电路可以提供输出电流恒定为:

$$Is = \sum Isk \tag{4.8}$$

运用上述公式时,需要注意若干理想电流源的输出电流方向符号,如图 4.27 所示。

$$Is = Is_1 + Is_2 - Is_3$$

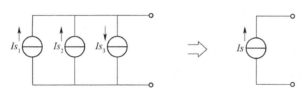

图 4.27　理想电流源串联等效形式

若干理想电流源的串联时,输出电流相同的理想电流源才能串联,且每个恒流源的端电压均由它本身及外电路共同决定,等效会得到一个若干理想电流源串联合成的新理想电源,其向外电路可以提供输出电流恒定为:

$$Is = Isk$$

4.2.3.3　电压源与电流源以及与电阻的并联

与理想电压源直接并联的二端网络对外电路可以视为不存在,如图 4.28 所示。

与理想电流源直接串联的二端网络对外电路可以视为不存在,如图 4.29 所示。

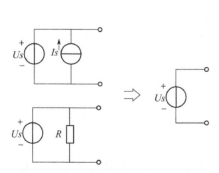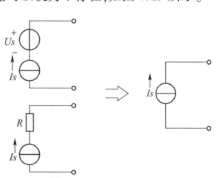

图 4.28　理想电压源并联二端网络等效形式　　图 4.29　理想电流源串联二端网络等效形式

【例4.10】 电路如图4.30所示,分别求其等效电路图。

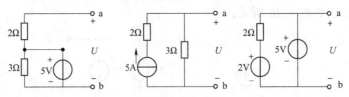

图4.30 理想电源等效示例

解: 按上述方法,得到的等效电路如图4.31所示。

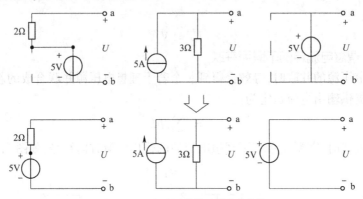

图4.31 理想电源等效示例形式分析

4.2.3.4 电源模型的等效变换

对电路的某支路而言,在电路中要获得等效的电压U、电流I,可视同将该支路接入某电压源或某电流源,如图4.32所示。

在该支路获得等效电压、电流的基础上,通过比较,可得到该支路接入的某电压源、某电流源的等效条件为:

$$\begin{cases} E = R_o \times I_s \\ R_s = R_0 \end{cases} \qquad (4.9)$$

(1)由电压源模型变换为电流源模型。

在电压源模型向对外支路提供的电压、电流等效前提下,电压源模型向等效电流源的转换如图4.33所示。

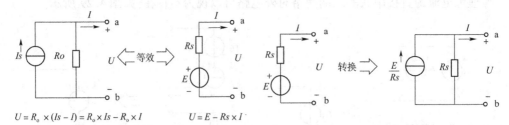

$$U = R_o \times (I_s - I) = R_o \times I_s - R_o \times I \qquad\qquad U = E - R_s \times I$$

图4.32 电源等效相互变换　　　　　图4.33 电压源等效变换为电流源

(2)由电流源模型变换为电压源模型。

在电流源模型向对外支路提供的电压、电流等效前提下,电流源模型向等效电压源的转换如图4.34所示。

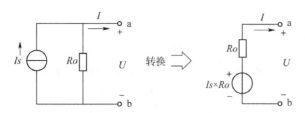

图 4.34 电流源等效变换为电压源

（3）等效转换需要注意之处。

①电压源和电流源的等效关系只对外电路而言，对电源内部则是不等效的。

②等效变换时，两电源的参考方向要一一对应，如图 4.35 所示。

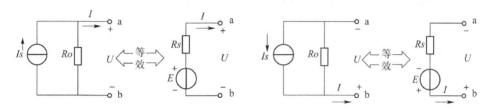

图 4.35 电源等效变换的参考方向对应

③理想电压源与理想电流源之间无等效关系。

④任何一个电动势 E 和某个电阻 R 串联的电路，都可化为一个电流为 Is 和该电阻 R 并联的电路。

（4）电源等效变换简化电路分析。

【例 4.11】 电路如图 4.36 所示，利用电源之间的等效变换法求电流 I。

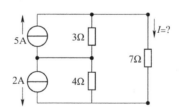

图 4.36 电源等效变换示例 1

解： 根据等效方法，电路等效过程和电路如图 4.37 所示。

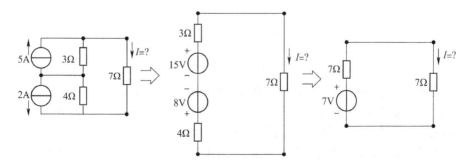

图 4.37 电源等效变换示例 1 形式分析

由等效电路,可得:

$$I = \frac{7V}{7\Omega + 7\Omega} = 0.5A$$

【例4.12】 电路如图4.38所示,利用电源之间的等效变换法求电压U。

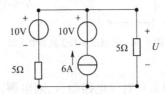

图4.38 电源等效变换示例2

解:根据等效方法,电路等效过程和电路如图4.39所示。

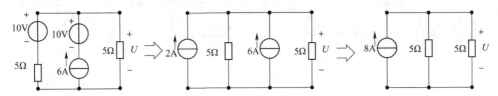

图4.39 电源等效变换示例2形式分析

由等效电路,可得

$$U = 8A \times \frac{5\Omega}{5\Omega + 5\Omega} \times 5\Omega = 20V$$

或

$$U = 8A \times (5\Omega//5\Omega) = 8A \times \frac{5\Omega \times 5\Omega}{5\Omega + 5\Omega} = 20V$$

4.2.4 戴维南等效电路法

对外电路来说,任何一个线性有源二端网络,均可以用一个电压源U_{OC}和一个电阻R_{eq}串联的有源支路等效代替,如图4.40所示。

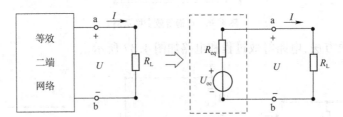

图4.40 戴维南等效变换

在图4.40右侧电路中,U_{OC}等于原有源二端网络的开路电压U_{OC}。

在图4.40右侧电路中,内阻R_{eq}等于原有源二端网络里所有电源置0(令其内部所有理想电压源短路、理想电流源开路)后二端网络的等效电阻。

R_{eq}可使用等效定理法求取:将负载断开,等效电阻R_{eq}等于该有源二端网络中所有独立电源不作用时无源二端网络的等效电阻(电路中不含受控源),如图4.41所示。

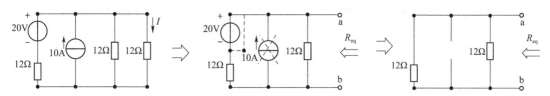

图4.41 戴维南等效变换中的电阻等效形式

由图4.41 可计算等效电阻如下：

$$R_{eq} = 12\Omega // 12\Omega = 6\Omega$$

【例4.13】 电路如图4.42 所示,利用戴维南等效电路法求电路中的电流I。

解:(1)求开路电压U_{OC}。将待求支路作为负载断开,电路剩余部分构成有源二端网络,开路电压U_{OC}电路分析图如图4.43 所示。

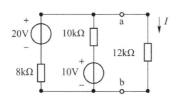

图4.42 戴维南等效分析示例1　　图4.43 戴维南等效分析示例1的开路电压形式

由图4.43 可知,开路电路U_{OC}为：

$$U_{OC} = \frac{20V - 10V}{8k\Omega + 10k\Omega} \times 10k\Omega + 10V = 15.56V$$

(2)求等效电阻R_{ab}。

将图4.43 中的电压源短路,得到一个无源二端网络,等效电阻R_{ab}的电路分析图如图4.44 所示。

由图4.44 可知,等效电阻R_{ab}为：

$$R_{ab} = 8k\Omega // 10k\Omega = \frac{8k\Omega \times 10k\Omega}{8k\Omega + 10k\Omega} = 4.44k\Omega$$

(3)利用戴维南等效电路法求I。

接入负载的戴维南等效电路如图4.45 所示。

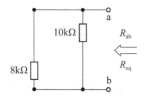
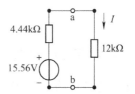

图4.44 戴维南等效分析示例1的等效电阻形式　　图4.45 戴维南等效分析示例1的戴维南等效电路

由图4.45 可知,电流I为：

$$I = \frac{15.56V}{4.44k\Omega + 12k\Omega} = 0.946A$$

【例 4.14】 电路如图 4.46 所示,利用戴维南等效电路法求电路中的电流 I。

解:(1)求开路电压 U_{OC}。

将待求支路作为负载断开,电路剩余部分构成有源二端网络,开路电压 U_{OC} 电路分析图如图 4.47 所示。

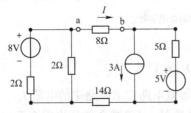 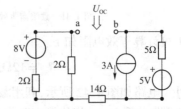

图 4.46　戴维南等效分析示例 2　　　　图 4.47　戴维南等效分析示例 2 的开路电压形式

由图 4.47 可知,开路电路 U_{OC} 为:

$$U_{OC} = \frac{8V}{2\Omega + 2\Omega} \times 2\Omega + 0A \times 14\Omega - 5V + 3A \times 5\Omega = 14V$$

(2)求等效电阻 R_{ab}。

将图 4.47 中的电压源短路,得到一个无源二端网络,等效电阻 R_{eq} 的电路分析图如图 4.48 所示。

由图 4.48 可知,等效电阻 R_{eq} 为:

$$R_{ab} = 2\Omega // 2\Omega + 14\Omega + 5\Omega = \frac{2\Omega \times 2\Omega}{2\Omega + 2\Omega} + 14\Omega + 5\Omega = 20\Omega$$

(3)利用戴维南等效电路法求 I。

接入负载的戴维南等效电路如图 4.49 所示。

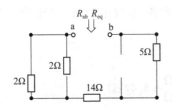 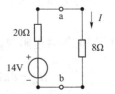

图 4.48　戴维南等效分析示例 2 的等效电阻形式　　　图 4.49　戴维南等效分析示例 2 的戴维南等效电路形式

由图 4.49 可知,电流 I 为:

$$I = \frac{14V}{20\Omega + 8\Omega} = 0.5A$$

4.2.5　诺顿等效电路法

根据戴维南等效电路法,并应用两种电源模型(即电阻、电压源的串联组合与电导、电流源的并联组合)之间的等效变换,也可直接推得诺顿定理,如图 4.50 所示。

因此,任何一个含源线性一端口电路,对外电路来说,可以用一个电流源和等效电阻的并联组合来等效置换;电流源的电流等于该一端口的短路电流,等效电阻等于该一端口的输入电阻。

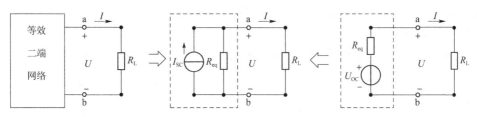

图 4.50　诺顿等效变换

在图 4.50 左侧电路中 I_{SC} 等于原有源二端网络的短路电流。

在图 4.50 左侧电路中，内阻 R_{eq} 等于原有源二端网络里所有电源置 0(令其内部所有理想电压源短路、理想电流源开路)后二端网络的等效电阻。

【例 4.15】　电路如图 4.51 所示，利用诺顿定理求电路中的电流 I。

解:(1)求短路电流 I_{SC}。

将待求支路短路，电路转换为一个负载短路电路，短路电流 I_{SC} 电路分析如图 4.52 所示。

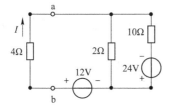

图 4.51　诺顿等效分析示例 1

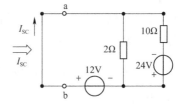

图 4.52　诺顿等效分析示例 1 的短路电流形式

由图 4.52 可知，短路电流 I_{SC} 为:

$$I_{SC} = \frac{12V}{2\Omega} + \frac{12V + 24V}{10\Omega} = 9.6A$$

(2)求等效电阻 R_{ab}。

将图 4.51 中电压源短路，得一个无源二端网络，等效电阻 R_{eq} 电路分析如图 4.53 所示。

由图 4.53 可知，等效电阻 R_{eq} 为:

$$R_{eq} = 2\Omega // 10\Omega = \frac{2\Omega \times 10\Omega}{2\Omega + 10\Omega} = 1.67\Omega$$

(3)诺顿等效电路求 I。

接入负载的诺顿等效电路如图 4.54 所示。

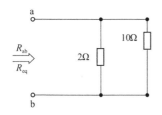

图 4.53　诺顿等效分析示例 1 的等效电阻形式

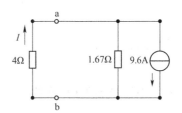

图 4.54　诺顿等效分析示例 1 的诺顿等效电路形式

由图 4.54 可知，电流 I 为:

$$I = \frac{1.67\Omega}{4\Omega + 1.67\Omega} \times 9.6A = 2.83A$$

【例 4.16】 电路如图 4.55 所示,利用诺顿定理求电路中的电流 I。

解:(1)求短路电流 I_{SC}。

将待求支路短路,电路转换为一个负载短路电路,短路电流 I_{SC} 电路分析如图 4.56 所示。

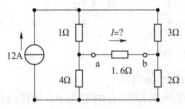

图 4.55 诺顿等效分析示例 2　　　图 4.56 诺顿等效分析示例 2 的短路电流形式

由图 4.56 可知,短路电流 I_{SC} 为:

$$I_{SC} = \frac{3\Omega}{1\Omega + 3\Omega} \times 12A - \frac{2\Omega}{4\Omega + 2\Omega} \times 12A = 5A$$

(2)求等效电阻 R_{ab}。

将图 4.55 中电流源短路,得一个无源二端网络,等效电阻 R_{eq} 电路分析如图 4.57 所示。

由图 4.57 可知,等效电阻 R_{eq} 为:

$$R_{eq} = (1\Omega + 3\Omega) // (4\Omega + 2\Omega) = \frac{4\Omega \times 6\Omega}{4\Omega + 6\Omega} = 2.4\Omega$$

(3)诺顿等效电路求 I。

接入负载的诺顿等效电路如图 4.58 所示。

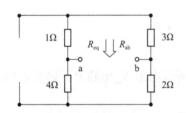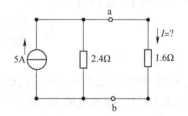

图 4.57 诺顿等效分析示例 2 的等效电阻形式　　图 4.58 诺顿等效分析示例 2 的诺顿等效电路形式

由图 4.58 可知,电流 I 为:

$$I = \frac{2.4\Omega}{2.4\Omega + 1.6\Omega} \times 5A = 3A$$

4.3　叠加法

4.3.1　线性电路的齐次性

由线性元件及独立电源组成的电路为线性电路。线性电路中,所有激励(独立源)都增大(或减小)同样的倍数,则电路中响应(电压或电流)也增大(或减小)同样的倍数。

如图 4.59 所示,若 U_s 增加 n 倍,各电流也会增加 n 倍,这个性质称为"齐次性"。

【例 4.17】 电路如图 4.60 所示,利用线性电路的"齐次性"求电路中的电流 I。

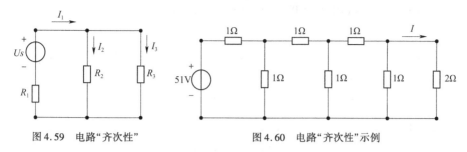

图 4.59　电路"齐次性"　　　　　　　图 4.60　电路"齐次性"示例

解:利用线性电路的"齐次性",采用倒推法,假设 $I = 1A$,由电路可知其他支路的电压、电流情况,如图 4.61 所示。

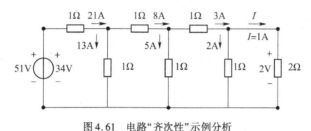

图 4.61　电路"齐次性"示例分析

在 $I = 1A$ 假设基础上,由电路结构和阐述倒推出需要电路中的电压源 Us 为 34V,但电路中实际电压源 Us 为 51V,可由线性电路齐次性特点,有关系式如下:

$$\frac{I}{51V} = \frac{1A}{34V}$$

可计算知

$$I = \frac{1A}{34V} \times 51V$$

$$= 1.5A$$

4.3.2　叠加定理

电路的叠加定理说明对于一个线性系统,一个含多个独立源的双边线性电路的任何支路的响应(电压或电流),等于每个独立源单独作用时的响应的代数和,此时所有其他独立源被替换成它们各自的阻抗。

在线性电路中,任一支路的电流(或电压)可以看成是电路中每一个独立电源单独作用于电路时,在该支路产生的电流(或电压)的代数和。

为了确定每个独立源的作用,所有的其他电源的必须"关闭"(置零),即为:

在所有其他独立电压源处用短路代替[从而消除电势差,即令 $U = 0$;理想电压源的内部阻抗为零(短路)]。

在所有其他独立电流源处用开路代替[从而消除电流,即令 $I = 0$;理想的电流源的内部阻抗为无穷大(开路)]。

依次对每个电源进行以上步骤,然后将所得的响应相加以确定电路的真实操作,所得到的电路操作是不同电压源和电流源的叠加,如图 4.62 所示。

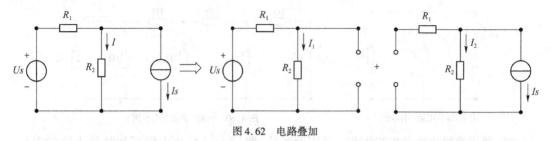

图 4.62　电路叠加

图 4.62 左侧电路的电流 I 受到电压源 Us、电流源 Is 作用,按线性电路的叠加性,可把电流 I 受到的影响分为单独电压源 Us(电流源 Is 开路,$Is = 0$)作用、单独电流源 Is(电压源 Us 短路,$Us = 0$)作用的叠加,如图 4.62 右侧两个电路叠加。在叠加应用时,需要注意:某电源单独作用时,其他电源无效的处理方法,电压源短路,电流源开路;各单独电源电路分析时,选取电压、电流各参数方向建议同原电路的电压、电流各参数方向的保持一致,以简化叠加处理。

叠加定理在电路分析中非常重要,它可以用来将任何电路转换为诺顿等效电路或戴维南等效电路,该定理适用于由独立源、受控源、无源器件(电阻器、电感、电容)和变压器组成的线性网络(时变或静态)。

应该注意的另一点是,叠加仅适用于电压和电流,而不适用于电功率,换句话说,其他每个电源单独作用的功率之和并不是真正消耗的功率,要计算电功率,应该先用叠加定理得到各线性元件的电压和电流,然后计算出倍增的电压和电流的总和。

在电路中使用叠加定理时,需要注意之处,可归纳如下:

(1)叠加定理适用于线性电路,不适用于非线性电路;

(2)叠加时,电路的连接以及电路所有电阻和受控源都不予变动;

(3)叠加时要注意电流和电压的参考方向;

(4)不能用叠加定理来计算功率,因为功率不是电流或电压的一次函数,以图 4.62 中的电阻 R_2 为例:

$$P = I^2 \times R_2 = (I_1 + I_2)^2 \times R_2 \neq I_1^2 \times R_2 + I_2^2 \times R_2$$

(5)电压源不作用,就是把该电压源的电压置零,即在该电压源处用短路替代;

(6)电流源不作用,就是把该电流源的电流置零,即在该电流源处用开路替代。

【例 4.18】　电路如图 4.63 所示,利用叠加定理求电路中的电流 I。

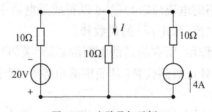

图 4.63　电路叠加示例 1

解:将原电路分解为单个电源作用,电流源单独作用和电压源单独作用电路,如图 4.64 所示,为便于叠加,单个电源作用电路的电压、电流各参数参考方向同原电路完全一致。

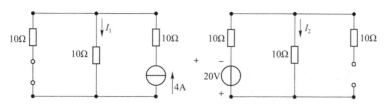

图 4.64　电路叠加示例 1 分析

由图 4.64 左侧电流源单独作用电路,可得:

$$I_1 = 4A \times \frac{10\Omega}{10\Omega + 10\Omega} = 2A$$

由图 4.64 右侧电压源单独作用电路,可得:

$$I_2 = \frac{-20V}{10\Omega + 10\Omega} = -1A$$

按线性电路的叠加定理,有:

$$I = I_1 + I_2 = 2A + (-1A) = 1A$$

【例 4.19】　电路如图 4.65 所示,利用叠加定理求电路 5Ω 电阻的电压 U 及功率 P。

解: 将原电路分解为单个电源作用,电压源单独作用和电流源单独作用电路,如图 4.66 所示,为便于叠加,单个电源作用电路的电压、电流各参数参考方向同原电路完全一致。

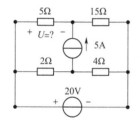

图 4.65　电路叠加示例 2

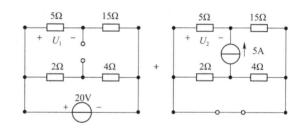

图 4.66　电路叠加示例 2 分析

由图 4.64 左侧电压源单独作用电路,可得:

$$U_1 = 20V \times \frac{5\Omega}{5\Omega + 15\Omega} = 5V$$

由图 4.64 右侧电流源单独作用电路,可得:

$$U_2 = -5\Omega \times \frac{15\Omega}{5\Omega + 15\Omega} \times 10A = -37.5V$$

按线性电路的叠加定理,有:

$$U = U_1 + U_2 = 5V + (-37.5V) = -32.5V$$

功率有:

$$P = \frac{U^2}{R} = \frac{(-37.5V)^2}{5\Omega} = 221.25W$$

若对功率进行叠加,有:

$$P = P_1 + P_2 = \frac{(U_1)^2}{R} + \frac{(U_2)^2}{R} = \frac{(5V)^2}{5\Omega} + \frac{(-37.5V)^2}{5\Omega} = 286.25W \neq 221.25W$$

故再次说明功率不能应用叠加定理。

❓ 习题4

4-1 电路如题图 4.1 所示，求电压 U。

4-2 电路如题图 4.2 所示，求电压 U。

4-3 电路如题图 4.3 所示，求电流 I。

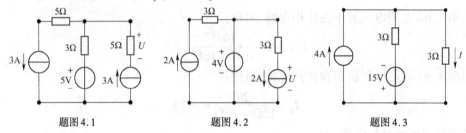

题图 4.1   题图 4.2   题图 4.3

4-4 电路如题图 4.4 所示，求电流 I。

4-5 电路如题图 4.5 所示，求电压 U、电流 I。

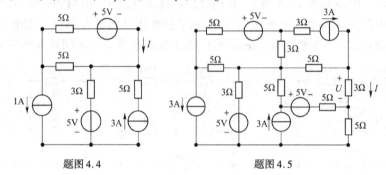

题图 4.4   题图 4.5

4-6 电路如题图 4.6 所示，求 a、b 端等效电阻是多少。

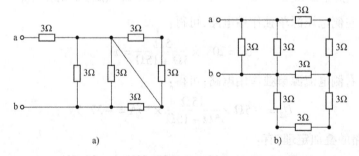

a)   b)

题图 4.6

4-7 电路如题图 4.7 所示，求 a、b 端的电压源和电流源形式是什么。

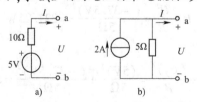

a)   b)

题图 4.7

4-8 电路如题图 4.8 所示,求 a、b 端的电压源或者电流源形式是什么。

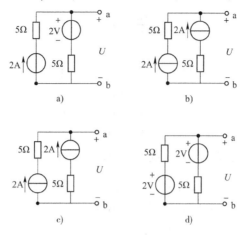

题图 4.8

4-9 电路如题图 4.9 所示,使用戴维南定理或者诺顿定理求电压 U。

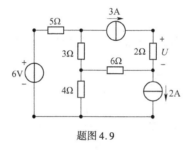

题图 4.9

4-10 电路如题图 4.10 所示,使用戴维南定理或者诺顿定理求电流 I。

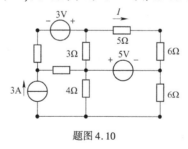

题图 4.10

4-11 电路如题图 4.11 所示,使用戴维南定理或者诺顿定理求电压 U、电流 I。

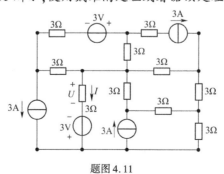

题图 4.11

4-12 电路如题图 4.12 所示,使用叠加定理求电压 U。

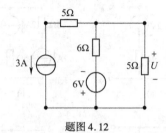

题图 4.12

4-13 电路如题图 4.13 所示,使用叠加定理求电流 I。

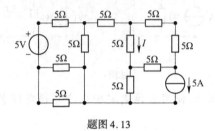

题图 4.13

4-14 电路如题图 4.14 所示,使用叠加定理求电压 U、电流 I。

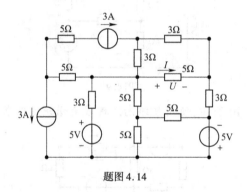

题图 4.14

CHAPTER 5

第5章
半导体电子元件电路

5.1 半导体材料与特性

物质的物理性质较多,在电子电路领域,最核心的物理性质是物质的导电性,物质的导电性可以通俗地理解为物质在电场力作用下形成电流的性能。物质导电性能可从三个方面衡量:形成电流的带电粒子类型、形成电流的带电粒子数量、形成电流所需要的电场力大小。

按照导电特性的不同,物质可分为导体、绝缘体、半导体。

导体:如金、银、铜、铝等,一般为低价元素,原子的最外层电子极易挣脱原子核束缚成为自由电子,因此,在电场力作用下可以形成电流。

绝缘体:最外层电子受原子核束缚力很强,很难形成自由电子,因此,导电能力很差。

半导体:导电特性介于导体和绝缘体之间。

典型的半导体有硅(Si)、锗(Ge)、砷化镓(GaAs)等。半导体和金属导电原理的本质区别是在半导体中有带负电的自由电子、带正电的空穴两种载流子。

半导体可以制成各种器件,导电能力在不同条件下有较大差别:当受外界热和光的作用时,它的导电能力明显变化;往纯净的半导体中掺入某些特定的杂质元素时,会使它的导电能力具有可控性。

半导体在电场力作用下,内部带电粒子会定向移动形成电流,但由于半导体材料含有的杂质元素类型较多,对半导体材料的电流形成方向和大小的可控性不强,因此,为提高半导体物质的电流形成可控性,需要对半导体材料进行特定的电子学处理,以得到对电流形成的方向和大小可控的本征半导体和掺杂半导体。

5.1.1 本征半导体

本征半导体是对硅(Si)和锗(Ge)等四价元素半导体纯化构成的纯净半导体,特定处理了其内部存在的元素种类和数量,目的是为了人工可控本征半导体的导电可能和导电大小,使得本征半导体在一定电场力下参与形成电流的内部带电粒子类型和数量更为明晰可控。

当温度增加时,本征半导体内部晶体结构上的少数共价键结构中的价电子会获得能量,挣脱原子核的束缚成为自由电子;同时,在原子外层上留下一个空位,称为空穴,如图5.1所示。

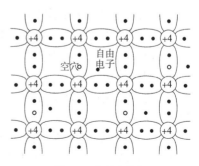

图5.1 本征半导体

本征半导体的导电性能主要取决于内部的自由电子和空穴数量，以形成电流方向和大小，这种参与形成电流的物质内部带电粒子类型和数量的清晰可控，就意味着人们对物质导电性能人为可控性的进一步提高。

本征半导体的电子、空穴一般成对出现，且数量少，导致本征半导体导电能力弱，并与温度有关。温度越高，载流子的浓度越高，本征半导体的导电能力越强；反之，则越弱。本征半导体不能在半导体器件中直接使用。

5.1.2 掺杂半导体

本征半导体明晰了内部参与形成电流的带电粒子类型和数量，但由于本征半导体自身所具有的自由电子和空穴数量有限，在一定电场力作用下，参与形成电流的带电粒子数量少，导致形成的电流十分微弱。

为了提高形成电流的强度，若在本征半导体中掺入少量合适的杂质元素，就会使半导体的导电性能发生显著变化，其原因是掺杂半导体的某种载流子浓度大大增加，从而在一定电场力下，参与形成电流的定向移动的某种浓度高的载流子数量增加，进而提高了形成电流的大小强度；同时，在一定电场力下，人为调整掺杂半导体的某种载流子浓度，就可实现对形成电流的实际方向和大小强度的人工控制。因此，在本征半导体基础上，利用掺杂方式，对半导体导电性能的人为可控性有了更进一步提高。

根据掺杂的不同，掺杂半导体分为 N 型半导体、P 型半导体，如图 5.2 所示。N 型半导体是自由电子浓度大大增加的掺杂半导体，也称为电子半导体；P 型半导体是空穴浓度大大增加的掺杂半导体，也称为空穴半导体。

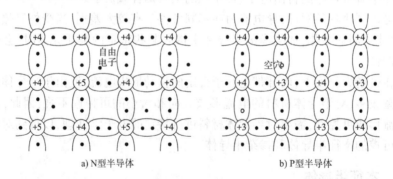

a) N 型半导体   b) P 型半导体

图 5.2 掺杂半导体

掺杂半导体主要靠多数载流子导电。掺入杂质越多，多数载流子浓度越高，导电性能越强。通过调控掺杂浓度，实现物质导电性能的可控。

（1）在一定的电场力作用下，通过调控掺杂粒子的类型为自由电子或者空穴，可以实现所形成电流的方向可控；

（2）在一定的电场力作用下，通过调控掺杂粒子的浓度大小，可以实现所形成电流的强度大小可控。

对于电流而言，比较关注电流大小、电流方向。通过掺杂半导体的掺杂人工行为表明：电流大小取决于掺杂半导体中多子浓度或者数目，电流方向取决于参与运动的掺杂半导体中多子类型。

通过掺杂方式,提高了本征半导体导电性能,也形成了一种可以人为控制导电性能的方式,并且这个控制是可以量化的。因此,在半导体、本征半导体、掺杂半导体三种不同半导体的类型转换过程中,转换的主要目的是希望获得一种便于人工可以控制半导体电流特性的方式。

5.2　PN 结的形成及其单向导电性

5.2.1　PN 结形成

在同一块半导体单晶上形成相邻的 P 型和 N 型半导体区域,P 型区域多子为空穴、少子为自由电子;N 型区域多子为自由电子、少子为空穴。P 型区域多子空穴浓度高于相邻的 N 型区域少子空穴浓度,导致 P 型区域多子空穴载流子在浓度差作用下,形成向相邻 N 型区域的扩散运动;与之对应,N 型区域多子自由电子浓度高于相邻的 P 型区域少子自由电子浓度,导致 N 型区域多子自由电子载流子在浓度差作用下,形成向相邻 P 型区域的扩散运动,如图 5.3 所示。

P 型和 N 型半导体区域的扩散运动是 P 型区域空穴和 N 型自由电子的多子运动,在扩散运动作用下,P 型区域内向相邻 N 型区域扩散的多子空穴,N 型区域内向相邻 P 型区域扩散的多子自由电子,彼此相向运动,彼此正负电极性相反,空穴、自由电子会在 P、N 区域交界处复合消失。

并且,随着 P 型区域空穴的扩散不断进行,P 型区域复合掉的空穴数目越来越多,同 N 型区域交界处只剩下不能移动的少子自由电子;与之对应,随着 N 型区域自由电子的扩散不断进行,N 型区域复合掉的空穴数目越来越多,同 P 型区域交界处只剩下不能移动的少子空穴,在 P 区域、N 区域的两区交界处剩下的不能移动的正、负粒子,会形成一个很薄的空间电荷区,称为内电场,如图 5.4 所示。

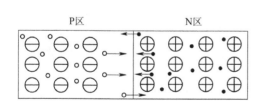

图 5.3　多子扩散运动

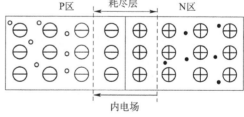

图 5.4　内电场

P 区域的两区交界处只剩下带负极性的少子自由电子,N 区域的两区交界处只剩下带正极性的空穴,故形成内电场的方向应由 N 区域的两区交界处指向 P 区域的两区交界处。

在内电场作用下,P 型区域多子空穴为正极性,其向 N 区域扩散运动会受到内电场产生的电场力阻碍,P 型区域少子自由电子为负极性,内电场会增强该自由电子向 N 区域的运动漂移性;与之对应,N 型区域多子自由电子为负极性,其向 P 区域扩散运动会受到内电场产生的电场力阻碍,N 型区域少子空穴为正极性,内电场会增强该空穴向 P 区域的运动漂移性。

因此,由于 P 区域、N 区域多子扩散运动产生的两区域交界处的内电场,会阻碍 P 区域、N 区域多子的扩散运动,但同一个内电场会增强 P 区域、N 区域少子的漂移运动。在这两个区域的交界处,半导体中的载流子有两种有序运动:浓度差产生的多子扩散运动和内电场作用下的少子漂移运动。当 P 区域、N 区域参与多子扩散运动和少子漂移运动的载流子数目相同,达到动态平衡时,空间电荷区(亦称为耗尽层或势垒区)的宽度基本上稳定下来,在 P 区域、N 区域的两区交界处就形成了 PN 结,但此时半导体对外的电流特性并未展现出来。

5.2.2 PN 结单向导电性

为了观察半导体对外的电流特性,P 型区域引出一个 P 电极,N 型区域引出一个 N 电极,将 P 区域、N 区域通过 P 电极、N 电极接入一个电路,分别测试 P 区的电位高于 N 区的电位(或 P 区接电源正极,N 区接电源负极);N 区的电位高于 P 区的电位(或者 P 区接电源负极),N 区接电源正极两种情况下的半导体对外电流特性。

当 P 区的电位高于 N 区的电位时,称为加正向电压(或称为正向偏置),外电场方向与内电场方向相反,消弱了内电场,空间电荷区变窄,多子扩散运动增强,少子漂移运动减弱,形成较大的正向电流 I_F,并呈现低电阻,流过毫安级电流,相当于开关闭合,此时,称为 PN 结导通,如图 5.5 所示。

当 N 区的电位高于 P 区的电位时,称为加反向电压(或称为反向偏置),外电场方向与内电场方向相同,增强了内电场,空间电荷区变宽,多子扩散运动减弱,少子漂移运动增强,形成很小的漂移电流,呈现高电阻,流过微安级电流(可忽略),相当于开关断开,此时,称为 PN 结截止,如图 5.6 所示。

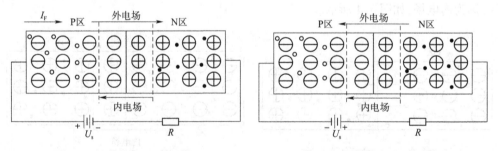

图 5.5 PN 结导通(PN 结正偏)　　　　　图 5.6 PN 结截止(PN 结反偏)

PN 结是半导体的基本结构单元,其基本特性是单向导电性,即为:当 PN 结外加电压极性不同时,PN 结表现出截然不同的导电性能。

PN 结加正向电压时,呈现低电阻,具有较大的正向扩散电流;PN 结加反向电压时,呈现高电阻,具有很小的反向漂移电流。正偏时是多数载流子载流导电,反偏时是少数载流子载流导电,正偏电流大,反偏电流小;PN 结正向偏置时处于导通状态,PN 结反向偏置时处于截止状态,这正是 PN 结具有单向导电性的具体表现。

5.3 二极管元件

5.3.1 二极管构成

二极管是用半导体材料(硅、硒、锗等)制成的一种电子器件,是最早诞生的半导体器件之一,其应用非常广泛,特别是在各种电子电路中,利用二极管和电阻、电容、电感等元器件进行合理组合,可以构成不同功能的电路,实现对交流电整流、对调制信号检波、限幅和钳位以及对电源电压的稳压等多种功能。无论是在常见的收音机电路,还是在其他的家用电器产品或工业控制电路中,都可以找到二极管的踪迹。

二极管就是将 P 型半导体与 N 型半导体制作在同一块半导体(通常是硅或锗)基片上,在交界面形成空间电荷区 PN 结,并加上相应的电极引线及管壳封装而成的。二极管具有单向导电性能,由 P 区引出的电极称为阳极、由 N 区引出的电极称为阴极。当二极管阳极和阴极加上正向电压时,二极管导通;当给阳极和阴极加上反向电压时,二极管截止。

二极管的导通和截止,相当于开关的接通与断开。二极管电路符号如图 5.7 所示。

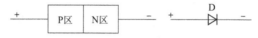

图 5.7 二极管电路符号

图 5.7 中,由 P 区引出的电极是正极,又叫阳极;由 N 区引出的电极是负极,又叫阴极。二极管导通时电流方向是由阳极通过管子内部流向阴极。二极管符号中三角箭头方向表示正向电流的方向,二极管的文字符号用 D 表示。

二极管按材料分有,硅管和锗管;按结构分有,点接触型和面接触型,如图 5.8 所示。点接触型二极管的结面积小,结电容小,允许电流小,最高工作频率高;面接触型二极管的结面积大,结电容大,允许电流大,最高工作频率低。

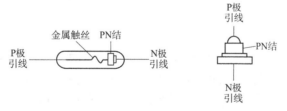

图 5.8 二极管结构

二极管按用途分有整流二极管、稳压二极管、开关二极管、光电二极管等。部分二极管实物如图 5.9 所示。

5.3.2 二极管特性

二极管的电流与其端电压的关系称为二极管伏安特性,在图 5.10 所示的二极管伏安特性测试电路中,电路左侧接入一个输入电源 u_I,串联一个电阻和一个二极管,利用电路定律分析电路工作过程中二极管两端的电压 u_D 与流经二极管的电流 i_D 所形成的伏安关系,即伏安特性。

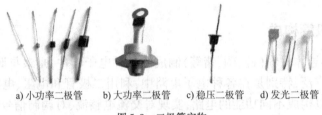

a) 小功率二极管　　b) 大功率二极管　c) 稳压二极管　d) 发光二极管

图 5.9　二极管实物

二极管伏安特性曲线如图 5.11 所示,图中处于第一象限的是正向伏安特性曲线,处于第三象限的是反向伏安特性曲线。

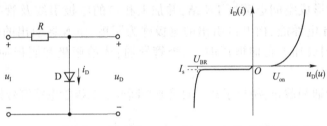

图 5.10　二极管伏安特性测试电路　　　图 5.11　二极管伏安特性曲线

从二极管伏安特性曲线可知,在二极管加有正向电压,当电压值较小时,电流极小;当电压超过 0.6V 时,电流开始按指数规律增大,通常称此为二极管的开启电压;当电压达到约 0.7V 时,二极管处于完全导通状态,通常称此电压为二极管的导通电压,用符号 U_{on} 表示。硅二极管的正向导通压降为 0.6 ~ 0.8V,一般取导通电压值为 0.7V,锗二极管的正向导通压降为 0.2 ~ 0.3V,一般导通电压值为 0.2V。

从二极管伏安特性曲线可知,在二极管加有反向电压,当电压值较小时,电流极小,其电流值为反向饱和电流 I_s。当反向电压超过某个值时,电流开始急剧增大,称之为反向击穿,称此电压为二极管的反向击穿电压,用符号 U_{BR} 表示。不同型号二极管的击穿电压 U_{BR} 值差别很大,从几十伏到几千伏。

5.3.2.1　正向特性

当二极管两端电压 $U_D > 0$,即处于正向特性区域。正向特性区域又分为两段。

(1)在正向特性的起始部分,正向电压很小,当 $0 < U_D < U_{on}$ 时,不足以克服 PN 结内电场的阻挡作用,正向电流几乎为零,这种不能使二极管导通的正向电压称为死区电压。

(2)当 $U_D > U_{on}$ 时,正向电压大于死区电压,PN 结内电场被克服,二极管正向导通,开始出现正向电流,电流随电压增大,并按指数规律增长迅速上升,在正常使用的电流范围内,导通时二极管的端电压几乎维持不变。

5.3.2.2　反向特性

当二极管两端电压 $U_D < 0$ 时,即处于反向特性区域。反向特性区域也分两个区域。

(1)在反向特性的起始部分,反向电压很小,并且外加反向电压不超过一定范围时,即 $U_{BR} < U_D < 0$ 时(U_{BR} 称为反向击穿电压),通过二极管的电流一直是少数载流子漂移运动所

形成的反向电流,反向电流很小,二极管处于截止状态,反向电流基本不随反向电压的变化而变化,这个反向电流又称为反向饱和电流 I_S 或漏电流,二极管的反向饱和电流受温度影响很大。

(2)当外加反向电压超过某一数值时,即 $U_D \leqslant U_{BR}$ 时,反向电流会突然增大并急剧增加,这种现象称为电击穿。引起电击穿的临界电压称为二极管反向击穿电压,电击穿时,二极管失去单向导电性。如果二极管没有因电击穿而引起过热,则单向导电性不一定会被永久破坏,在撤除外加电压后,其性能仍可恢复,否则二极管就损坏了,因而使用时应避免二极管外加的反向电压过高。

从击穿机理上看,若硅二极管 $|U_{BR}| \geqslant 7V$ 时,主要是雪崩击穿;若 $U_{BR} \leqslant 4V$,则主要是齐纳击穿;当在 4~7V 之间,两种击穿都有,有可能获得零温度系数点。

二极管的伏安特性与理想 PN 结的伏安特性不同之处在于,二极管的伏安曲线正向特性上二极管存在一个开启电压 U_{on}。一般来说,硅二极管的 U_{on} 在 0.6V 左右,锗二极管的 U_{on} 在 0.2V 左右;二极管的反向饱和电流比 PN 结大。

半导体二极管的伏安特性曲线可用数学函数描述为:

$$i = f(u) = I_S(e^{\frac{u}{U_T}} - 1) \tag{5.1}$$

式中:U_T——温度的电压当量,常温下 $U_T = 26mV$。使用该数学函数形式,可以进一步对伏安特性曲线的主要分段情况进行数学分析。

在常温下,正向特性曲线 $U_D > U_{on}$ 时,由于硅二极管的 U_{on} 在 0.5V 左右,锗二极管的 U_{on} 在 0.1V 左右,此时都有二极管两端电压 $U_D \gg U_T$,故上述数学函数可变化为一个标准指数函数形式,此时二极管两端电压和电流关系近似为指数函数关系。在已知二极管电流或者二极管两端电压的情况下,可以用此关系式计算出二极管两端电压值或者电流值。

$$i = f(u) = I_S(e^{\frac{u}{U_T}} - 1) \approx I_S e^{\left(\frac{u}{U_T}\right)}$$

在常温下,反向特性曲线起始部分 $U_{BR} < U < 0$ 时,反向电压 U 很小,故上述数学函数又可变化为一个标准指数函数形式,此时,二极管两端电压和电流关系近似为恒定电流关系,同恒流源的伏安特性曲线和关系类似,流经二极管电流为一个恒定较小反向电流 $-I_S$。

$$i = f(u) = I_S(e^{\frac{u}{U_T}} - 1) \approx I_S(e^{\left|\frac{-1}{\frac{u}{U_T}}\right|} - 1) \approx -I_S$$

二极管温度上升时,正向特性左移,反向特性下移;在电流不变情况下,二极管两端管压降 U 下降;反向饱和电流 I_S 上升,反向击穿电压 U_{BR} 下降。温度变化下的二极管伏安特性曲线如图 5.12 所示。

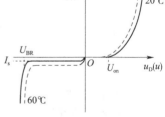

图 5.12 温度对二极管
伏安特性影响

5.3.3 元件分析模型

二极管伏安特性曲线呈现分区域、非线性特点,抽象反映二极管伏安特性的数学函数形式上是一个指数函数形式的电压、电流关系,在电子电路中不便于进行计算分析。

考虑二极管伏安特性曲线的分区域特点,可以根据二极管在实际电子电路的主要工作电压、电流不同,对二极管伏安特性曲线进行分区域上的分段使用,再在一些可近似分析条件下,对二极管伏安特性的电流、电压非线性关系进行折线化,可得到便于应用的二极管伏安特性分段折线电路模型。

5.3.3.1　三种直流等效电路模型

(1)理想开关模型。

二极管的理想开关模型由二极管两端电压 u、电流 i 的两段实体折线组合表示,如图 5.13a)所示,数学函数形式的描述可表示为:

$$i = f(u) = \begin{cases} 任意(取决于串联的其他电路部分) & (u \geqslant 0) \\ 0 & (u < 0) \end{cases} \tag{5.2}$$

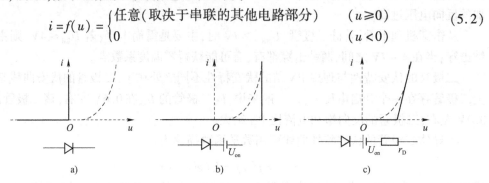

图 5.13　二极管的三种直流等效电路模型

理想开关模型的二极管电路符号可用一个空心二极管表示,将二极管等效为一个理想开关模型的主要特点在于:二极管正向导通时,二极管两端电压 $U_D = 0$;二极管反向截止时,二极管电流 $i = 0$。

(2)恒压降模型。

二极管的恒压降模型由二极管两端电压 u、电流 i 的三段实体折线组合表示,如图 5.13b)所示,数学函数形式的描述可表示为:

$$i = f(u) = \begin{cases} 任意(取决于串联的其他电路部分) & (u \geqslant U_{on}) \\ 0 & (0 \leqslant u < U_{on}) \\ 0 & (u < 0) \end{cases} \tag{5.3}$$

恒压降模型的二极管电路符号可用一个空心二极管串联一个反向直流电压源表示,将二极管等效为一个恒压降模型的主要特点在于:二极管正向导通时,二极管两端电压 $U_D = U_{on}$;二极管正向电压 $0 \leqslant U_D < U_{on}$,二极管未导通,电流 $i = 0$;二极管反向截止时,二极管电流 $i = 0$。

(3)折线模型。

二极管的折线模型由二极管两端电压 u、电流 i 的三段实体折线组合表示,如图 5.13c)所示,数学函数形式的描述可表示为:

$$i = f(u) = \begin{cases} \dfrac{u - U_{on}}{r_D} & (u \geqslant U_{on}) \\ 0 & (0 \leqslant u < U_{on}) \\ 0 & (u < 0) \end{cases} \tag{5.4}$$

折线模型的二极管电路符号可用一个空心二极管串联一个反向直流电压源、一个电阻表示,将二极管等效为一个折线模型的主要特点在于:二极管正向导通时,二极管两端电压 $U_D = U_{on} + i \times r_D$;二极管正向电压 $0 \le u < U_{on}$,二极管未导通,电流 $i = 0$;二极管反向截止时,二极管电流 $i = 0$。

从上述三种直流等效模型来看,二极管未导通时,都有二极管电流 $i = 0$,主要不同就是如何等效二极管正向导通的电压、电流关系,等效方式不同带来的等效分析计算误差也不同。

在电子电路分析实践中,建议可考虑以二极管正向开启电压 U_{on} 作为参考量,依据同二极管所在电子电路的电源电压大小比较,来选择合适的二极管等效模型。若电源电压远大于二极管开启电压 U_{on},可选择理想开关模型等效;若电源电压较大于二极管开启电压 U_{on},可选择恒压降模型等效;若电源电压同二极管开启电压 U_{on} 大致类似,需要选择折线模型等效,以保证分析计算精度;实践中,二极管理想开关模型等效最简要,二极管折线模型等效最复杂,选择二极管恒压降模型等效较多。

5.3.3.2　一种交流等效电路模型

当二极管在静态信号源 V(直流)基础上有一动态信号源 u_i(交流)作用时,二极管两端电压为静态电压信号和动态电压信号叠加,电流也为静态电流信号和动态电流信号叠加,如图5.14所示。二极管在静态信号源下的伏安曲线、等效电路模型都已在前面分析,可以在此基础上,叠加分析静态信号源下二极管如何受到新增加的动态信号源影响。

(1)静态信号源下的工作情况。

利用二极管的正向伏安曲线,二极管正向导通的两端电压为 U_D,电流为 I_D,伏安曲线上的 Q 点即描述二极管在静态信号源下的工作情况,因此,Q 点称为静态工作点。Q 点可以沿二极管伏安曲线上下位置变化,代表着二极管在静态信号源下的两端电压、电流情况,如图5.15所示。

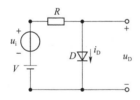

图5.14　二极管交直流电路

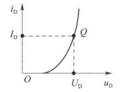

图5.15　二极管静态工作点

(2)叠加交流信号源的影响。

在静态信号源基础上,对二极管叠加一个交流信号源的变化影响,叠加的交流信号源对二极管的两端电压、电流都会带来相应的交流变化影响。

若二极管的两端电压叠加交流变化幅度为 Δu_D、电流叠加交流变化幅度为 Δi_D,则二极管的两端电压叠加为 $u = U_D + (\pm \Delta u_D)$,$i = I_D + (\pm \Delta i_D)$,如图5.16所示。

(3)交流等效电路模型。

交流等效电路模型中只考虑在动态信号源的二极管等效情况,则可将二极管等效为一个电阻 $r_d = \dfrac{\Delta u_D}{\Delta i_D}$,称为动态电阻,如图5.17所示。

动态电阻的得名,一是动态信号源的等效模型,二是该动态电阻值非固定,是动态变化的,可从图5.16分析而来。二极管的直流伏安曲线在正向导通时为非线性,同样,交流电压

变化幅度 Δu_D 在静态信号源确定的不同 Q 点位置左右带来的电流叠加交流变化幅度 Δi_D 是不一样的，$r_d = \dfrac{\Delta u_D}{\Delta i_D}$ 电阻值也是动态变化的，被静态信号源确定的 Q 点影响，也被动态信号源所叠加的两端电压叠加交流变化幅度 Δu_D 或者电流叠加交流变化幅度 Δi_D 所影响，在微变交流信号下，可用下式表示动态电阻特性：

$$r_d = \frac{\Delta u_D}{\Delta i_D} \approx \frac{\mathrm{d}u_D}{\mathrm{d}i_D} = \frac{U_T}{I_D} \tag{5.5}$$

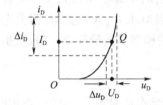

图 5.16　二极管交直流叠加　　　图 5.17　二极管交流等效电路模型

从动态电阻数学表达式也可知，动态电阻 r_d 受到静态工作电流 I_D 影响，静态工作电流 I_D 也是构成静态信号源下的 Q 点位置的核心因素，Q 点越高，静态工作电流 I_D 越大，意味着动态电阻 r_d 越小。

5.3.4　其他二极管

（1）稳压二极管。

稳压二极管也由一个 PN 结组成，反向击穿后在一定的电流范围内端电压基本不变，为稳定电压。

稳压管的伏安特性曲线和普通二极管基本类似，但稳压二极管的工作区域为：两端电压 $u \leqslant U_Z$（反向击穿电压），其他区域内，稳压二极管伏安特性类似于普通二极管，稳压二极管可作为普通二极管使用，如图 5.18 所示。

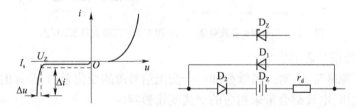

图 5.18　稳压二极管

稳压二极管要工作在稳压工作状态下，必备的条件有：反向偏置；两端电压 $u \leqslant U_Z$（反向击穿电压）；电流在 $-I_{z_{min}} \sim -I_{z_{max}}$ 之间。

（2）发光二极管。

发光二极管 LED 也由一个 PN 结组成，可把电能转换为光能，发光二极管需要正向偏置工作，一般工作电流几十毫安，导通电压 $1 \sim 2\text{V}$，可见光为红、黄、绿；不可见光为红外线，如图 5.19 所示。

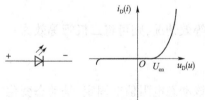

图 5.19　发光二极管

5.4　二极管电路

5.4.1　分析二极管工作状态

5.4.1.1　方法

分析二极管工作状态的方法如下。

(1)判断二极管是否导通,看 P 极与 N 极间的电位差。

(2)含一个二极管的电路,通过断开二极管,使回路电流为0,再判断其 P 极与 N 极的电位差。

(3)电路中含有两个二极管时,可先设一个二极管截止,求解一个回路,再判断被截止的二极管两个电极的电位差,看假设是否成立。

5.4.1.2　分析举例

【例5.1】　电路如图5.20所示,判断二极管状态(导通或者截止)。

解: 假设二极管断开。

$$V_P = 15V$$
$$V_N = \frac{3}{1+3} \times 12V = 9V$$
$$故:V_P > V_N$$

所以,二极管导通。

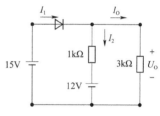

图5.20　二极管状态电路示例1

【例5.2】　电路如图5.21所示,二极管的导通压降为0.7V,计算开关 S 断开和闭合时输出电压 U_o 的数值。

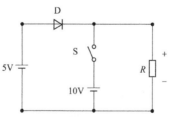

图5.21　二极管状态电路示例2

解: S 断开时,二极管 D 承受正向电压。

$$U_O = 5 - U_D = 5V - 0.7V = 4.3V$$

S 闭合时,二极管 D 承受反向电压,处于截止状态。

$$U_O = 10V$$

【例5.3】　电路如图5.22所示,设二极管性能理想,判断二极管是导通还是截止,求出 U_{AB}。

解: 设 D_1 截止(断开),则对 D_2 所在回路中,断开 D_2 后,有阳极电位为 $-15V$,阴极电位为 $-10V$,则阳极电位低于阴极电位,得 D_2 截止。

故: $U_{AB} = -10V$,那么 D_1 应导通。

同假设不符合,假设不成立。

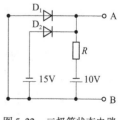

图5.22　二极管状态电路示例3

所以,结论为 D_1 导通。

同时,有 $U_{AB} = 0V, D_2$ 截止。

【例5.4】 电路如图5.23所示,在多个理想二极管的共阳极接法中,判断 U_o 电位。

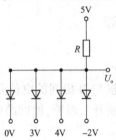

图5.23　二极管状态电路示例4

解: 阴极电位最低的二极管导通,导通之后将使其他二极管截止,故: $U_o = -2V$。

【例5.5】 电路如图5.24所示,在多个理想二极管的共阴极接法中,判断 U_o 电位。

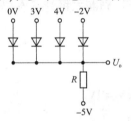

图5.24　二极管状态电路示例5

解: 阳极电位最高的二极管导通,导通之后将使其他二极管截止,故: $U_o = 4V$。

5.4.2　二极管电路分析

5.4.2.1　分析方法

二极管作为电路元件构成图5.25所示电路时,分析电路的电流、电压等电气参数的方法如下。

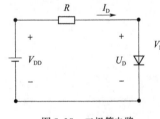

图5.25　二极管电路

(1)数值解法。

利用二极管的伏安特性方程、基尔霍夫电压定律、基尔霍夫电流定律等电路方程联合求解,可以得到满足精度要求的电气参数值。

$$\begin{cases} U_D = V_{DD} - I_D \times R \\ I_D = I_S \times (e^{\frac{U_D}{U_T}} - 1) \end{cases}$$

(2)图解分析法。

利用二极管的伏安特性曲线、基尔霍夫电压定律、基尔霍夫电流定律等电路方程的图形曲线联合求解,如图5.26所示,可以得到满足精度要求的电气参数值。

(3)简化模型分析法。

在符合电路分析精度前提下,可利用二极管不同简化模型,得到不同的电路,再使用基尔霍夫电压定律、基尔霍夫电流定律等电路方程求解,可以得到近似精度的电气参数值。

①直流理想模型,用短路线代替导通的二极管,电路简化如图5.27所示。

由图5.27电路分析可知:

$$U_D = 0V, \quad I_D = \frac{V_{DD}}{R}$$

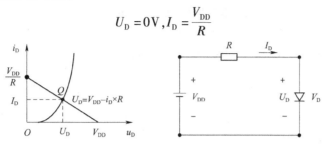

图5.26 二极管图解分析　　图5.27 二极管直流理想模型等效

②直流恒压降模型,用恒压降模型等效电路代替二极管,电路简化如图5.28所示。

由图5.28电路分析可知:

$$U_D = 0.7V, \quad I_D = \frac{V_{DD} - U_{D(on)}}{R}$$

③直流折线模型,用折线模型等效电路代替二极管,电路简化如图5.29所示。

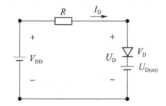 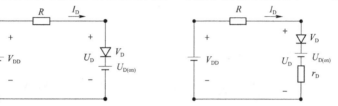

图5.28 二极管直流恒压降模型等效　　图5.29 二极管直流折线模型等效

$$U_D = U_{D(on)} + I_D \times r_D, \quad I_D = \frac{V_{DD} - U_{D(on)}}{R + r_D}$$

5.4.2.2　分析举例

【例5.6】　电路如图5.30所示,试求电路中电流 I_1、I_2、I_o 和输出电压 U_o。

解:由【例5.2】已知电路的二极管工作在导通状态。

假设采用二极管理想模型,则电路可表示为图5.31所示。

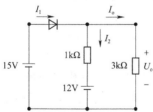 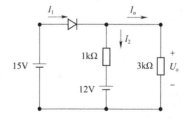

图5.30 二极管电路示例1　　图5.31 二极管电路示例1的等效分析形式

由图5.31电路分析可知:

$$U_o = 15V$$

$$I_o = \frac{U_o}{3k\Omega} = \frac{15V}{3000\Omega} = 5mA$$

$$I_2 = \frac{15V - 12V}{1k\Omega} = \frac{3V}{1000\Omega} = 3mA$$

$$I_1 = I_2 + I_0 = 3\text{mA} + 5\text{mA} = 8\text{mA}$$

【例 5.7】 电路如图 5.32 所示,硅型二极管 $R = 2\text{k}\Omega$,分别在 $V_{DD} = 2\text{V}$、$V_{DD} = 10\text{V}$ 时,采用二极管理想模型和恒压降模型,求电路中电流 I_0 和电压 U_0。

解: 由电路可知二极管工作在导通状态。

假设采用二极管理想模型,则电路可表示为图 5.33 所示。

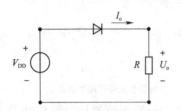

图 5.32 二极管电路示例 2

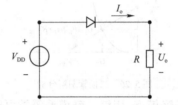

图 5.33 二极管电路示例 2 的理想模型等效形式

由图 5.33 电路分析可知:

$$U_0 = V_{DD}$$

$$I_0 = \frac{V_{DD}}{R}$$

分别代入 $V_{DD} = 2\text{V}$、$V_{DD} = 10\text{V}$,得:

$$U_0 = V_{DD} = 2\text{V} \qquad\qquad U_0 = V_{DD} = 10\text{V}$$

$$I_0 = \frac{V_{DD}}{R} = \frac{2\text{V}}{2\text{k}\Omega} = 1\text{mA} \qquad I_0 = \frac{V_{DD}}{R} = \frac{10\text{V}}{2\text{k}\Omega} = 5\text{mA}$$

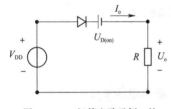

图 5.34 二极管电路示例 2 的
恒压降等效形式

假设采用二极管恒压降模型,则电路可表示为图 5.34 所示。

由图 5.34 电路分析可知:

$$U_0 = V_{DD} - U_{D(on)}$$

$$I_0 = \frac{V_{DD} - U_{D(on)}}{R}$$

分别代入 $V_{DD} = 2\text{V}$、$V_{DD} = 10\text{V}$,得:

$$U_0 = V_{DD} - U_{D(on)} = 2\text{V} - 0.7\text{V} = 1.3\text{V} \qquad U_0 = V_{DD} - U_{D(on)} = 10\text{V} - 0.7\text{V} = 9.3\text{V}$$

$$I_0 = \frac{V_{DD} - U_{D(on)}}{R} = \frac{2\text{V} - 0.7\text{V}}{2\text{k}\Omega} = 0.65\text{mA} \qquad I_0 = \frac{V_{DD} - U_{D(on)}}{R} = \frac{10\text{V} - 0.7\text{V}}{2\text{k}\Omega} = 4.75\text{mA}$$

由结论可知,当 $V_{DD} = 2\text{V}$ 时,二极管理想模型和二极管恒压降模型下的电流、电压相差较大,不能近似使用;但 $V_{DD} = 10\text{V}$ 时,二极管理想模型和二极管恒压降模型下的电流、电压相差不大,可近似使用。

因此,可在电源电压比二极管导通电压大较多时,首选近似使用二极管理想模型求解,计算简便且同其他模型相比误差不大;但在电源电压比二极管导通电压差异不大时,为保证计算精确性,应首选近似使用二极管恒压降模型或二极管折线模型求解。

【例 5.8】 电路如图 5.35 所示,设 u_i 为正弦波,且有 $|u_i| < U$,试画出 u_R 的波形。

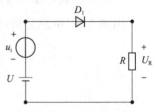

图 5.35 二极管电路示例 3

解: 电路工作在直流电压源 U 和交流电压源 u_i 作用下,按二极管工作特性,可先分析确定在直流电压源下的静态工作点,在静态工作点基础上,分析交流电压源 u_i 的作用影响。

(1)静态工作点确定。

静态工作电路如图 5.36 所示。

由静态工作电路可知,二极管工作为导通状态,电阻 R 的电压为:

$$U_{R1} = U - U_{D1}$$

(2)交流电压源 u_i 影响。

交流电路如图 5.37 所示。

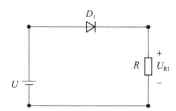

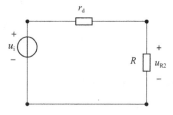

图 5.36　二极管电路示例 3 的静态工作形式　　　图 5.37　二极管电路示例 3 的交流工作形式

由交流工作电路可得:

$$u_{R2} = u_i - u_{r_d}$$

$$r_d = \frac{U_T}{I_D} = \frac{U_T}{\dfrac{U - U_{D1}}{R}} \Rightarrow u_{r_d} = \frac{u_i}{r_d + R} \times r_d = \frac{u_i}{r_d + R} \times \frac{U_T}{\dfrac{U - U_{D1}}{R}}$$

故有:

$$u_{R2} = u_i - u_{r_d} = u_i - \frac{u_i}{r_d + R} \times r_d = u_i - \frac{u_i}{r_d + R} \times \frac{U_T}{\dfrac{U - U_{D1}}{R}}$$

(3)因电路工作在直流电压源 U 和交流电压源 u_i 作用下,有:

$$U = U_{R1} + u_{R2}$$

$$= U - U_{D1} + u_i - \frac{u_i}{\dfrac{U_T}{\dfrac{U - U_{D1}}{R}} + R} \times \frac{U_T}{\dfrac{U - U_{D1}}{R}}$$

$$= U - U_{D1} + u_i \times \frac{U - U_{D1}}{U_T + U - U_{D1}} \approx U - U_{D1} + u_i$$

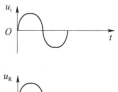

图 5.38　U_R 信号波形

u_R 的波形可绘制为图 5.38。

u_R 的正弦波的幅值取决于 R 与 r_d 对 u_i 的分压。

【例 5.9】 电路如图 5.39 所示,设 u_i 为有效值 5mV 的正弦波,分别在 $V = 10V$、$V = 5V$ 时,试求二极管交流电流有效值 i_d。

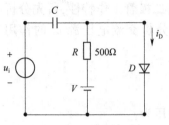

图 5.39　二极管电路示例 4

解:电路工作在直流电压源 V 和交流电压源 u_i 作用下,按二极管工作特性,可先分析确定在直流电压源下的静态工作点,在静态工作点基础上,分析交流电压源 u_i 的作用影响。

(1)静态工作点确定。

静态工作电路如图 5.40 所示。

由静态工作电路可知,二极管工作为导通状态,直流电流 I_D 为:

$$I_D = \frac{V - U_D}{R}$$

当 $V = 10V$、$5V$ 时,代入上式,可得:

$$I_D = \frac{V - U_D}{R} = \frac{10V - 0V}{500\Omega}$$
$$= 20mA$$

$$I_D = \frac{V - U_D}{R} = \frac{5V - 0.7V}{500\Omega}$$
$$= 8.6mA$$

(2)交流电压源 u_i 影响。

交流电路如图 5.41 所示。

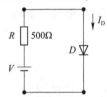

图 5.40　二极管电路示例 4 的静态工作形式

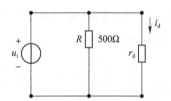

图 5.41　二极管电路示例 4 的交流工作形式

由交流工作电路可得:

$$i_d = \frac{u_i}{r_d}$$

$$r_d = \frac{U_T}{I_D} \Rightarrow i_d = \frac{u_i}{\dfrac{U_T}{I_D}} = \frac{u_i \times I_D}{U_T}$$

分别将 $V = 10V$、$5V$ 时的直流电流 I_D,代入上式,可得:

$$i_d = \frac{u_i \times I_D}{U_T} = \frac{5mV \times 20mA}{26mV}$$
$$= 3.85mA$$

$$i_d = \frac{u_i \times I_D}{U_T} = \frac{5mV \times 8.6mA}{26mV}$$
$$= 1.65mA$$

由本例可知,在二极管伏安特性上,静态工作点越高,二极管的动态电阻越小。

5.4.3　二极管应用电路分析

5.4.3.1　整流电路

整流是利用二极管的单向导电性,将交流电压变成单方向的脉动直流电压,是直流稳压电源的组成部分。

(1)半波整流。

半波整流原理电路如图 5.42 所示。

输入-输出电压波形如图 5.43 所示。

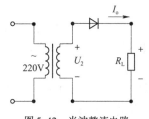

图 5.42　半波整流电路　　　　图 5.43　半波整流信号波形

（2）全波整流。

全波整流原理电路如图 5.44 所示。

输入-输出电压波形如图 5.45 所示。

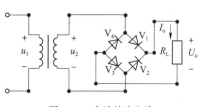

图 5.44　全波整流电路　　　　图 5.45　全波整流信号波形

5.4.3.2　限幅电路

限幅原理电路如图 5.46 所示，u_i 为幅度 2V 的交流三角波，若二极管的导通电压为 0.7V，输入-输出电压波形如图 5.47 所示。

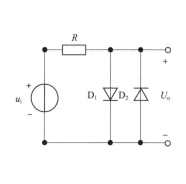
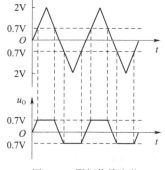

图 5.46　限幅电路　　　　图 5.47　限幅信号波形

5.5　晶体管

5.5.1　晶体管结构组成

1947 年 12 月 23 日，美国新泽西州墨累山的贝尔实验室，巴丁博士、布莱顿博士和肖克莱博士 3 位科学家，在用半导体晶体把声音信号放大的导体电路实验中发现，当一部分微量电流通过他们发明的电子器件，可以控制另一部分流过的大得多的电流，产生实现小电流→

大电流的电流放大效应,该器件就是在科技史上具有划时代意义的成果——晶体管,3 位科学家因此共同荣获了 1956 年诺贝尔物理学奖。

目前的双极型晶体管 BJT 是通过一定的工艺,在一块半导体基片上制作两个相距很近的 PN 结,将两个 PN 结接合在一起而构成的器件,是放大电路的核心元件,它能控制能量的转换,将输入的任何微小变化不失真地放大输出,放大的对象是变化量。

双极型晶体管 BJT 在结构上有三区三极两结。三区为发射区、基区、集电区,三极为发射极 e(发射区引出的电极)、基极 b(基区引出的电极)、集电极 c(集电区引出的电极),两结为发射结(发射区和基区的交界区域构成的 PN 结)、集电结(集电区和基区的交界区域构成的 PN 结)。

双极型晶体管 BJT 的两个 PN 结把整块半导体分成三部分,中间部分是基区,两侧部分是发射区和集电区,排列方式有 NPN 和 PNP 两种,结构示意如图 5.48 所示。

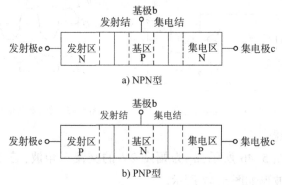

图 5.48　双极型晶体管两种结构

NPN、PNP 型晶体管都有上述三区三极两结,区别主要在两个方面:一是构成三区域的掺杂半导体类型不同,二是两 PN 结的正向偏置方向不同。

从图 5.48 可知,NPN 型晶体管的发射区为 N 型半导体、基区为 P 型半导体、集电区为 N 型半导体。NPN 型晶体管的发射 PN 结正向偏置为基区指向发射区(或表示为基极指向发射极 b→e),NPN 型晶体管的集电 PN 结正向偏置为基区指向集电区(或表示为基极指向集电极 b→c);PNP 型晶体管的发射区为 P 型半导体、基区为 N 型半导体、集电区为 P 型半导体,PNP 型晶体管的发射 PN 结正向偏置为发射区指向基区(或表示为发射极指向基极 e→b),PNP 型晶体管的集电 PN 结正向偏置为集电区指向基区(或表示为集电极指向基极 c→b)。

为了区分 NPN 型和 PNP 型两种晶体管,分别使用电路符号如图 5.49 所示。

图 5.49 中标注了各电极的电流方向,根据 PN 结单向导电性知识,只有当 PN 结正向偏置导通时,才有电流,两种电路符号的电流方向其实表明了 NPN 型和 PNP 型两种晶体管具有不同的发射 PN 结、集电 PN 结构成。

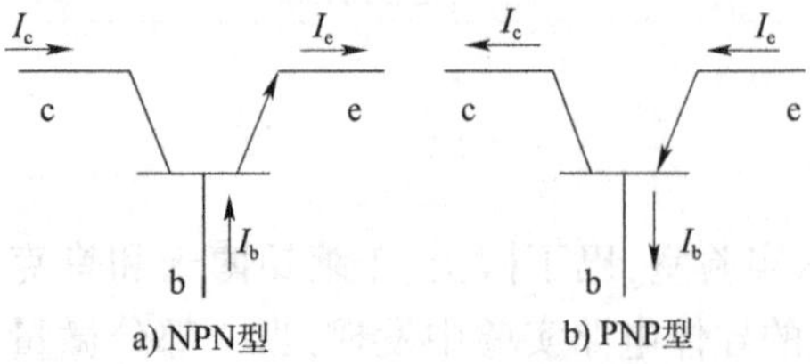

另外,需要指出的是,晶体管两个 PN 结在构成上,使用了一个共同的半导体区域基区,这意味着晶体管中的两个 PN 结的电特性除了会受到两

图 5.49　双极型晶体管两种电路符号

a) NPN型　　b) PNP型

端 PN 结偏置电压影响外,也会彼此相互影响,构成二极管的单个 PN 结电特性会有所变化;同时,在晶体管的三区中,存在由相同半导体材料构成的两个半导体区域,NPN 型晶体管存在由 N 型半导体构成的发射区、集电区,PNP 型晶体管存在由 P 型半导体构成的发射区、集电区。但需要特别注意:发射区、集电区或者对应引出的发射极、集电极不可以互换。它们除了使用半导体材料相同,结构和功能上特性要求上是不同的,因此不能互换。

5.5.2　电流放大机理分析

晶体管具有其他电子元件不具备的特殊电特性,可以对外呈现一种小电流→大电流的电流放大效应,这种放大效应是晶体管得到广泛使用的主要原因。若将晶体管结构表示为如图 5.50 所示的结构形式,则从表面来看晶体管不具备电流放大作用。因此,要分析晶体管所呈现的电流放大效用,必须从晶体管内部结构和外部电作用共同分析。

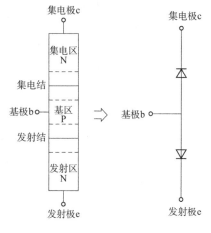

图 5.50　NPN 型晶体管结构形式表示

5.5.2.1　晶体管具有放大作用的内部条件和外部条件

晶体管若实现放大,必须从晶体管内部结构和外部所加电源的极性来保证。

(1)晶体管的内部条件。

晶体管的内部条件为:

①晶体管有三个区(发射区、集电区和基区)、两个 PN 结(发射结和集电结)、三个电极(发射极、集电极和基极)组成;

②发射区杂质浓度远大于基区杂质浓度,通常制成不对称结 N^+PN 或 P^+NP;

③基区厚度很小,通常只有几微米到几十微米,且掺杂较少;

④集电结面积大。

图 5.51 为满足内部要求的晶体管三区域的结构形式,由此可知发射区、集电区是不可互换的。

(2)晶体管放大的外部条件。

晶体管放大的外部条件为:外加电源的极性应使发射结处于正向偏置状态,而使集电结处于反向偏置状态。

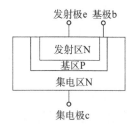

图 5.51　NPN 型晶体管内部构成特性示意

图 5.52 所示为一种满足该要求的外加电源构成形式,V_{BB} 正极性端串联发射结的电极 b,发射结的电极 e 串联 V_{BB} 负极性端,使得发射结 b→e 正向偏置;V_{CC} 正极性端串联集电结的电极 c,发射结的电极 e 串联 V_{CC} 负极性端,若 V_{CC} 正极性端 c 电极电位大于 V_{BB} 正极性端 b 电极电位,就使得集电结 b→c 反向偏置。

图 5.52 所示仅为使发射结处于正向偏置状态,并使集电结处于反向偏置状态的一种方式,但不是唯一方式。

5.5.2.2　晶体管内部载流子的运动

晶体管内部条件一般是由生产厂家来保证。在电子电路中,为了让晶体管对外部电路呈现出特定的小电流→大电流的电流放大效应,关键是晶体管电子电路中,一定要确保在电

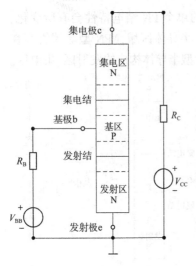

图 5.52　NPN 型晶体管一种外加电源
构成形式示意

子电路整个工作中,所用晶体管的发射结处于正向偏置状态,而使集电结处于反向偏置状态。只有满足了这个外部条件,晶体管内部载流子才会在外部电作用下产生特定的内部定向运动形式和效果,以形成不同载流子电流和整体对外呈现出小电流→大电流的电流放大效应。

在外加电源作用下,晶体管(以 NPN 型晶体管为例)内部载流子的主要运动形式和过程可分析如下。

(1)发射区多子的"发射"运动。

发射结加正向电压,发射结 b→e 正向偏置,促进发射区和基区的多子扩散运动,发射区的自由电子越过发射结扩散到基区,基区的空穴扩散到发射区,形成大的发射极电流 I_E(从晶体管的内部结构上,基区掺杂浓度相对低于发射区掺杂浓度(低 2~3 个数量级),基区多子数目较少,空穴电流可忽略;发射区多子数目较多,自由电子电流为发射结正向偏置电流(发射极电流 I_E)的主体;电源 V_{BB}、V_{CC} 不断向发射区补充自由电子。

(2)基区多子的"复合"运动。

发射区自由电子到达基区,由于基区掺杂浓度相对低于发射区掺杂浓度,基区多子空穴数目较少,只有少数发射区自由电子与空穴复合,形成较小的基极电流 I_B。

(3)基区少子的"穿越"运动。

发射区自由电子到达基区,由于基区掺杂浓度相对低于发射区掺杂浓度,基区多子空穴数目较少,未被复合掉的大多数(约 95% 以上)发射区自由电子在基区继续扩散,穿越很薄的基区,到达集电结 b→c 的基区一侧。

(4)集电区少子的"收集"运动。

集电结加反向电压,集电结 b→c 反向偏置,促进基区和集电区的少子漂移运动,基区少子中有很大部分是从发射区扩散、未被基区空穴复合、穿越基区过来的发射区自由电子,集电结 b→c 反向偏置有利于收集这部分发射区自由电子,可形成较大的集电极电流 I_C 主体,其能量来自外接电源 V_{CC}。

从上述几种载流子运动形式和效果来看,晶体内部结构特性和外部电作用都在上述几种载流子运动发挥了很大作用,因此,上述运动形式和效果是晶体管在特定条件下形成的,在实践中要注意满足其要求的条件,否则就不可能得到类似的结果。

其他载流子运动在晶体管各极形成电流中不是主要因素,可以参照分析,不再详细说明。

5.5.2.3　晶体管的电流分配关系

当晶体管发射结处于正向偏置状态,集电结处于反向偏置状态时,晶体管内部载流子运动形成的电流如图 5.53 所示。

(1)I_{EP} 电流:基区空穴扩散到发射区形成的电流。

(2)I_{BN} 电流:极少数发射区扩散到基区的自由电子与基区空穴复合形成的电流。

(3)I_{CBO} 电流:基区少数载流子(自由电子)和集电区少数载流子(空穴)漂移运动形成的电流。

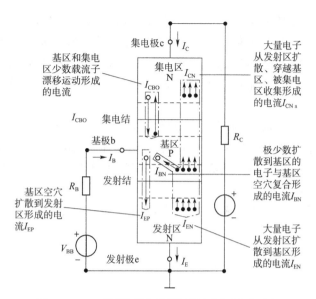

图 5.53　NPN 型晶体管内部载流子运动形成电流示意

（4）I_{CN} 电流：大部分扩散到基区但未被复合并穿越基区的发射区自由电子漂移到集电区形成的电流。

（5）I_{EN} 电流：大量发射区自由电子从发射区扩散到基区形成的电流。

在晶体管内部载流子运动形成电流基础上，得到流经晶体管的基极 b、集电极 c、发射极 e 的基极电流 I_B、集电极电流 I_C、发射极电流 I_E 分别如下。

基极电流 I_B：$I_B = I_{EP} + I_{BN} - I_{CBO}$；

集电极电流 I_C：$I_C = I_{CN} + I_{CBO}$；

发射极电流 I_E：$I_E = I_{EN} + I_{EP} = I_{CN} + I_{BP} + I_{EP}$。

由上述电流式子，可得晶体管三个电极电流之间的关系可描述为：$I_E = I_B + I_C$。

发射极电流 I_E = 基极电流 I_B + 集电极电流 I_C，该电流关系式表明，晶体管发射极电流 I_E 按一定比例分配为基极电流 I_B 和集电极电流 I_C 两个部分。

按此关系式含义，可将晶体管理解看为一个电流分配器件；对于不同的晶体管，基极电流 I_B 和集电极电流 I_C 的分配比例有所不同，但总体上，所有晶体管的三个电极电流之间都应该满足该项电流基本关系式。

5.5.2.4　晶体管的电流放大系数定义

当晶体管发射结正向偏置而集电结反向偏置时，从发射区"发射"扩散注入基区的多数载流子自由电子中仅有很少部分与基区的多数载流子空穴复合，形成了较小的基极电流 I_B，而大部分在集电结反向偏置外电场作用下形成了较大的漂移电流 I_C，在发射极电流 I_E = 基极电流 I_B + 集电极电流 I_C 的电流约束关系下，体现出较小的基极电流 I_B 对较大的发射极电流 I_C 影响控制作用。

此时，可将集电极电流 I_C 看成是一个受到基极电流 I_B 控制的受控电流源。这种较小数值的基极电流对较大数值的集电极电流的影响控制作用，可以对外部其他电路部分描述呈现为一种晶体管的基极小电流 I_B→集电极大电流 I_C 的电流放大效应关系，但从晶体管内部载流子运动形式和效果来看,实质上还是一种基极电流 I_B 和集电极电流 I_C 的分配比例影响关系。

考虑到需要突出基极小电流 $I_B\to$ 集电极大电流 I_C 的电流放大效应效果,可以把这种实质上的基极电流 I_B 和集电极电流 I_C 的分配比例影响关系用一种电流放大关系来描述,这种基极小电流 $I_B\to$ 集电极大电流 I_C 的电流放大效应关系的定量化结果指标就是晶体管的电流放大系数。

需要注意的是,由于影响晶体管三个电极电流形成的内部载流子运动形式和效果同晶体管三个电极在电子电路中的连接方式有关,因此,晶体管的电流放大系数或者基极小电流 $I_B\to$ 集电极大电流 I_C 的电流放大效应关系也会随着晶体管电路的不同而有所变化。

(1)共射直流放大系数。

共射直流放大系数是一个用来描述 I_{CN} 电流同 I_{EP} 电流、I_{BN} 电流之间关系的定量化参数指标,用符号 $\bar{\beta}$ 表示:

$$\bar{\beta} = \frac{I_{CN}}{I_{EP} + I_{BN}} = \frac{I_C - I_{CBO}}{I_B + I_{CBO}} \tag{5.6}$$

则:

$$I_C = \bar{\beta} \times I_B + (1 + \bar{\beta}) \times I_{CBO}$$

晶体管特性上一般有:

$$\bar{\beta} \gg 1, I_B \gg I_{CBO}$$

所以有:

$$I_C = \bar{\beta} \times I_B \tag{5.7}$$

该关系式表明,基极小电流 $I_B\to$ 集电极大电流 I_C 的电流放大效应关系可以采用定量化指标——共射直流放大系数 $\bar{\beta}$ 表示,实现了晶体管的电子电路共射极接法下的基极小电流 $I_B\to$ 集电极大电流 I_C 的直流线性放大关系,实质上也定量化表明了基极电流 I_B 和集电极电流 I_C 的分配比例影响关系,需要晶体管内部三区域的所有多数载流子和少数载流子按此分配比例影响关系,进行相应方向和数量的定向运动,以对外形成呈现出晶体管三区域外接三个电极上的等效电流关系;同时,晶体管的集电极电流 I_C 也被定量化约束成为一个受到基极电流 I_B 控制需要直流放大 $\bar{\beta}$ 倍的受控电流源。

同时,结合前述已得出晶体管三电极电流关系结论,也可进一步得到晶体管发射极电流 I_E 的另一个表示式描述为:

$$I_E = I_B + I_C = (1 + \bar{\beta}) \times I_B \tag{5.8}$$

(2)电流放大系数的交流形式扩展。

若在晶体管静态信号(直流信号)作用下,晶体管发射结处于正向偏置状态,而使集电结处于反向偏置状态时,在此静态信号(直流信号)作用基础上,为晶体管的基极 b、发射极 e 之间的发射 PN 结 b→e 间施加一个动态电压 Δu_I,如图 5.54 所示。

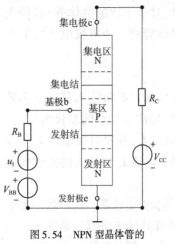

图 5.54　NPN 型晶体管的交直流信号叠加

晶体管发射 PN 结 b→e 间在两端动态电压 Δu_I 作用下,原流经发射 PN 结 b→e 的基极电流 I_B 会相应产生一个变化的动态电流 Δi_b,新的基极电流 i_B 为直流、交流叠加电流,可描述为:

$$i_B = I_B + \Delta i_b$$

晶体管的集电极电流受基极电流和集电极电流的分配比例影响关系约束,也会产生一个相应变化的动态电流 Δi_c,新的集电极电流 i_C 为直流、交流叠加电流,可描述为:

$$i_C = I_C + \Delta i_c$$

为便于定量化描述晶体管基极动态电流 Δi_b 同变化的动态电流 Δi_c 之间的影响关系,类似可定义一个共射交流放大系数 β,定义式可描述为:

$$\beta = \frac{\Delta i_c}{\Delta i_b} \tag{5.9}$$

则直流、交流信号下的晶体管集电极电流 i_C 可表示为:

$$i_C = \overline{\beta} \times I_B + \beta \times \Delta i_b$$

发射 PN 结 b→e 间施加一个动态电压 Δu_I 时,要确保下 Δu_I 整个作用范围中,晶体管发射结始终处于正向偏置状态,集电结始终处于反向偏置状态时,因此一般情况下动态电压 Δu_I 变化幅度不大;同时,根据 PN 结伏安特性,PN 正向偏置时伏安曲线斜率较大,表明在动态电压 Δu_I 变化时引起的动态电流 Δi_b 较小。综合上述两个方面,基极电流上的动态电流 Δi_b 幅度一般很微小,因此直流、交流信号下的晶体管集电极电流 i_C 又可表示为:

$$i_c = \beta \times I_B + \beta \times \Delta i_b = \beta(I_B + \Delta i_b) = \beta \times i_B \tag{5.10}$$

$$\text{若} |\Delta i_b| \text{不太大时,可视} \beta = \overline{\beta}$$

该关系式表明,在晶体管发射 PN 结 b→e 间存在两端直流、交流电压共同信号时,基极小电流 i_B→集电极大电流 i_C 依然存在一种电流放大效应关系,可以采用定量化指标——共射交流放大系数 β 表示,同样实现了晶体管的电子电路共射极接法下的基极小电流 i_B→集电极大电流 i_C 的直流-交流线性放大关系,晶体管的集电极电流 i_C 也被定量化约束成为一个受到基极电流 i_B 控制需要直流-交流放大 β 倍的受控电流源。

同时结合前述已得出晶体管三电极电流关系结论,也可进一步得到晶体管发射极电流 i_E 的另一个表示式描述为:

$$i_E = i_B + i_C = (1 + \beta) \times i_B \tag{5.11}$$

5.5.2.5 晶体管的简单电子学规律

在电子电路中,晶体管具有的电子学规律可以简要归纳如下:

(1)晶体管的基极电流 I_B、发射极电流 I_E、集电极电流 I_C,永远满足基尔霍夫定律,电流关系式为:

$$I_E = I_B + I_C$$

(2)晶体管的发射 PN 结 b→e 正向偏置,集电 PN 结 b→c 反向偏置时,晶体管处于放大状态,晶体管集电极电流 I_C 唯一受控于晶体管基极电流 I_B,有电流关系式为:

$$I_C = \overline{\beta} \times I_B$$

$$i_c = \beta \times i_B$$

(3)晶体管在电子学上可以看成一个受控电流源,其处于放大状态时,晶体管由较小的基极电流比例控制产生一个较大的集电极电流。

因此，模拟电子电路若要使用晶体管上述特性时，电子电路的连接结构和电气参数，应该要满足让晶体管的发射 PN 结 b→e 正向偏置，集电 PN 结 b→c 反向偏置，即让晶体管处于放大状态。目前，满足晶体管放大条件的电子电路结构有共发射极接法、共集电极接法、共基极接法等三种，如图 5.55 所示。

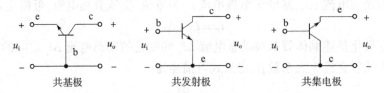

图 5.55　NPN 型晶体管的三种电流效应放大接法

三种电路结构中，输入电压信号 u_i、输出电压信号 u_o 同晶体管的基极 b、发射极 e、集电极 c 存在不同电路连接关系，在同一晶体管放大特性和电路参数下，输入端、输出端的电压、电流关系会有所差异，可以根据实际需要选择使用不同的三种电路结构。

共基极结构中，输入电压信号 u_i 正极性端、负极性端分别接入晶体管发射极 e、晶体管基极 b，输出电压信号 u_o 正极性端、负极性端分别接出晶体管集电极 c、晶体管基极 b，输入、输出信号共用晶体管基极 b，故将这种结构命名为共基极连接结构（共基极）。

共发射极结构中，输入电压信号 u_i 正极性端、负极性端分别接入晶体管基极 b、晶体管基极 e，输出电压信号 u_o 正极性端、负极性端分别接出晶体管基极 c、晶体管基极 e，输入、输出信号共用晶体管基极 e，故将这种结构命名为共发射极连接结构（共射极）。

共集电极结构中，输入电压信号 u_i 正极性端、负极性端分别接入晶体管基极 b、晶体管基极 c，输出电压信号 u_o 正极性端、负极性端分别接出晶体管发射极 e、晶体管集电极 c，输入、输出信号共用晶体管集电极 c，故将这种结构命名为共集电极连接结构（共集极）。

尽管晶体管有三种不同的放大电路连接结构，但在一定电气参数下，都可让晶体管的发射 PN 结 b→e 正向偏置，集电 PN 结 b→c 反向偏置，保障晶体管工作在所需要的放大状态下。

5.5.3　晶体管的输入特性和输出特性

晶体管的输入特性和输出特性表明各电极之间电流与电压的关系，现以晶体管共射级电路结构为例说明。晶体管共射极伏安特性测试电路和晶体管信号符号如图 5.56 所示。

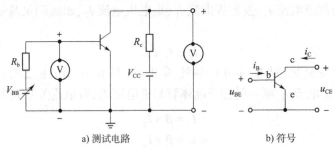

a) 测试电路　　　　　　　　　b) 符号

图 5.56　晶体管共射极伏安特性测试电路和晶体管信号符号

输入特性测试晶体管发射 PN 结 b→e 两端电压 u_{BE}、基极 b 电流 i_B 特性关系,根据电路连接,基极 b 电流 i_B 实质表述了流经发射 PN 结 b→e 的电流情况,因此输入特性实际可理解为晶体管发射 PN 结 b→e 的伏安特性。但需要注意,构成了晶体管发射 PN 结 b→e 的基区的另一侧也构成了晶体管集电 PN 结 b→c,这意味着晶体管集电 PN 结 b→c 对晶体管发射 PN 结 b→e 的伏安特性是有影响效应的,这个影响可用晶体管集电 PN 结 b→c 的两侧电压 u_{BC} 来表示。

类似地,输出特性测试晶体管集电 PN 结 b→c 两端电压 u_{BC}、集电极 c 电流 i_C 特性关系,根据电路连接,集电极 c 电流 i_C 实质表述了流经集电 PN 结 b→c 的电流情况,因此,输出特性实际可理解为晶体管集电 PN 结 b→c 的伏安特性。同理,构成了晶体管集电 PN 结 b→c 的基区的另一侧也构成了晶体管发射 PN 结 b→e,这意味着晶体管发射 PN 结 b→e 对晶体管集电 PN 结 b→c 的伏安特性是有影响效应的,这个影响可用晶体管基极电流 i_B 来表示。

同时,从电路分析角度,一般希望在某个电路回路中分析电压 b、电流关系,结合测试电路构成结构,输入特性晶体管发射 PN 结 b→e 两端电压 u_{BE}、基极 b 电流 i_B 易于从 V_{BB}、R_b、发射 PN 结 b→e 等输入回路分析;输出特性晶体管集电 PN 结 b→c 两端电压 u_{BC}、集电极 c 电流 i_C 则不易构成回路分析,考虑 u_{BC} 可表示为 $u_{BE} - u_{CE}$,同时在回路 V_{CC}、R_c、晶体管集电极 c、发射极 e 等中,u_{CE} 也可较方便观测分析,因此在晶体管输出特性分析中,使用晶体管集电极 c、发射极 e 两端电压 u_{CE}、集电极 c 电流 i_C 间的电压、电流关系,替代了原有的晶体管集电 PN 结 b→c 两端电压 u_{BC}、集电极 c 电流 i_C 特性关系,在分析晶体管集电 PN 结 b→c 对晶体管发射 PN 结 b→e 的影响时,也用晶体管集电极 c、发射极 e 两端电压 u_{CE},替代了原有的晶体管集电 PN 结 b→c 两端电压 u_{BC}。

综上,晶体管输入特性含义为:在 U_{CE} 影响下,晶体管发射 PN 结 b→e 两端电压 u_{BE}、基极 B 电流 i_B 特性关系,可表示为 $i_B = f(u_{BE}) \mid U_{CE=常数}$。晶体管输出特性含义为:在 I_B 影响下,晶体管集电极 c、发射极 e 两端电压 u_{CE}、集电极 c 电流 i_C 间特性关系,可表示为 $i_C = f(u_{CE}) \mid I_{B=常数}$。

5.5.3.1　共射输入特性

共射输入特性可表示为关系式:$i_B = f(u_{BE}) \mid U_{CE=常数}$,如图 5.57 所示,主要可关注以下几个方面。

(1)当 $U_{CE} = 0V$ 时,$i_B = f(u_{BE}) \mid U_{CE=0V}$,相当于晶体管发射 PN 结、集电 PN 结并联,u_{BE}、i_B 特性曲线类似于一个 PN 结伏安特性曲线。

(2)当 $U_{CE} = 0 \sim 1V$ 时,$i_B = f(u_{BE}) \mid u_{CE=1V}$,晶体管集电结的反偏状态程度加剧,集电区开始收集发射区扩散的自由电子,基区空穴复合减少,晶体管发射结在同 u_{BE} 电压下,i_B 减小,u_{BE}、i_B 类似于一个 PN 结伏安特性曲线,但随着 $u_{CE} = 0 \sim 1V$ 的取值增大,相应的 u_{BE}、i_B 特性曲线依次将向右稍微移动一些。

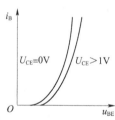

图 5.57　晶体管共射输入特性

(3)当 $U_{CE} \geqslant 1V$ 时,随晶体管集电结的反偏状态程度继续加剧,但发射区扩散的自由电子数量有限,集电区收集自由电子数量达到一个稳定极值,在同一 u_{BE} 电压下,i_B 减小微弱,u_{BE}、i_B 特性曲线曲线右移很不明显,特性曲线基本重合。

综上，输入特性是以 U_{CE} 为参变量的一族 u_{BE}、i_B 特性曲线，在 U_{CE} 一定值时，对于其中某一条曲线，晶体管输入特性曲线 u_{BE}、i_B 类似于一个二极管伏安特性曲线，大致为分为三个区：死区、非线性区和线性区，其中 $U_{CE} = 0V$ 的输入特性曲线相当于发射结的正向特性曲线；当 $U_{CE} \geq 1V$ 时，输入特性曲线将会向右稍微移动一些；但 U_{CE} 再增加时，输入特性曲线右移很不明显，特性曲线的右移是晶体管内部反馈所致，右移不明显说明内部反馈很小。

5.5.3.2 共射输出特性

共射输出特性可表示为关系式：$i_C = f(u_{CE}) \mid_{I_B = 常数}$，如图 5.58 所示，主要可关注以下几个方面。

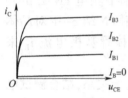

图 5.58 晶体管共射输出特性

（1）当 $I_B = 0$ 时，$i_C = f(u_{CE}) \mid_{I_B = 0}$，晶体管发射结截止，发射区没有扩散自由电子到基区，集电区无法收集扩散的自由电子，$I_C = I_{CEO} \approx 0$，晶体管集电结截止，u_{CE}、i_C 特性曲线表示为 i_C 恒为 0。

（2）当 I_B 不为 0 时，$i_C = f(u_{CE}) \mid_{I_B \neq 0}$，晶体管发射结导通，发射区自由电子扩散到基区，未被基区空穴复合的自由电子穿越到晶体管集电结基区一侧，u_{CE} 从 0V 增大到一个较小数值时，晶体管集电结反偏程度逐渐加剧，晶体管集电结收集自由电子能力增长较快，u_{CE}、i_C 特性曲线中 i_C 随 u_{CE} 变化激烈很大，I_B 越大，发射区自由电子扩散越多，晶体管集电结可收集的自由电子就多，晶体管集电结在同一 u_{CE} 电压下，i_C 增大，u_{CE}、i_C 特性曲线向上移动。

（3）当 I_B 不为 0 时，$i_C = f(u_{CE}) \mid_{I_B \neq 0}$，晶体管发射结导通，发射区自由电子扩散到基区，未被基区空穴复合的自由电子穿越到晶体管集电结基区一侧，u_{CE} 继续增大达到某值后，虽晶体管集电结反偏程度逐渐加剧，在 I_B 为固定电流值情况下，发射区能扩散到基区的自由电子数量有限，集电区收集自由电子数量会达到一个稳定极值，即使 u_{CE} 再继续增大，集电极电流 i_C 几乎无变化。u_{CE}、i_C 特性曲线表示为 i_C 恒定值，I_B 越大，晶体管集电结能收集的自由电子就多，晶体管集电结在同一 u_{CE} 电压下，i_C 恒定值增大，u_{CE}、i_C 特性曲线向上移动。

综上，输出特性是以 I_B 为参变量的一族 u_{CE}、i_C 特性曲线，在 I_B 一定值时，对于其中某一条曲线，当 $u_{CE} = 0V$ 时，$i_C = 0$；当 u_{CE} 微微增大时，i_C 主要由 u_{CE} 决定；当 u_{CE} 增加到使集电结反偏电压较大时，特性曲线进入与 u_{CE} 轴基本平行的区域（这与输入特性曲线随 u_{CE} 增大而右移的原因是一致的）。

因此，输出特性曲线可以分为三个区域：饱和区、截止区和放大区，如图 5.59 所示。

晶体管三个工作区域对应的晶体管三种工作状态情况见表 5.1。晶体管工作在放大状态时，输出回路的电流 i_C 几乎仅仅决定于输入回路的电流 i_B，即可将输出回路等效为电流 i_B 控制的电流源 i_C。在模拟电子电路中，一般情况下，需要晶体管工作在放大状态下。因此，判断晶体管放大状态的外部条件是否满足，在模拟电子电路中常用。

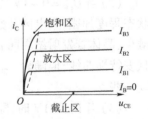

图 5.59 晶体管共射输出特性曲线的三个区域

晶体管工作状态表   表 5.1

工作状态	NPN 型	PNP 型	特点
截止状态	b→e 结反偏、b→c 结反偏 $V_B < V_E$、$V_B < V_C$	e→b 结反偏、c→b 结反偏 $V_B > V_E$、$V_B > V_C$	$I_C \approx 0$
放大状态	b→e 结正偏、b→c 结反偏 $V_C > V_B > V_E$	e→b 结正偏、c→b 结反偏 $V_C < V_B < V_E$	$I_C \approx \beta I_B$
饱和状态	b→e 结正偏、b→c 结正偏 $V_B > V_E$、$V_B > V_C$	e→b 结正偏、c→b 结正偏 $V_B < V_E$、$V_B < V_C$	$U_{CE} = U_{CES}$

【**例 5.10**】 测得各晶体管在无信号输入时,三个电极相对地电压如图 5.60 所示。问管子工作于哪种状态?

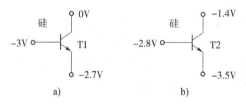

图 5.60 晶体管工作状态判定

解:可按表 5.1,分别计算图 5.60a)、b)晶体管(NPN 型)的 b→e 发射结、b→c 集电结正、反偏情况。

a)晶体管截止状态:

$U_{BE} = -3V - (-2.7V) = -0.3V \Rightarrow$ 发射结反偏

$U_{BC} = -3V - 0V = -3V \Rightarrow$ 集电结反偏

b)晶体管放大状态:

$U_{BE} = -2.8V - (-3.5V) = 0.7V \Rightarrow$ 发射结正偏

$U_{BC} = -2.8V - (-1.4V) = -1.4V \Rightarrow$ 集电结反偏

5.5.3.3 温度对晶体管特性影响

温度升高时,晶体管输入特性中的正向特性曲线左移;温度升高时,晶体管输入特性中的正向特性曲线右移,如图 5.61 所示。

温度升高时,将导致 I_B 增大,晶体管输出特性中的特性曲线上移,如图 5.62 所示。

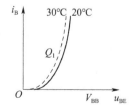

图 5.61 温度对晶体管输入特性曲线的影响

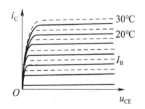

图 5.62 温度对晶体管输出特性曲线的影响

5.5.4　晶体管分析模型

晶体管输入特性、输出特性都为伏安特性曲线,跟二极管伏安曲线一样呈现分区域、非线性特点。考虑晶体管输入特性、输出特性的伏安特性曲线分区域特点,可以根据晶体管在实际电子电路的主要工作电压、电流不同,对晶体管输入特性、输出特性的伏安特性曲线进行分区域的分段使用,再在一些可近似分析条件下,对晶体管输入特性、输出特性的伏安特性的电流、电压非线性关系进行折线化,得到可便于应用的晶体管伏安特性三工作区域电路模型。

5.5.4.1　三工作区域直流等效电路模型

（1）截止区域等效电路模型。

晶体管截止区域工作条件为 b→e 结、b→c 结均反偏,此时 $I_B = 0$,因此,晶体管截止区域为 $I_B = 0$ 的输入特性、输出特性区域,同时,$I_C \approx 0$。晶体管截止区域的直流等效模型为:晶体管 b→e 结、b→c 结截止,如图 5.63 所示,三个电极的电流为 0。

（2）饱和区域等效电路模型。

晶体管饱和区域工作条件为 b→e 结、b→c 结均正偏（$U_{CE} = U_{BE}$ 为临界饱和）,此时 $I_B \neq 0$,$I_C < \beta I_B$,因此,晶体管饱和区域为 $I_B \neq 0$,$I_C < \beta I_B$ 的输入特性、输出特性区域,i_C 不受 i_B 控制,只随 u_{CE} 增大而增大。晶体管饱和区域的直流等效模型为:晶体管 b→e 结为恒压降模型 U_D、c→e 为恒压降 U_{CES}（深度饱和值）,如图 5.64 所示,$U_{CES} = 0.3V$（硅管）,$U_{CES} = 0.1V$（锗管）。

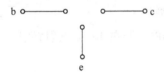
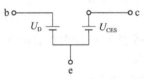

图 5.63　晶体管截止工作区域的直流等效电路模型　　　图 5.64　晶体管饱和工作区域的直流等效电路模型

（3）放大区域等效电路模型。

晶体管放大区域工作条件为 b→e 结正偏、b→c 结反偏,此时 $I_B \neq 0$,当 U_{CE} 大于一定数值时,I_C 只与 I_B 有关,有 $I_C = \beta I_B$,称为线性放大区。

因此,晶体管区域为 $I_B \neq 0$、$I_C = \beta I_B$ 的输入特性、输出特性区域。晶体管放大区域的直流等效模型为:晶体管 b→e 结恒压降模型 U_D、c→e 为受控电流源 βI_B,如图 5.65 所示。

5.5.4.2　放大区域交流（微变）等效模型

在交流通路中可将晶体管看成为一个二端口网络,如图 5.66 所示,输入回路、输出回路各为一个端口。

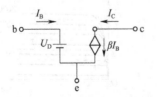
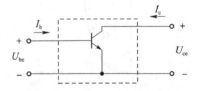

图 5.65　晶体管放大工作区域的直流等效电路模型　　　图 5.66　晶体管等效二端口网络

输入回路中,当输入信号很小(微变)时,在静态工作点附近的输入特性在小范围内可近似线性化,如图5.67所示。

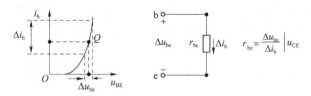

图5.67　晶体管放大区域的输入端口交流等效电路模型

对输入的小交流信号而言,从输入端口看进去,晶体管相当于电阻r_{be},r_{be}的量级从几百欧到几千欧,对于小功率晶体管有:

$$r_{be} = 200\Omega + (1+\beta) \times \frac{26(\mathrm{mV})}{I_E(\mathrm{mA})} \tag{5.12}$$

输出回路中,从输出端看进去相当于一个受i_b控制的电流源βi_b,如图5.68所示。

因而,在晶体管处于直流放大状态时,结合上述晶体管的输入特性、输出特性,若在晶体管发射结b→e两端增加微小交流信号,从输入特性来分析,则晶体管发射结b→e可等效为一个动态电阻r_{be},其电阻值计算同晶体管直流电源工作下I_E有关;从输出特性来分析,则晶体管c→e可等效为一个受基极电流i_b控制下的受控电流源βi_b,如图5.69所示。

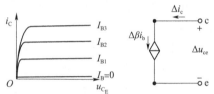 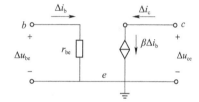

图5.68　晶体管放大区域的输出端口交流等效电路模型　　图5.69　晶体管放大区域的交流等效电路模型

5.6　晶体管放大状态分析和应用

含晶体管的电路中,晶体管可以工作在截止状态、放大状态、饱和状态。其中,放大状态在模拟电子电路使用广泛。如何判断晶体管是否处于放大状态?如何使用放大状态下的电特性?分析模拟电子电路时,是一个重要内容,在此需要专门说明。

5.6.1　放大状态判断方法

(1)电位大小法。

晶体管处于放大状态时,发射结正偏,集电结反偏,三个电极的电位关系,如图5.70所示。

因此,可依据放大状态下晶体管三个电极的电位关系,得到利用放大状态的电位大小,判断晶体管的三个电极、材料管型的方法,具体如下:

①中间电位的便是b极;

②根据 b、e 间的导通压降，找出 e 极；

③剩下的便是 c 极；

④若 $U_{BE} = \pm(0.6 \sim 0.8)$V，为硅型晶体管；若 $U_{BE} = \pm(0.1 \sim 0.3)$V，为锗型晶体管；

⑤U_{BE} 大于 0，为 NPN 型晶体管；若 U_{BE} 小于 0，为 PNP 型晶体管。

（2）电流方向法。

处于放大状态时晶体管的电流方向如图 5.71 所示，I_C 与 I_B 方向一致，其中 I_B 最小，I_E 最大。

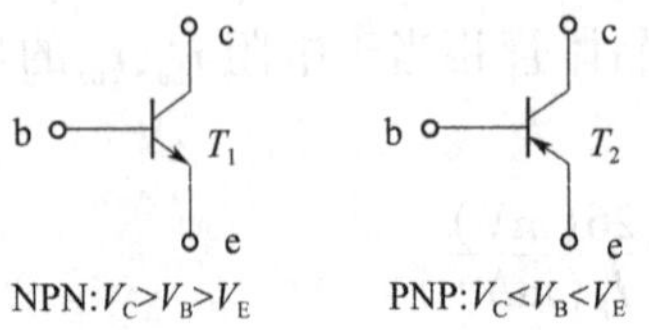

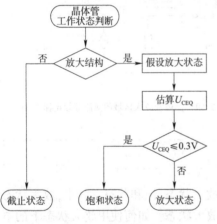

图 5.70　放大状态晶体管的三个电极电位关系 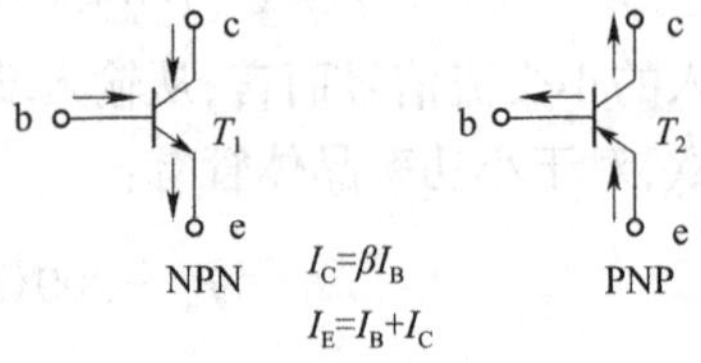　　图 5.71　放大状态晶体管的三个电极电流关系

①电流方向相同的两个电极为晶体管的基极 b、集电极 c，电流方向不同的一个电极为晶体管的发射极 e；

②电流方向不同且电流最大的电极为发射极；电流方向相同的两个电极，其中电流较小的电极为基极 b，电流较大的电极为集电极 c；

③有两个电流方向为流入晶体管的电极的晶体管类型为 NPN 型晶体管；有两个电流方向为流出晶体管的电极的晶体管类型为 PNP 型晶体管。

（3）假设放大法。

①判断晶体管是否有可能发射结正偏，若不可能，则晶体管处于截止状态；若有可能，判断是否有可能集电结反偏，若可确定集电结反偏，则晶体管处于放大状态，若暂时无法确定，继续②；

②假设晶体管处于放大状态，则晶体管的发射结正偏，集电结反偏；并在放大状态下估算晶体管的集电极 c—发射极 e 之间的电压 U_{CE}；

③若 U_{CE} 小于或等于 0.3V，则晶体管处于饱和状态；若 U_{CE} 大于 0.3V，则晶体管处于放大状态。

上述步骤的流程如图 5.72 所示。

图 5.72　晶体管的三个工作状态判定方法

5.6.2　分析实例

【例 5.11】　测得图 5.73 所示晶体管在无信号输入时，三个电极相对地电压如图。问管子工作于哪种状态？

解：　　$U_{EB} = 0V - (-0.3V) = 0.3V \Rightarrow$ 发射结正偏

$U_{CB} = -3V - (-0.3V) = -2.7V \Rightarrow$ 集电结反偏

放大状态

图 5.73　晶体管工作状态判定示例 1

【例 5.12】 测得放大电路中,晶体管的直流电位如图 5.74 所示。请在圆圈中画出管子,并分别说明是硅管还是锗管。

解:(1)三个电极的电位中,处于中间电位的是 11.3V,则 $V_b = 11.3V$;

(2)$11.3 - 12 = -0.7V$,则 $V_e = 12V$;

(3)则有:$V_c = 0V$;

(4)$U_{BE} = 11.3 - 12 = -0.7V < 0$,为 PNP 型,硅管。

图 5.74　晶体管工作状态判定示例 2

【例 5.13】 测得工作在放大电路中的两个晶体管的电极无交流信号输入时的电流大小及流向如图 5.75 所示。求:另一个电极的电流,并标出方向;标出三个管脚各是什么电极;判断它们是 NPN 型还是 PNP 型,并估算它们的放大系数。

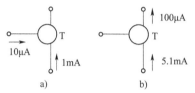

图 5.75　晶体管工作状态判定示例 3

解:(1)对于图 5.75a)所示晶体管,有:

①有两个电流方向相同的两个电极为晶体管的基极 b、集电极 c;

②按照电流大小,小电流为基极 b,大电流为集电极 c;

③另外一个电极为发射极 e,电流方向应为流出晶体管;

④有两个电流方向为流入晶体管的电极的晶体管类型为 NPN 型晶体管。

$$\beta_a = \frac{1mA}{10\mu A} = 100$$

(2)对于图 5.75b)所示晶体管,有:

①有两个电流方向相反的两个电极其一或为晶体管的基极 b 或集电极 c,另一电极为晶体管的发射极 e;

②按照电流大小,小电流为基极 b,大电流为发射极 e;

③另外一个电极为发射极 c,电流方向应为流出晶体管;

④有两个电流方向为流出晶体管的电极的晶体管类型为 PNP 型晶体管。

$$\beta_b = \frac{5mA}{100\mu A} = 50$$

两个晶体管的电流和管脚如图 5.76 所示。

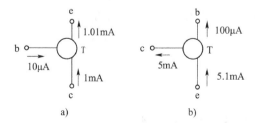

图 5.76　晶体管工作状态判定示例 3 的三个电极电流关系

【例 5.14】 电路如图 5.77 所示,晶体管导通时 $U_{BE} = 0.7V$,$\beta = 50$。试分析 V_{BB} 为 0V、1V、3V 三种情况下 T 的工作状态及输出电压 U_0 的值。

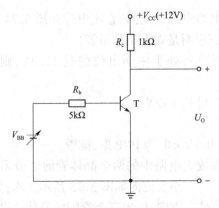

图 5.77　晶体管工作状态判定示例 4

解: (1) $V_{BB} = 0V$ 时,由电路可知,晶体管处于截止状态,有:

$$I_B = 0A$$

$$I_C = 0A$$

$$U_O = V_{CC} = 12V$$

(2) $V_{BB} = 1V$ 时,假设晶体管处于放大状态,则有:

$$I_B = \frac{V_{BB} - U_{BE}}{R_E} = \frac{1V - 0.7V}{5k\Omega} = 0.06mA$$

$$I_C = \beta \times I_B = 50 \times 0.06mA = 3mA$$

$$U_{CE} = V_{CC} - R_C \times I_C = 12V - 1k\Omega \times 3mA = 9V$$

$$> U_{BE} \Rightarrow 集电结反偏$$

所以放大状态假设成立,另有:

$$U_O = U_{CE} = 9V$$

(3) $V_{BB} = 1.5V$ 时,假设晶体管处于放大状态,则有:

$$I_B = \frac{V_{BB} - U_{BE}}{R_E} = \frac{3V - 0.7V}{5k\Omega} = 0.46mA$$

$$I_C = \beta \times I_B = 50 \times 0.46mA = 23mA$$

$$U_{CE} = V_{CC} - R_C \times I_C = 12V - 1k\Omega \times 23mA = -9V$$

$$< U_{BE} \Rightarrow 集电结正偏$$

所以放大状态假设不成立,晶体管应处于饱和状态,另有:

$$U_O = U_{CES} \approx 0.3V$$

❓ 习题5

5-1　简述比较半导体、导体的导电特性。

5-2　半导体、本征半导体、掺杂半导体、P 型半导体、N 型半导体的各自含义及其相互电特性联系是什么?

5-3　简述二极管的单向导电性的形成。

5-4　简述二极管的等效模型电特性(直流、交流)。

5-5　简述晶体管的电流放大特性的形成。

5-6　简述晶体管的工作区域划分、判断条件和等效模型电特性。

5-7　电路如题图 5.1 所示,若二极管为理想二极管,判断二极管工作情况,并求出 a、b 端口的电压 U_{ab}。

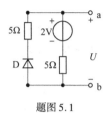

题图 5.1

5-8　电路如题图 5.2 所示,若二极管导通电压为 0V 或 0.7V,分别判断二极管工作情况,并分别求出 a、b 端口的电压 U_{ab}。

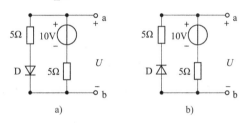

a)　　　　　　b)

题图 5.2

5-9　电路如题图 5.3 所示,若二极管导通电压为 0V 或 0.7V,分别判断 D_1、D_2 二极管工作情况?并分别求出 a、b 端口的电压 U_{ab}。

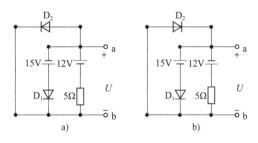

a)　　　　　　b)

题图 5.3

5-10　电路如题图 5.4 所示,若二极管导通电压为 0.7V,u_i 输入信号波形如图所示,试分析 u_o 波形情况。

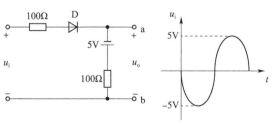

题图 5.4

5-11 晶体管各电极电位如题图 5.5 所示,判断晶体管的工作状态。

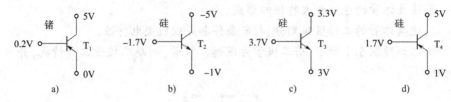

题图 5.5

5-12 电路如题图 5.6 所示,判断晶体管的工作状态。

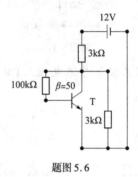

题图 5.6

5-13 电路如题图 5.7 所示,当 V_{BB} 分别为 0V、6V、12V,判断晶体管的工作状态。

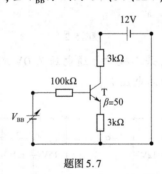

题图 5.7

第6章

基本放大电路

6.1 放大电路概述

电子电路的放大功能是把微弱的电信号放大到需要的量级,信号可以是电压信号,也可以是电流信号。放大电路用一个比较模糊的放大来描述功能,而不是采用一个具体的数值,或是放大的量级,这是因为用到放大功能的地方实在太多了,从生活中各式各样的电子产品,到科研生产的方方面面,放大电路无处不在。不同的放大电路就有不同的要求和指标,放大只能概括地讲,就是按照需要去确定具体放大性能指标。

放大电路可以放大电压信号、电流信号,但放大电路的放大对象既不是电压,也不是电流,而是指放大电信号的变化量,即电信号的差异,或者电信号的特征。放大电路主要用于放大微弱信号,输出电压或电流在幅值上得到了放大,但它们随时间变化的规律不变,信息不失真。

6.1.1 放大的概念

模拟放大电路的作用是完成能量的控制和变换,放大电路改变了输入信号的输出功率以及输出能量。输出信号的能量增大来自直流电源,只是经过晶体管的控制,使之按需要转换成信号能量,提供给负载。

在电子电路中,放大的对象是变化量,常用的测试信号是正弦波,语音信号放大电路实例如图6.1所示。

图6.1 语音信号放大电路实例

如在扩音器放大电路中,麦克风、放大电路、扬声器实现声音-电信号-声音转换,放大电路通过有源元件晶体管对直流电源的能量进行控制和转换,增大电信号幅值和能量,使扬声器从直流电源中获得输出电信号的能量,比声音电信号源向放大电路提供的能量大得多,音量能够变得更大,声音也能够传播得更远。

电子电路放大的基本特征是功率放大,表现为输出电压大于输入电压,或者输出电流大于输入电流,或者二者兼而有之。为了实现功率放大,放大电路中必须存在能够控制能量的有源元件等;同时,放大的前提是不失真,只有在不失真的情况下,信号放大才有意义,如输入的语音信号放大后,不能输出为其他含义的语音信号。

6.1.2 晶体管放大电路组成的原则

晶体管放大电路组成有不同结构形式,但也有如下共同原则。

(1)晶体管必须工作在放大区,发射结正向偏置,集电结反向偏置。

(2)晶体管具有合适的静态工作点,合适的直流电源、合适的电路参数,使整个输入信号变化区域处于晶体管的放大工作区域。

(3)动态信号能够作用于晶体管的输入回路(输入回路将变化的输入电压/输入电流转化成变化的基极电流),在负载上能够获得放大了的动态信号(输出回路将变化的集电极电流转化成变化的输出电压/电流)。

对实用放大电路的要求:共地、直流电源种类尽可能少、负载上无直流分量。

6.1.3 放大电路的主要性能指标

衡量一个放大电路的好坏,可以使用放大倍数、输入电阻、输出电阻等性能指标。

(1)放大倍数(或增益)A。

放大倍数(或增益)A可表示为输出变化量幅值与输入变化量幅值之比,或二者的正弦交流值之比,用以衡量电路的放大能力。

根据放大电路输入量和输出量为电压或电流的不同形式,有四种不同的放大倍数:电压放大倍数、电流放大倍数、互阻放大倍数和互导放大倍数。

①电压放大倍数 A_{uu} 定义为:

$$\dot{A}_{uu} = \dot{A}_u = \frac{\dot{U}_o}{\dot{U}_i} \tag{6.1}$$

②电流放大倍数 A_{ii} 定义为:

$$\dot{A}_{ii} = \dot{A}_i = \frac{\dot{I}_o}{\dot{I}_i} \tag{6.2}$$

③互阻放大倍数 A_{ui} 定义为:

$$\dot{A}_{ui} = \frac{\dot{U}_o}{\dot{I}_i} \tag{6.3}$$

④互导放大倍数 A_{iu} 定义为:

$$\dot{A}_{iu} = \frac{\dot{I}_o}{\dot{U}_i} \tag{6.4}$$

（2）输入电阻。

输入电阻 R_i 可表示为从输入端看进去的等效电阻,反映放大电路从信号源索取电流的大小。

放大电路等效为信号源的负载,这个等效负载用一个输入电阻在等效电路中来表示,如图 6.2 所示。

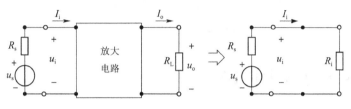

图 6.2　输入电阻等效形式

输入电阻 R_i 定义为:

$$R_i = \frac{\dot{U}_i}{\dot{I}_i} \tag{6.5}$$

（3）输出电阻。

输出电阻 R_o 可表示为从输出端看进去的等效输出信号源的内阻,说明放大电路带负载的能力。

放大电路等效为一个为负载提供电压或电流信号的信号源,这个等效信号源的内阻用一个输出电阻在等效电路中来表示,如图 6.3 所示。

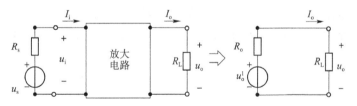

图 6.3　输出电阻等效形式

采用外加电源法,输出电阻 R_o 定义计算式为:

$$R_o = \left. \frac{\dot{U}_o}{\dot{I}_o} \right|_{\substack{R_L = \infty \\ u_s = 0}} \tag{6.6}$$

使用放大电路性能指标时需要注意:放大倍数、输入电阻、输出电阻通常都是在正弦信号下的交流参数,只有在放大电路处于放大状态且输出不失真的条件下才有意义。

6.1.4　放大电路的一般表示形式

实现整个放大过程的放大电路一般形式如图 6.4 所示,图中也表明了各电参数的含义。

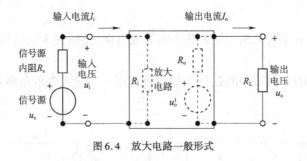

图6.4 放大电路一般形式

6.2 基本共射放大电路

基本放大电路一般是指由一个晶体管与相应元件组成的放大电路、有共射极放大、共集电极放大、共基极放大等三种基本组态放大电路形式。

6.2.1 常见共射放大电路结构和工作形式

6.2.1.1 基本电路

(1)电路构成形式。

基本共射放大电路的形式如图6.5所示,输入信号 u_i 通过 V_{BB}、R_B、晶体管 T 的 b→e 发射结两极、地构成的输入信号回路作用于放大电路,实现信号输入;输出信号 u_o 通过 V_{CC}、R_C、晶体管 T 的 c→e 两极、地构成的输出信号回路引出放大电路,实现信号输出;鉴于交流信号输入回路、输出回路共用晶体管 T 的发射极 e,故被命名为共发射极放大电路、共射极放大电路、共射放大电路。

图6.5所示电路在电路结构和元件参数上应该满足放大电路构成的三个原则。

共射放大电路中的具体元件作用如图6.6所示,部分重要元件作用说明如下。

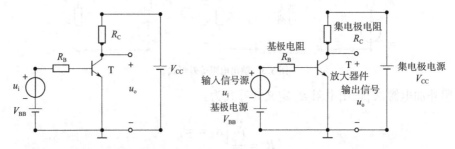

图6.5 基本共射放大电路形式 　　　图6.6 基本共射放大电路的电路元件示意

①输入信号源 u_i:提供需要放大的输入信号。

②输出信号 u_o:提供电路放大后的输出信号。

③放大器件 T:整个放大电路的核心。

④基极电源 V_{BB}:为晶体管提供能量,并使发射结正向偏置。

⑤集电极电源 V_{CC}:提供集电结反偏电压,同时作为负载的能源。

⑥基极电阻 R_B:使发射结正向偏置,决定基极电流 I_B。

⑦集电极电阻 R_C:将 Δi_C 转换成 $\Delta u_{CE}(u_o)$。

(2)信号过程。

①无输入信号($u_i = 0$)时。

输入电压u_i为零时,基本共射放大电路形式如图6.7所示。

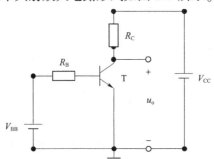

图6.7　无u_i信号输入的基本共射放大电路

利用晶体管和电路分析方法,可计算获得晶体管的基极电流I_B、集电极电流I_C、发射极电流I_E、b→e间的电压U_{BE}、b→c间的电压U_{BC}、c→e间的电压U_{CE}等电参数。

按照放大要求,晶体管T应处于放大工作状态,需要发射结正偏、集电结反偏,即:$U_{BE} > 0$、$U_{BC} < 0$,但考虑电路回路分析简便性,一般采用$U_{BE} > 0$、$U_{CE} > U_{BE}$约束晶体管T的放大工作条件。图6.8所示为b→e间的电压U_{BE}、基极电流I_B、集电极电流I_C、c→e间的电压U_{CE}信号波形。

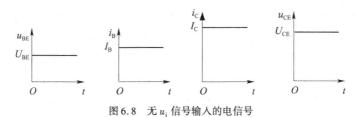

图6.8　无u_i信号输入的电信号

结合晶体管T的输入特性曲线、输出特性曲线形式,特定的晶体管基极电流I_B、b→e间的电压U_{BE}可确定晶体管输入特性曲线中的特定点;特定的集电极电流I_C、c→e间的电压U_{CE}可确定晶体管输出特性曲线中的特定点。

一般使用静态工作点Q来表述上述四个电参数,并记作I_{BQ}、$I_{CQ}(I_{EQ})$、U_{BEQ}、U_{CEQ},如图6.9所示。

②有输入信号($u_i \neq 0$)时。

输入信号电压u_i不为零时,共射放大电路形式如图6.10所示。

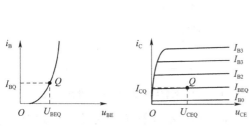

图6.9　静态工作点的四个电参数信号

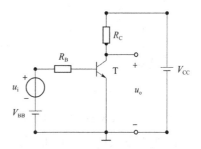

图6.10　有u_i信号输入的基本共射放大电路

加上输入信号电压 u_i 后,各电极电流和电压的大小均发生了变化,都在直流量的基础上叠加了一个交流量,但方向始终不变,如图 6.11 所示。

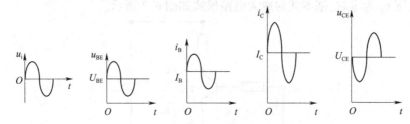

图 6.11　交流、直流信号叠加

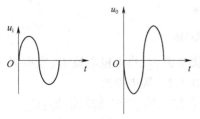

图 6.12　基本共射放大电路的输入、输出信号形式

若参数选取得当,输出电压可比输入电压大,即电路具有电压放大作用。输出电压与输入电压在相位上相差 $180°$,如图 6.12 所示,表明共发射极电路的输入信号、输出信号具有反相作用。

从此种电路结构而言,虽可以实现信号放大,但存在一些不足,如存在 V_{BB}、V_{CC} 两种直流电源、信号源 u_i 与放大电路不"共地"等。为便于放大电路使用,可做一些电路改进,得到新的共发射极放大电路形式。

6.2.1.2　直接耦合放大电路

直流耦合放大电路的形式如图 6.13 所示,只采用了一个 V_{CC} 直流电源,并且信号源 u_i 与放大电路"共地",电路结构和元件参数上应该满足放大电路构成的三个原则。

图 6.13 电路输入信号源 u_i 是通过 R_{B1}、导线直接接入晶体管 T 的基极 b、发射极 e,动态时,b—e 间电压是 u_i 与 R_{B1} 上的电压之和;输出信号 u_o 是通过导线直接接出晶体管 T 的集电极 c、发射极 e,动态时,c—e 间电压是 R_C 上的电压,故被称为直接耦合放大电路。

图 6.13 电路结构可以实现信号放大,但由于输出端 u_o 信号为直流、交流复合信号,分析交流放大信号情况不太方便。

6.2.1.3　阻容耦合放大电路

阻容耦合放大电路的形式如图 6.14 所示,只采用了一个 V_{CC} 直流电源,并且信号源 u_i 与放大电路"共地",电路结构和元件参数上应该满足放大电路构成的三个原则。

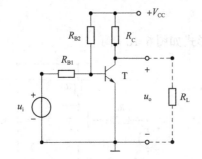

图 6.13　直接耦合式的基本共射放大电路

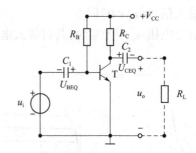

图 6.14　阻容耦合式的基本共射放大电路

图 6.14 电路输入信号源 u_i 是通过电容 C_1、导线接入晶体管 T 的基极 b、发射极 e,动态

时,b—e 间电压是 u_i 电压;输出信号 u_o 是通过电容 C_2 接出晶体管 T 的集电极 c、发射极 e,动态时,c—e 间电压是 R_C 上的电压,故被称为阻容耦合放大电路。耦合电容其作用是"隔离直流、通过交流",若耦合电容的容量足够大,即对于交流信号近似为短路,$u_{BE} = u_i + U_{BEQ}$,交流信号驮载在直流静态信号之上,但负载 R_L 上只有交流信号。

实践中,三种形式的共射放大电路都有使用,需要注意不同电路特点和信号差异。

6.2.2 分析方法

6.2.2.1 分析思路

放大电路中直流电源的作用和交流信号的作用共存,使得电路分析复杂化。从前述信号对放大电路的作用影响情况而言,可把电路输入信号分为直流信号、交流信号,分别作用于放大电路或受到放大电路处理,叠加直流作用输出信号、交流作用输出信号,得到电路输出信号。按此思路,可把共射放大电路的信号作用表示为图 6.15 所示。

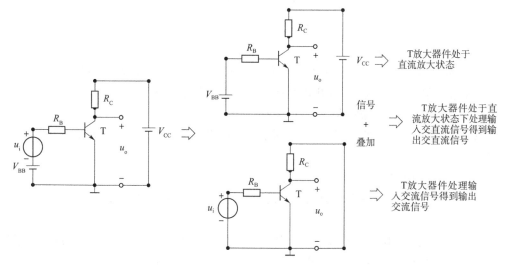

图 6.15 基本共射放大电路的信号叠加分析

电路中各元件的直流特性、交流特性不尽相同,简化分析时,考虑电路受到直流信号、交流信号有效影响部分,可将作用影响的元件、支路等分开分析,可引入直流通路和交流通路的概念。

直流通路是在晶体管电子电路中,在直流电源作用下,只有直流信号流经的电子电路通路部分;交流通路是在晶体管电子电路中,在交流输入信号作用下,只有交流信号流经的电子电路通路部分,如图 6.16 所示。

直流通路和交流通路的工作信号不同、电路构成不同、工作作用也不同。

（1）直流通路的作用。

直流通路用来计算放大电路的直流信号工作情况,对于晶体管三个电极的电流、电压直流工作参数情况,结合晶体管的输入特性曲线、输出特性曲线,可采用一个静态工作点 $Q(I_{BQ}、I_{CQ}、U_{BEQ}、U_{CEQ})$ 来描述,其求法为:

①信号电压源视为短路,但其内阻要保留,$u_i = 0$;

②电容元件看作开路,耦合电容开路;

③电感元件看作短路,电感相当于短路(线圈电阻近似为0)。

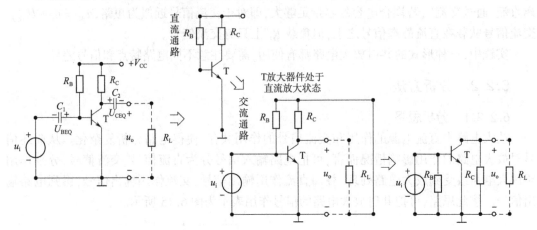

图6.16　基本共射放大电路的直流通路、交流通路示意

(2)交流通路的作用。

交流通路用来计算放大电路的交流信号工作情况,主要就是放大电路关注的性能工作指标:电压放大倍数、输入电阻、输出电阻等动态参数,其求法为:

①电容对交流信号视为短路,耦合电容相当于短路;

②直流电源相当于短路(内阻为0),固定不变的电压源都视为短路;固定不变的电流源都视为开路。

6.2.2.2　等效电路法

半导体器件的非线性特性使放大电路的分析复杂化,利用线性元件建立模型,来描述非线性器件的特性。

在直流通路中,使用直流模型替代晶体管,等效分析放大电路 Q 点电特性;在交流通路中,使用交流模型替代晶体管,等效分析放大电路的交流放大倍数等电特性。

(1)直流等效电路。

在直流信号作用,晶体管 b—e 输入端口等效为一个恒压源,晶体管 c—e 输出端口等效为受基极电流 I_B 控制的电流源 $I_C = \beta I_B$,代入直流通路,可得直流等效电路如图6.17所示。

(2)微变等效电路。

在直流信号作用得到的晶体管放大状态下,晶体管 b—e 输入端口等效为一个动态电阻 r_{be}(阻值同静态工作 Q 点有关,计算公式可见第5章),晶体管 c—e 输出端口等效为受基极电流 i_b 控制的电流源 $i_c = \beta i_b$,代入交流通路,可得交流等效电路如图6.18所示。

再利用图6.18所示的微变等效电路,可计算基本共射放大电路的放大倍数 A_u、输入电阻 R_i、输出电阻 R_o 三个性能指标。

①放大倍数 A_u。

$$A_u = \frac{u_o}{u_i} = \frac{-\Delta i_c \times R_C}{\Delta i_b \times r_{be}} = \frac{-\beta \times \Delta i_b \times R_C}{\Delta i_b \times r_{be}} = -\frac{-\beta \times R_C}{r_{be}}$$

放大倍数 A_u 的值大于1,表明基本共射放大电路具有电压放大能力;放大倍数 A_u 的

"－"符号,表明输入信号 u_i、输出信号 u_o 相位相反 180°。

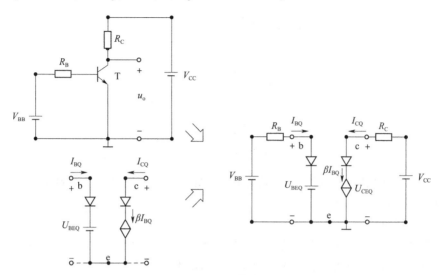

图6.17　直流通路的等效电路形式

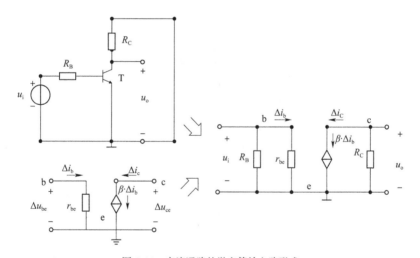

图6.18　交流通路的微变等效电路形式

②输入电阻 R_i。

$$R_i = \frac{u_i}{i_i} = \frac{u_i}{\Delta i_b + i_{RB}} = \frac{u_i}{\dfrac{u_i}{r_{be}} + \dfrac{u_i}{R_B}} = R_B // r_{be}$$

　　输入电阻 R_i 的值较小,表明基本共射放大电路输入电阻特性对于输入信号源为轻负载,会需要较大的输入电流。

③输出电阻 R_o。

　　采用外加电源法,计算输出电阻 R_o,对应计算电路如图6.19所示。

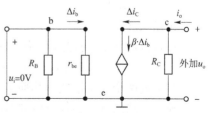

图6.19　外加电源法计算输出电阻的电路形式

由图 6.19 可列输出电阻 R_o 计算式如下：

$$R_o = \frac{u_o}{i_o} \bigg|_{\substack{R_L = \infty \\ u_S = 0}}$$

$$= \frac{u_o}{\Delta i_c + i_{RC}} = \frac{u_o}{\beta \times \Delta i_b + \dfrac{u_o}{R_C}}$$

$$= \frac{u_o}{\beta \times 0 + \dfrac{u_o}{R_C}} = R_C$$

输出电阻 R_o 的值较大，表明基本共射放大电路输出电阻特性对于负载为内阻较大的输出信号源，输出恒压特性不太好。

6.2.2.3　图解法

在电路分析中，可将输入电路方程、输出电路方程表示为电路曲线，再结合晶体管的输入特性曲线、输出特性曲线，利用"曲线交叉点"满足电路方程、晶体管特性方程的电路工作参数，如图 6.20 所示。

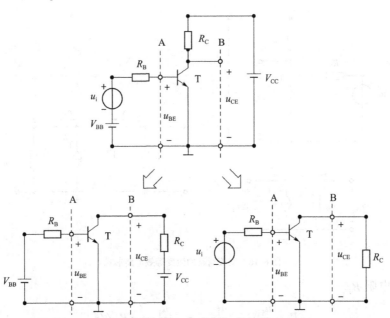

图 6.20　基本共射放大电路的直流通路、交流通路输入、输出回路

（1）静态分析。

①输入回路。

在直流通路中，对输入回路的 A 左、右两侧分别列出方程如下：

$$\text{A}_{左} : u_{BE} = V_{BB} - i_B \times R_B \qquad \text{A}_{右} : i_B = f(u_{BE}) \big|_{u_{CE} = 常数}$$

将上述两个式子描述为几何坐标中的关系曲线，如图 6.21 所示。

输入回路的电路参数应该同时满足两个关系式，反映到几何曲线，就是两个关系曲线的交点，如图 6.22 所示。

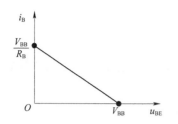

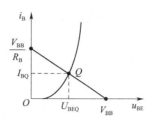

图 6.21　直流通路的输入回路电参数关系曲线　　　图 6.22　直流通路的输入回路静态工作点 Q

由图 6.22 可知,交点表示得到了静态工作点 Q 的输入回路电参数指标(I_{BQ}、U_{BEQ})。

②输出回路。

类似地,在直流通路中,对输出回路的 B 左、右两侧分别列出方程如下:

$$\mathrm{B}_{左}:i_C=f(u_{CE})\mid_{B=常数}\qquad \mathrm{B}_{右}:u_{CE}=V_{CC}-i_C\times R_C$$

将上述两个式子描述为几何坐标中的关系曲线,如图 6.23 所示。

输入回路的电路参数应该同时满足两个关系式,反映到几何曲线,就是两个关系曲线的交点,如图 6.24 所示。

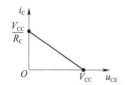
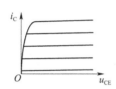
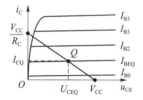

图 6.23　直流通路的输出回路电参数关系曲线　　　图 6.24　直流通路的输出回路静态工作点 Q

由图 6.24 可知,交点表示得到了静态工作点 Q 的输出回路电参数指标(I_{CQ}、U_{CEQ})。

(2)动态分析。

在交流信号作用时,在交流通路的输入回路部分会增加一个变化的输入信号 Δu_i,在交流通路的输出回路部分会相应产生一个变化的输出信号 Δu_o,可利用直流信号的几何曲线,增补上述变化信号,即可得到动态分析的曲线表示。

在动态信号作用,输入回路和输出回路的电路方程变化为:

输入部分　　　　　　　　输出部分

$$u_{BE}=V_{BB}-i_B\times R_B+\Delta u_i\qquad u_{CE}=V_{CC}-i_C\times R_C+\Delta u_o$$

几何曲线变化如图 6.25 所示。

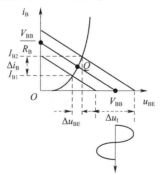
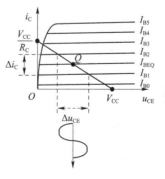

图 6.25　交流通路的输入、输出回路电信号动态变化示意

如图 6.25 可知,信号放大的过程可表示为:

$$\Delta u_{\mathrm{i}} \to \Delta i_{\mathrm{B}} \xrightarrow{\beta} \Delta i_{\mathrm{C}} \to \Delta u_{\mathrm{o}}$$

输入信号-输出信号线性化电压放大倍数的实现,取决于电路和元件三个线性环节的质量:

$$\Delta u_{\mathrm{i}} \to \Delta i_{\mathrm{B}} : \mathrm{b}\text{—}\mathrm{e} \text{ 发射结的电压-电流线性化}$$

$$\Delta i_{\mathrm{B}} \xrightarrow{\beta} \Delta i_{\mathrm{C}} : \text{电流放大区域的稳定性}$$

$$\Delta i_{\mathrm{C}} \to \Delta u_{\mathrm{o}} : \mathrm{c}\text{—}\mathrm{e} \text{ 两极电流-电压线性化}$$

从放大电路对于输入信号、输出信号的失真性要求而言,上述三个环节必须保持线性,但实践应用中,三个环节都是采用近似线性来替代非线性特性。

6.2.3　分析例子

【例6.1】　试分析图 6.26 所示两电路是否能够放大正弦交流信号,并简述理由。设图中所有电容对交流信号均可视为短路。

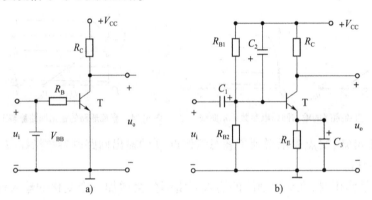

图 6.26　放大电路构成分析

解:(1)不能。因为:交流时输入信号 u_{i} 被 V_{BB} 短路。

(2)不能。因为:输入信号被 C_2 短路

【例6.2】　电路如图 6.27 所示,求静态工作点 Q 的表达式。

解:

(1)直流通路如图 6.28 所示。

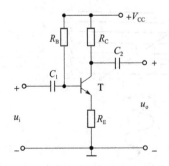

图 6.27　基本共射放大电路分析示例1

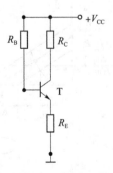

图 6.28　基本共射放大电路分析示例1 的直流通路

（2）直流等效电路如图 6.29 所示。

（3）Q 点表达式。

由图可得电路方程式：

$$I_{BQ}R_B + U_{BEQ} + I_{EQ}R_E = V_{CC}$$

$$I_{CQ}R_C + U_{CEQ} + I_{EQ}R_E = V_{CC}$$

则有：

$$I_{BQ} = \frac{V_{CC} - U_{BEQ}}{R_B + (1+\beta)R_E}$$

$$I_{CQ} = \beta \times I_{BQ}$$

$$U_{CEQ} = V_{CC} - I_{CQ} \times R_c - I_{EQ} \times R_E$$

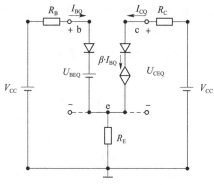

图 6.29　基本共射放大电路分析示例 1 的直流等效电路

【例 6.3】　电路和晶体管输出特性曲线如图 6.30 所示，用图解法，求静态工作点 Q 的表达式。

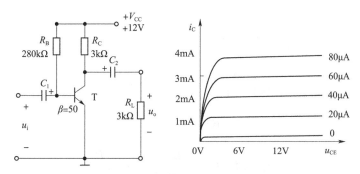

图 6.30　基本共射放大电路分析示例 2

解：（1）直流等效电路的电路方程为：

$$I_{BQ} = \frac{V_{CC} - U_{BEQ}}{R_B} = \frac{12 - 07}{280 \times 10^3} \approx 0.04 \text{mA} = 40 \mu\text{A}$$

$$I_{CQ} = \beta \times I_{BQ} = 50 \times 0.04 \text{mA} = 2 \text{mA}$$

$$U_{CEQ} = V_{CC} - I_{CQ} \times R_C = 12 - 3I_{CQ} = 6\text{V}$$

（2）电路方程的图解曲线如图 6.31 所示。

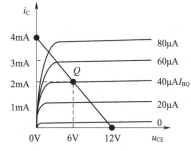

图 6.31　基本共射放大电路分析示例 2 的输出回路静态工作点

【**例 6.4**】　在图 6.32 所示共发射极放大电路中，晶体管为硅管，求：（1）电压放大倍数；

（2）输入电阻 R_i、输出电阻 R_o；（3）当信号源内阻 $R_s = 500\Omega$ 时，求输出电压 u_o 对信号源电压 u_s 的放大倍数。

解：（1）画出放大电路的微变等效电路如图6.33所示。

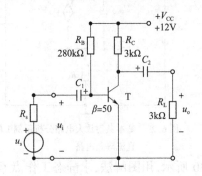
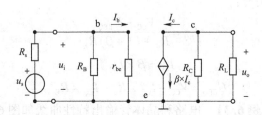

图6.32　基本共射放大电路分析示例3　　图6.33　基本共射放大电路分析示例3的交流等效电路

（2）先求 r_{be}。

$$I_{BQ} = \frac{U_{CC} - U_{BEQ}}{R_b}$$

$$= \frac{12 - 07}{280 \times 10^3} \approx 0.04\text{mA} = 40\mu\text{A}$$

$$r_{be} = r'_{bb} + (1+\beta)\frac{U_T}{I_{EQ}}$$

$$= r'_{bb} + (1+\beta)\frac{U_T}{(1+\beta)I_{BQ}} = r'_{bb} + \frac{U_T}{I_{BQ}}$$

$$= 300\Omega + (1+\beta)\frac{26\text{mV}}{I_{EQ}} = 300\Omega + \frac{26\text{mV}}{I_{BQ}}$$

$$= 300\Omega + \frac{26\text{mV}}{0.04\text{mA}} = 950\Omega$$

（3）输入电阻 R_i。

$$R_i = \frac{U_i}{I_i} = R_i // r_{be} = 280\text{k}\Omega // 0.95\text{k}\Omega = 0.95\text{k}\Omega$$

（4）输出电阻 R_o。

$$R_o = \frac{U_o}{I_o}\bigg|_{\substack{R_L = \infty \\ U_S = 0}} = R_C = 3\text{k}\Omega$$

（5）输出电压 u_o 对输入电压 u_i 的放大倍数。

$$A_u = \frac{U_o}{U_i} = \frac{-I_c \times (R_c // R_L)}{I_b \times r_{be}}$$

$$= \frac{-\beta I_b \times (R_c // R_L)}{I_b \times r_{be}} = \frac{-\beta \times (R_c // R_L)}{r_{be}}$$

$$= \frac{-\beta \times R'_L}{r_{be}} = -50 \times \frac{1.5\text{k}\Omega}{0.95\text{k}\Omega} \approx -78.95$$

(6)输出电压 u_o 对信号源电压 u_s 的放大倍数。

$$A_{us} = \frac{U_o}{U_s} = \frac{U_o}{U_i} \times \frac{U_i}{U_s} = -\beta \frac{R'_L}{r_{be}} \times \frac{R_i}{R_i + R_s} \approx -\beta \frac{R'_L}{r_{be}} \times \frac{r_{be}}{r_{be} + R_s} = -\beta \frac{R'_L}{r_{be} + R_s}$$

$$= -50 \times \frac{1.5k\Omega}{0.95k\Omega + 0.5k\Omega} \approx -52$$

【例 6.5】 已知图 6.34 所示放大电路中晶体管的 $\beta = 100$、$r_{be} = 1.4k\Omega$。问:(1)现已测得静态管压降 $U_{CEQ} = 6V$,估算 R_B 约为多少? (2)若测得 u_i 和 u_o 的有效值分别为 1mV 和 100mV,则负载电阻 R_L 约为多少?

解:(1)电路的直流通路如图 6.35 所示。

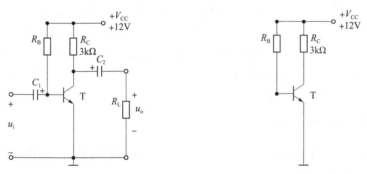

图 6.34 基本共射放大电路分析示例 4 　 图 6.35 基本共射放大电路分析示例 4 的直流通路

由直流通路有:

$$I_{CQ} = \frac{V_{CC} - U_{CEQ}}{R_C} = \frac{12V - 6V}{3k\Omega} = 2mA$$

$$I_{BQ} = \frac{I_{CQ}}{\beta} = \frac{2mA}{100} = 0.02mA$$

$$R_B = \frac{V_{CC} - U_{BEQ}}{I_{BQ}} = \frac{12V - 0.7V}{0.02mA} = 565k\Omega$$

(2)电路的交流通路如图 6.36 所示。

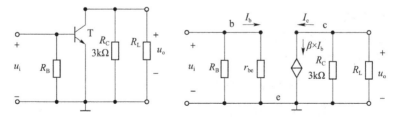

图 6.36 基本共射放大电路分析示例 4 的交流通路和等效电路

由交流通路和放大倍数定义有:

$$A_u = \frac{u_o}{u_i} = -\frac{\beta \times (R_c // R_L)}{r_{be}}$$

$$= -\frac{100 \times (3k\Omega // R_L)}{1.4k\Omega} = -\frac{100mV}{1mV} \Rightarrow \frac{3k\Omega // R_L}{1.4k\Omega} = 1 \Rightarrow R_L = 2.625k\Omega$$

6.3 基本共集放大电路

6.3.1 电路结构

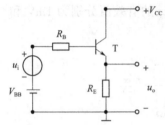

基本共集放大电路构成如图 6.37 所示,输入回路由直流电源 V_{BB}、交流信号源 u_i、电阻 R_B、晶体管 T 的 b—e 发射结、电阻 R_E、地构成,实现信号输入;输出回路由直流电源 V_{CC}、晶体管 T 的 c—e 两极、电阻 R_E、地构成,实现信号输出。

图 6.37 电路结构和元件参数上应该满足放大电路构成的三个原则,鉴于该电路形式工作时,对交流信号而言,集电极 c 相当于接地,成为交流信号输入回路、输出回路的公共端,因此,该电路称为共集电极放大电路,共集放大电路;同时也因从

图 6.37 基本共集放大电路形式

发射极输出信号,所以也称为射极输出器。

6.3.2 基本共集放大电路分析

基本共集放大电路作为基本放大电路的一种,其分析思路、分析方法、指标需求等方面都类似于基本共射极放大电路。

在基本共集放大电路分析中,同样使用直流通路用来计算放大电路的直流信号工作情况,对于晶体管三个电极的电流、电压直流工作参数情况,结合晶体管的输入特性曲线、输出特性曲线,同样采用一个静态工作点 $Q(I_B,I_C,U_{BE},U_{CE})$ 来描述;同样,使用交流通路用来计算放大电路的交流信号工作情况,同样关注放大电路性能工作指标:电压放大倍数、输入电阻、输出电阻等动态参数。

但基本共集放大电路中输入信号、输出信号同晶体管 T 的三个电极连接关系有别于基本共射放大电路,因此,在直流通路和交流通路电路构成形式、列出的电路方程、得到的电路性能指标等方面,都会同基本共射放大电路有所差异,需要注意其不同之处。

【例 6.6】 分析图 6.37 所示基本共集放大电路。

解:(1)静态分析。

①电路的直流通路如图 6.38 所示。

②电路方程(输入回路、输出回路)。

$$V_{BB} = I_{BQ}R_B + U_{BEQ} + I_{EQ}R_E$$

$$V_{CC} = U_{CEQ} + I_{EQ}R_E$$

③静态工作点 Q。

$$I_{BQ} = \frac{V_{BB} - U_{BEQ}}{R_B + (1+\beta)R_E}$$

$$I_{CQ} = \beta \times I_{BQ}$$

$$U_{CEQ} = V_{CC} - I_{EQ} \times R_E$$

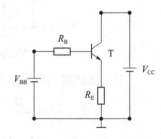

图 6.38 基本共集放大电路的
直流通路

（2）动态分析。

①电路的交流通路如图6.39所示。

②交流通路的交流等效电路如图6.40所示。

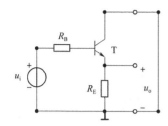

图6.39　基本共集放大电路的交流通路

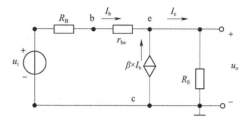

图6.40　基本共集放大电路的交流等效电路

③电压放大倍数 A_u。

由图6.40的交流等效电路可得：

$$A_u = \frac{U_o}{U_i} = \frac{I_e \times R_E}{I_b \times (R_B + r_{be}) + I_e \times R_E}$$

$$= \frac{I_b(1+\beta) \times R_E}{I_b \times (R_B + r_{be}) + I_b(1+\beta) \times R_E}$$

$$= \frac{(1+\beta) \times R_E}{R_B + r_{be} + (1+\beta) \times R_E}$$

若 $(1+\beta) \times R_E \gg R_B + r_{be}$，则 $A_u \approx 1$，即 $u_o \approx u_i$，则可知电路输出信号 $u_o <$ 电路输入信号 u_i，并且输入信号和输出信号相位相同，故共集电路也被称为射极跟随器。

④输入电阻 R_i。

由图6.40的交流等效电路可得：

$$R_i = \frac{U_i}{I_i} = \frac{I_b \times [R_B + r_{be} + (1+\beta)R_E]}{I_b} = R_B + r_{be} + (1+\beta)R_E$$

若电路带负载后，交流等效电路如图6.41所示。

则有，电路带负载后的输入电阻 R_i 为：

$$R_i = \frac{U_i}{I_i} = \frac{I_b \times [R_B + r_{be} + (1+\beta)(R_E//R_L)]}{I_b} = R_B + r_{be} + (1+\beta)(R_E//R_L)$$

由上述式子可知，共集放大电路输入电阻 R_i 值较大，同时输入电阻 R_i 与电路负载有关。

⑤输出电阻 R_o。

根据放大电路求输出电阻的方法，在图6.41所示交流等效电路中，令交流信号源 u_s 为零，保留内阻 R_s；在输出端断开负载 R_L（若有）；在输出端加外加一个交流信号源 U_o，产生一个交流电流信号 I_o，从而可得到一个求输出电阻的交流等效电路如图6.42所示。

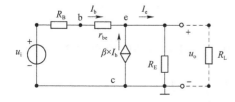

图6.41　基本共集放大电路的带负载交流等效电路

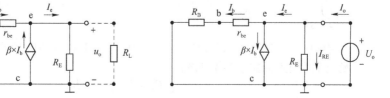

图6.42　基本共集放大电路的输出电阻分析

由图 6.42 可列式有:

$$R_o = \frac{U_o}{I_o}\bigg|_{\substack{R_L = \infty \\ u_S = 0}}$$

$$= \frac{U_o}{I_{Re} + I_e} = \frac{U_o}{I_{Re} + (1+\beta)I_b}$$

$$= \frac{U_o}{\dfrac{U_o}{R_E} + (1+\beta)\dfrac{U_o}{R_B + r_{be}}} = \frac{1}{\dfrac{1}{R_E} + (1+\beta)\dfrac{1}{R_B + r_{be}}}$$

$$= \frac{1}{\dfrac{1}{R_E} + \dfrac{1}{\dfrac{R_B + r_{be}}{1+\beta}}} = R_E // \frac{R_B + r_{be}}{1+\beta}$$

由上述式子可知,共集放大电路输出电阻 R_o 值较小,同时 R_o 与信号源内阻有关。

(3)电路特点。

根据上述基本共集放大电路的电路结构和计算的性能指标,可得到基本共集放大电路的一些特点是:输入电阻大,输出电阻小;只放大电流,不放大电压;在一定条件下有电压跟随作用。

6.3.3 阻容耦合共集放大电路分析

阻容耦合共集放大电路如图 6.43 所示,电路结构和元件参数上应该满足放大电路构成的三个原则,该电路的输入信号端有电容 C_1、输出信号端有电容 C_2,故输入信号、输出信号采用阻容耦合形式连接三极管的相应电极。

阻容耦合共集放大电路分析对交流信号而言,集电极是输入与输出回路的公共端,所以也是共集放大电路。因从发射极输出,所以也称射极输出器。

【例 6.7】 分析如图 6.43 所示阻容耦合共集电极放大电路。

解:(1)静态分析。

①电路的直流通路如图 6.44 所示。

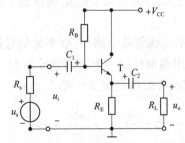

图 6.43 阻容耦合共集放大电路

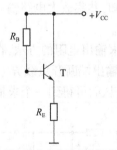

图 6.44 阻容耦合共集放大电路的直流通路

②电路方程(输入回路、输出回路)。

$$V_{CC} = I_{BQ}R_B + U_{BEQ} + I_{EQ}R_E$$

$$V_{CC} = U_{CEQ} + I_{EQ}R_E$$

③静态工作点 Q。

$$I_{BQ} = \frac{V_{CC} - U_{BEQ}}{R_B + (1 + \beta) R_E}$$

$$I_{CQ} = \beta \times I_{BQ}$$

$$U_{CEQ} = V_{CC} - I_{EQ} \times R_E$$

（2）动态分析。

①电路的交流通路如图 6.45 所示。

②交流通路的交流等效电路如图 6.46 所示。

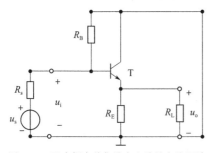

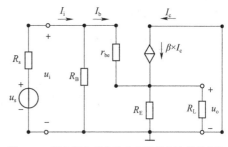

图 6.45　阻容耦合共集放大电路的交流通路　　图 6.46　阻容耦合共集放大电路的交流等效电路

③电压放大倍数。

由图 6.46 所示的交流等效电路可得：

$$A_u = \frac{U_o}{U_i} = \frac{I_E \times (R_E // R_L)}{I_b \times r_{be} + I_e \times (R_E // R_L)}$$

$$= \frac{I_b \times (1 + \beta) \times (R_E // R_L)}{I_b \times r_{be} + I_b \times (1 + \beta) \times (R_E // R_L)}$$

$$= \frac{(1 + \beta) \times (R_E // R_L)}{r_{be} + (1 + \beta) \times (R_E // R_L)}$$

若 $(1 + \beta) \times (R_E // R_L) \gg r_{be}$，则 $A_u \approx 1$，即 $u_o \approx u_i$，则可知电路输出信号 $u_o <$ 电路输入信号 u_i，并且输入信号和输出信号相位相同，故共集电路也被称为射极跟随器。

④输入电阻 R_i。

由图 6.46 所示的交流等效电路可得：

$$R_i = \frac{U_i}{I_i} = \frac{I_b \times [r_{be} + (1 + \beta) \times (R_E // R_L)]}{I_b + \dfrac{I_b \times [r_{be} + (1 + \beta) \times (R_E // R_L)]}{R_B}}$$

$$= \frac{R_B \times [r_{be} + (1 + \beta) \times (R_E // R_L)]}{R_B + r_{be} + (1 + \beta) \times (R_E // R_L)}$$

$$= R_B // [r_{be} + (1 + \beta) \times (R_E // R_L)]$$

由上述式子可知，共集放大电路输入电阻 R_i 值较大，同时输入电阻 R_i 与电路负载有关。

⑤输出电阻 R_o。

根据放大电路求输出电阻的方法，在图 6.46 所示交流等效电路中，令交流信号源 u_s 为零，保留内阻 R_s；在输出端断开负载 R_L（若有）；在输出端加外加一个交流信号源 u_o，产生一个交流电流信号 I_o，从而可得到一个求输出电阻的交流等效电路，如图 6.47 所示。

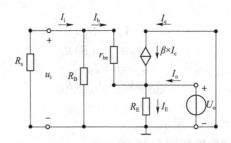

图 6.47　阻容耦合共集放大电路的输出电阻分析

由图 6.47 可列式有：

$$R_o = \frac{U_o}{I_o}\bigg|_{\substack{R_L = \infty \\ u_S = 0}}$$

$$= \frac{U_o}{I_{Re} - I_b - I_c} = \frac{U_o}{I_{RE} - (1+\beta)I_b} = \frac{U_o}{\dfrac{U_o}{R_E} - (1+\beta)\left(-\dfrac{U_o}{R_B /\!/ R_s + r_{be}}\right)}$$

$$= \frac{1}{\dfrac{1}{R_E} + (1+\beta)\dfrac{1}{R_B /\!/ R_s + r_{be}}} = \frac{1}{\dfrac{1}{R_E} + \dfrac{1}{\dfrac{R_B /\!/ R_s + r_{be}}{1+\beta}}}$$

$$= R_E /\!/ \frac{R_B /\!/ R_s + r_{be}}{1+\beta}$$

则由上述式子可知,共集放大电路输出电阻 R_o 值较小,同时 R_o 与信号源内阻有关。

(3)电路应用。

共集放大电路具有输入电阻高和输出电阻低的特点,因此,在电路中主要应用为:

①因输入电阻高,用于多级放大电路第一级,可提高输入电阻,减轻信号源负担;

②因输出电阻低,用于多级放大电路最后一级,可降低输出电阻,提高带负载能力;

③利用输入电阻大、输出电阻小、电压放大倍数接近 1 的特点,可把共集电极电路放在多级放大电路两级之间,起阻抗匹配作用,也称为缓冲级放大电路或中间隔离级放大电路。

6.4　基本共基放大电路

6.4.1　电路结构

基本共基放大电路构成如图 6.48 所示,输入回路由直流电源 V_{BB}、交流信号源 u_i、电阻 R_E、晶体管 T 的 b—e 发射结、地构成,实现信号输入;输出回路由直流电源 V_{CC}、晶体管 T 的 b—c 集电结、电阻 R_C、地构成,实现信号输出。

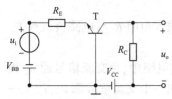

图 6.48　基本共基放大电路

图 6.44 所示电路结构和元件参数应该满足放大电路构成的三个原则,鉴于该电路形式工作时,对交流信号而言,基极 b 相当于接地,成为交流信号输入回路、输出回路的公共

端,因此,该电路称为共基极放大电路或共基放大电路。

6.4.2　基本共基放大电路分析

基本共基放大电路作为基本放大电路的一种,其分析思路、分析方法、指标需求等方面都类似于基本共射放大电路。

在基本共基放大电路分析中,同样使用直流通路来计算放大电路的直流信号工作情况,对于晶体管三个电极的电流、电压直流工作参数情况,结合晶体管的输入特性曲线、输出特性曲线,同样采用一个静态工作点 $Q(I_{BQ}、I_{CQ}、U_{BEQ}、U_{CEQ})$ 来描述;同样使用交流通路用来计算放大电路的交流信号工作情况,同样关注放大电路性能工作指标:电压放大倍数、输入电阻、输出电阻等动态参数。

但基本共基放大电路中输入信号、输出信号同晶体管 T 的三个电极连接关系有别于基本共射放大电路、基本共集放大电路,因此在直流通路和交流通路电路构成形式、列出的电路方程、得到的电路性能指标等方面,都会同基本共射放大电路、基本共集放大电路有所差异,需要注意其不同之处。

【例6.8】　分析图6.48所示基本共基放大电路。

解:(1)静态分析。

①电路的直流通路如图6.49所示。

②电路方程(输入回路、输出回路)。

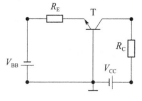

$$V_{BB} = I_{EQ}R_e + U_{BEQ}$$

$$V_{CC} = U_{CEQ} + I_{CQ}R_C - U_{BEQ} \approx U_{CEQ} + I_{EQ}R_C - U_{BEQ}$$

③静态工作点 Q。

图6.49　基本共基放大电路的
直流通路

$$I_{BQ} = \frac{V_{BB} - U_{BEQ}}{(1+\beta)R_e}$$

$$I_{CQ} = \beta \times I_{BQ}$$

$$U_{CEQ} = V_{CC} - I_{CQ} \times R_c + U_{BEQ} \approx V_{CC} - I_{EQ} \times R_c + U_{BEQ}$$

(2)动态分析。

①电路的交流通路如图6.50所示。

②交流通路的交流等效电路如图6.51所示。

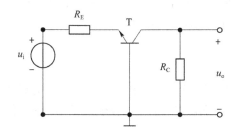

图6.50　基本共基放大电路的交流通路

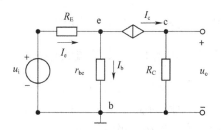

图6.51　基本共基放大电路的交流等效电路

③电压放大倍数。

由图6.51所示的交流等效电路可得:

$$A_u = \frac{U_o}{U_i} = \frac{I_e \times R_C}{I_b \times r_{be} + I_e \times R_E} = \frac{\beta \times I_b \times R_C}{I_b \times r_{be} + I_b \times (1+\beta) \times R_E}$$

$$= \frac{\beta \times R_C}{r_{be} + (1+\beta) \times R_E}$$

一般有 $\beta \times R_C > r_{be} + (1+\beta) \times R_E$，则 $A_u > 1$，即 $u_o > u_i$，则可知电路输出信号 $u_o >$ 电路输入信号 u_i，并且输入信号和输出信号相位相同，故共基电路具备电压放大能力。

④输入电阻 R_i。

由图 6.51 所示的交流等效电路可得：

$$R_i = \frac{U_i}{I_i} = \frac{I_e \times R_E + I_b \times r_{be}}{I_e} = \frac{I_b \times [(1+\beta)R_E + r_{be}]}{I_b \times (1+\beta)}$$

$$= R_E + \frac{r_{be}}{1+\beta}$$

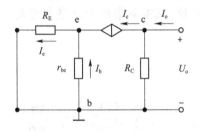

图 6.52　基本共基放大电路的
输出电阻分析

电路带负载后，输入电阻并无变化。

⑤输出电阻 R_o。

根据放大电路求输出电阻的方法，在图 6.51 所示交流等效电路中，令交流信号源 u_s 为零，保留内阻 R_s；在输出端断开负载 R_L（若有）；在输出端加外加一个交流信号源 U_o，产生一个交流电流信号 I_o，从而可得到一个求输出电阻的交流等效电路，如图 6.52 所示。

由图 6.52 可列式有：

$$R_o = \frac{U_o}{I_o}\Bigg|_{\substack{R_L = \infty \\ u_S = 0}}$$

$$= \frac{U_o}{I_{Rc} + I_c} = \frac{U_o}{I_{Rc} + \beta \times I_b} = \frac{U_o}{\dfrac{U_o}{R_C} + \beta \times 0}$$

$$= R_C$$

则由上述式子可知，共基放大电路输出电阻 R_o 值中等，同时 R_o 与信号源内阻无关。

（3）电路特点。

根据上述基本共基放大电路的电路结构和计算的性能指标，可得到基本共基放大电路的一些特点是：输入电阻小，输出电阻大；可放大电压，不放大电流。

6.4.3　阻容耦合共基放大电路分析

阻容耦合共基放大电路如图 6.53 所示，电路结构和元件参数应该满足放大电路构成的三个原则，该电路的输入信号端有电容 C_1、输出信号端有电容 C_2，故输入信号、输出信号采用阻容耦合形式连接三极管的相应电极。

【例 6.9】　分析图 6.53 所示阻容耦合共基放大电路。

解：（1）静态分析。

①电路的直流通路如图 6.54 所示。

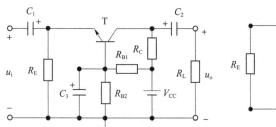

图 6.53　阻容耦合共基放大电路

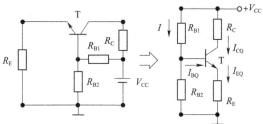

图 6.54　阻容耦合共基放大电路的直流通路

②电路方程(输入回路、输出回路)。

$$U_{BQ} \approx V_{CC} \times \frac{R_{B2}}{R_{B1} + R_{B2}}$$

$$U_{BQ} = U_{BEQ} + I_{EQ} \times R_{E}$$

$$V_{CC} = U_{CEQ} + I_{CQ}R_{C} + I_{EQ}R_{E} \approx U_{CEQ} + I_{EQ}(R_{C} + R_{E})$$

③静态工作点 Q。

$$I_{BQ} = \frac{V_{CC} \times \dfrac{R_{B2}}{R_{B1} + R_{B2}} - U_{BEQ}}{(1 + \beta) \times R_{E}}$$

$$I_{CQ} = \beta \times I_{BQ}$$

$$U_{CEQ} = V_{CC} - I_{CQ} \times R_{C} - I_{EQ} \times R_{E} \approx V_{CC} - I_{EQ} \times (R_{C} + R_{E})$$

(2)动态分析。

①电路的交流通路如图 6.55 所示。

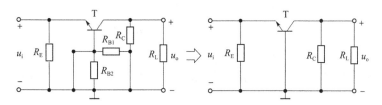

图 6.55　阻容耦合共基放大电路的交流通路

②交流通路的交流等效电路如图 6.56 所示。

③电压放大倍数。

由图 6.56 所示的交流等效电路可得:

$$A_{u} = \frac{U_{o}}{U_{i}} = \frac{-I_{c} \times (R_{C} /\!/ R_{L})}{-I_{b} \times r_{be}}$$

$$= \frac{-\beta \times I_{b} \times (R_{C} /\!/ R_{L})}{-I_{b} \times r_{be}}$$

$$= \frac{\beta \times (R_{C} /\!/ R_{L})}{r_{be}}$$

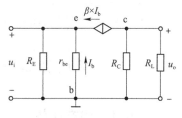

图 6.56　阻容耦合共基放大电路的
交流等效电路

参数上有 $\beta \times (R_{C} /\!/ R_{L}) > r_{be}$,则 $A_{u} > 1$,即 $u_{o} > u_{i}$,则可知电路输出信号 $u_{o} >$ 电路输入信

号 u_i，并且输入信号和输出信号相位相同，故共基电路具备电压放大能力。

④输入电阻 R_i。

由图 6.56 所示的交流等效电路可得：

$$R_i = \frac{U_i}{I_i} = \frac{-I_b \times r_{be}}{I_{RE} - I_b - I_c}$$

$$= \frac{-I_b \times r_{be}}{\dfrac{-I_b \times r_{be}}{R_E} - I_b \times (1+\beta)} = \frac{r_{be}}{\dfrac{r_{be}}{R_E} + (1+\beta)} = \frac{\dfrac{r_{be}}{1+\beta} \times R_E}{\dfrac{r_{be}}{1+\beta} + R_E}$$

$$= R_E // \frac{r_{be}}{1+\beta}$$

电路带负载后，输入电阻并无变化。

⑤输出电阻 R_o。

根据放大电路求输出电阻的方法，在图 6.56 所示交流等效电路中，令交流信号源 u_s 为零，保留内阻 R_S；在输出端断开负载 R_L（若有）；在输出端加外加一个交流信号源 U_o，产生一个交流电流信号 I_o，从而可得到一个求输出电阻的交流等效电路如图 6.57 所示。

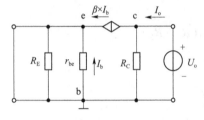
图 6.57　阻容耦合共基放大电路的输出电阻分析

由图 6.57 可列式有：

$$R_o = \frac{U_o}{I_o} \bigg|_{\substack{R_L = \infty \\ u_S = 0}}$$

$$= \frac{U_o}{I_{Rc} + I_c} = \frac{U_o}{I_{Rc} + \beta \times I_b} = \frac{U_o}{\dfrac{U_o}{R_C} + \beta \times 0}$$

$$= R_C$$

则由上述式子可知，共基放大电路输出电阻 R_o 值大，同时 R_o 与信号源内阻无关。

（3）电路特点。

①共基放大电路的电压放大倍数与共发射极放大电路相同，但输入信号 u_i 和输出信号 u_o 同相。

②共基放大电路没有电流放大能力。

③共基放大电路的输入电阻小，输出电阻大，在低频放大电路中很少应用。

6.5　三种组态放大电路的比较

6.5.1　组态比较

在共射、共集、共基三种不同类型的放大电路中，晶体管 T 都要求处于放大工作状态，但输入信号 u_i、输出信号 u_o 同晶体管 T 的基极、发射极、集电极的信号耦合或者连接关系不同,具体可见表6.1。

共射、共集、共基放大电路的组态比较 表6.1

组态	输入信号 u_i 的 + 端所接电极	输出信号 u_o 的 + 端所接电极	共用极
共发射极放大电路	基极 b	集电极 c	发射极 e
共集电极放大电路	基极 b	发射极 e	集电极 c
共基极放大电路	发射极 e	集电极 c	基极 b

6.5.2 性能指标比较

输入信号 u_i、输出信号 u_o 在共射、共集、共基三种不同类型的放大电路中,但同晶体管 T 的信号耦合或者连接关系不同,导致不同类型放大电路的放大性能指标不同,具体可见表6.2。

共射、共集、共基放大电路的性能指标比较 表6.2

组态	u_1、u_o 相位	电压放大	电流放大	输入电阻 R_i	输入电阻 R_o
共发射极放大电路	反相	有	有	中等	中等
共集电极放大电路	同相	无	有	大	小
共基极放大电路	同相	有	无	小	大

因此,在实践应用中,需要结合具体应用需求,选择性能指标符合需求的放大电路类型,并计算电路构成中需要的所有电路参数、采用合适的电路元件。

❓ 习题6

6-1 简述基本放大电路的构成原则。

6-2 常见基本放大电路的性能指标如何表示?

6-3 放大倍数在基本共射放大电路、基本共集放大电路、基本共基放大电路中有何区别?

6-4 放大电路的直流通路、交流通路的概念和构成方法是什么?

6-5 电路如题图 6.1 所示,分析该电路是否能够放大正弦交流信号? (电容可视为对交流信号短路)

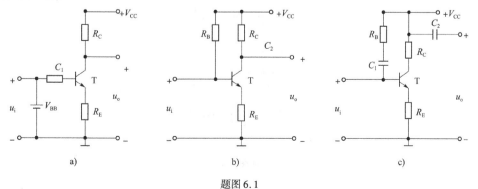

题图 6.1

6-6 直接耦合共射放大电路如题图6.2所示。求:(1)接入负载 R_L 的静态工作点 Q、电压放大倍数、输入电阻、输出电阻;(2)未接入负载 R_L 的静态工作点 Q、电压放大倍数、输入电阻、输出电阻;(3)比较负载有无对静态工作点 Q、电压放大倍数、输入电阻、输出电阻的不同影响。

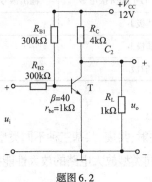

题图 6.2

6-7 阻容耦合共射放大电路如题图6.3所示。求:(1)接入负载 R_L 的静态工作点 Q、电压放大倍数、输入电阻、输出电阻;(2)未接入负载 R_L 的静态工作点 Q、电压放大倍数、输入电阻、输出电阻;(3)比较有无负载对静态工作点 Q、电压放大倍数、输入电阻、输出电阻的不同影响。

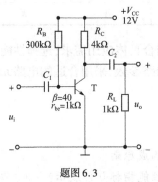

题图 6.3

6-8 阻容耦合共集电极放大电路如题图6.4所示。求:(1)接入负载 R_L 的静态工作点 Q、电压放大倍数、输入电阻、输出电阻;(2)未接入负载 R_L 的静态工作点 Q、电压放大倍数、输入电阻、输出电阻;(3)比较有无负载对静态工作点 Q、电压放大倍数、输入电阻、输出电阻的不同影响。

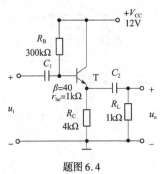

题图 6.4

CHAPTER 7

第7章

信号的数字化处理

7.1 数字化概念

7.1.1 信号的数字化

自然界中,像声音、温度、光等信息是以连续的时间、连续的值进行变化的,这种连续的时间、连续的值称作"模拟量"。模拟信号是指用连续变化的物理量(时间、幅度、频率、相位等)表示的信息。电压比较器电路可以将连续变化的输入电信号转换为只有两个值的输出电信号,表明电路具有将连续输入变换量转换为若干有限取值输出量的方法和能力,实现了由连续模拟量到离散数字量的转换。

数字化是将许多复杂多变的信息转变为可以度量的数字、数据,再以这些数字、数据建立起适当的数字化模型,转变为一系列二进制代码,引入电子电路,进行统一处理,这就是数字化的基本过程。

当今时代是信息化时代,而信息的数字化也越来越为研究人员所重视。数字信号是人为抽象出来的不连续信号,通常可以由模拟信号获得,也有诸如月份、年龄等信息常是以离散的时刻、离散的值进行变化的"数字量"。数字信号是指用离散变化的物理量(时间、幅度、频率、相位等)表示的信息。

模拟数据是连续的,数字信号是离散的,如模拟信号幅值在数值 1 和 2 之间存在无限个数(如,1.1,1.25,1.33,…,2),但在数字信号幅值中就只有两个数 1 和 2 是离散的,1 和 2 之间的数全部忽略。数字信号幅值取值是不连续的、取值的个数是有限的。

模拟信号的数字化就是将模拟信号转换成可以用有限个数值来表示的离散序列。20世纪 40 年代,香农证明了采样定理,即在一定条件下,用离散的序列可以完全代表一个连续函数。

模拟信号的数字化过程主要包括三个步骤:抽样、量化和编码,如图 7.1 所示。

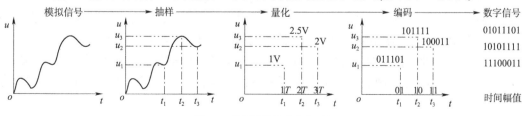

图 7.1　模拟信号的数字化过程

抽样是指用每隔一定时间的信号样值序列来代替原来在时间上连续的信号,也就是在时间上将模拟信号离散化。

量化是用有限个幅度值近似原来连续变化的幅度值,把模拟信号的连续幅度变为有限数量的有一定间隔的离散值。

编码则是按照一定的规律,把量化后的值用二进制数字表示,然后转换成二进制或多进制的数字信号流。

数字信号与模拟信号相比,对于有杂波和易产生失真的外部环境和电路条件来说,具有较好的稳定性。数字信号处理电路一般使用集成电路(IC)和大规模集成电路(ISI),电路工作稳定;同时,电子设备系统也易于处理数字信号。但严格地说,从数字信号恢复到模拟信号,将其与原来的模拟信号相比,不可避免地会受到损伤。

7.1.2 电路的数字化

数字电路是用于处理离散化信息数字信号的电路,数字信号表现数值的方法之一是二进制。二进制是以"0"和"1"表现数值的形式,个位数都是 2 的阶乘。最初在数字信号中使用二进制的原因是,电路的"开"和"关"可以很方便地用"1"和"0"来表示,"开关"只有两个状态,一个开状态、一个关状态;数字电路中的二进制,也只有两个状态,一个是1(2.5V)、另一个是0(0V),故数字电路也被称为开关电路。目前,开("1")和关("0")在实际的数字信号处理电路中分别用"H"和"L"表现高电压状态和低电压状态。

数字电路处理离散信息数字信号时,电路中要有能表示1、0的稳定的高低电平(电压)。在电阻电路中,电压和电流之间是线性关系,电流一旦有变化,电压随即会跟着变化,难于获得稳定的电压,因此,很难使用电阻电路实现数字电路。

早期一般通过电子管来设计开关电路,但是由于电子管的体积太过巨大,被后来的半导体二极管、晶体管等替代。二极管当正向电压达到 0.7V 后,不管电流如何增加,二极管两端的正向电压将会稳定地维持在 0.7V 左右;二极管两端加反向电压时,二极管截止不导通,二极管能够提供稳定地高、低电平用于表示二进制的 0、1;晶体管饱和时,c-e 极间就是 $0 \sim 0.3V$ 之间低电平,晶体管截止时,c-e 极间就是 $2.5 \sim 5V$ 之间高电平,晶体管能够提供稳定的高、低电平用于表示二进制的 0、1。

数字电路的核心环节以集成芯片形式存在,二极管、晶体管等内部电压或电流是连续变化,但外部输出能够提供稳定的高、低电平,宏观上具备 0、1 开关特性,因而数字电路可以处理不同 0、1 数字信号对应关系。

数字电路的输入量、输出量都是有限取值、有限种类型,电路输入量-输出量对应运算关系也为有限类运算取值关系,故往往不再强调其输入-输出的大小运算值关系,而是更为关注哪种输入取值类型得到哪种输出取值类型的因果关系,也可更为简洁地表述为"因为哪种输入取值类型"得到"哪种输出取值类型结果"的"因为-所以"因果逻辑形式,符合逻辑名词"因果"概念。因此,有限类型不同 0、1 数字信号对应关系常被称作为因果关系、逻辑关系,若将关系用运算来描述,则表明数字电路可进行因果运算、逻辑运算,故数字电路也被称为逻辑运算电路。

数字电路主要研究对象是电路的输出与输入之间的逻辑关系,因而在数字电路中不能采用模拟电路的分析方法,分析工具主要采用逻辑代数,用功能表、真值表、逻辑表达式、波形图等来表达数字电路的主要功能。

随着电子技术不断发展,为了分析、仿真与设计数字电路或数字系统,还可以采用硬件描述语言,使用如 VHDL、Verilog 语言等软件,借助计算机来分析、仿真与设计数字系统。

数字电路或数字系统用数字信号完成对数字量进行算术运算和逻辑运算,具有逻辑运算和逻辑处理功能。逻辑门是数字逻辑电路的基本单元,有逻辑与(AND)门电路、逻辑或(OR)门电路、逻辑非(NOT)门电路三种基本逻辑门电路,其不同组合可以实现其他多种多样逻辑功能。

7.2 电路的逻辑描述符号

数字电路利用数字电子技术解决现实世界中的逻辑问题,逻辑就是事情的因果规律或事物完成的序列,采用数码方式描述因果规律(构建数字电路解决逻辑问题),如图 7.2 所示。

逻辑代数的基础是由英国数学家乔治·布尔(George Boole)奠定的,因此又称为布尔代数。布尔代数的二值性质应用于两态元件组成的数字电路(开关电路)尤为适合。自从布尔代数用于数字电路之后,其又被称为开关代数,故逻辑代数、布

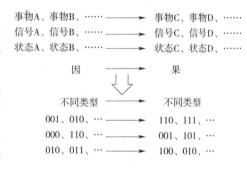

图 7.2　因果逻辑的数码描述形式

尔代数、开关代数都是指同一概念。目前,逻辑代数已成为研究数字系统逻辑设计的基础理论,无论何种形式的数字系统,都是由一些基本的逻辑电路所组成。为了解决数字系统分析与设计中的各种具体问题,必须掌握逻辑代数这一重要数学工具。

7.2.1　逻辑数据

在逻辑代数中使用逻辑数据来表示信号的不同类型、不同状态、不同取值等,不表示数值大小。根据在逻辑处理中逻辑数据的取值是否可以变化,其分别为常量和变量两种类型。

若逻辑数据的取值在逻辑处理过程中保持恒定不变换,这种逻辑数据为逻辑常量,简称常量。逻辑常量数据在逻辑代数中只有 0、1 两种数据类型。0、1 两种逻辑常量数据都不表示数值大小,只代表 0、1 是两种截然不同或者可以区分的两种类型、两种状态、两种取值等,并且在逻辑处理过程中是恒定的、不能变换的。

若逻辑数据的取值在逻辑处理过程中可以变换,这种逻辑数据为逻辑变量,简称变量。逻辑变量数据在逻辑代数中一般采用大写英文字符 A、B、C、D 等符号来表示。逻辑变量数据的取值可以变化,但变化范围只有 0、1 两种取值。同样,逻辑变量 A、B、C、D 等取值为 0 或者 1 时,也不表示具体的数值大小,只代表当前的逻辑变量 A、B、C、D 等处于特定 0 或者 1 的两种截然不同情形或者可以区分的两种类型、两种状态、两种取值等之一。同逻辑常量不同的是,逻辑变量 A、B、C、D 等逻辑处理过程中是可以从 0 变化为 1,或者从 1 变化为 0。但类似逻辑常量,逻辑变量的取值 0、1 也不表示数的大小,而是代表两种不同的逻辑状态变化。

在数字信号处理的过程,根据平时常用的一些表示关系,形成了正逻辑、负逻辑两种常用的表示关系,一般默认为正逻辑系统。在正逻辑系统中,逻辑数据"1"一般表示条件具备、开关接通、高电平等;逻辑数据"0"一般表示条件不具备、开关断开、低电平等。

7.2.2 数据操作

逻辑代数中,对逻辑数据的因→果逻辑操作一般称为逻辑运算,常用逻辑操作符号来表示或用逻辑关系来代替,也被称为逻辑运算符号,其代表了在逻辑代数中,被定义允许的逻辑操作处理逻辑数据 0、1、A、B、C、D 等特定因→果逻辑行为。

7.2.2.1 基本逻辑关系

根据对逻辑代数中的因→果逻辑操作中,从因到果的细微差异区分逻辑操作需要,基本逻辑关系定义了三种:"与"逻辑、"或"逻辑、"非"逻辑,用以分别描述从因到果的逻辑关系三种基本的不同因→果逻辑关系。

(1)"与"逻辑。

"与"逻辑定义为:在因→果逻辑操作关系中,需要构成因的所有条件都具备,代表果的结果才会发生的特定因→果逻辑行为,其表达式为:

$$Y = A \cdot B \cdot C \cdots \tag{7.1}$$

比如在常见串联电路中,开关 A、开关 B 同灯 Y 之间就构成了一个因→果逻辑关系,在因(开关 A、开关 B)→果(灯 Y)逻辑关系中,需要开关 A、开关 B 全部接通闭合,灯 Y 才会点亮,如图 7.3 所示。

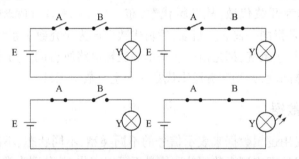

图 7.3　串联电路的因果逻辑关系

如果考虑采用逻辑代数来描述上述电路所形成电路元件、电路信号之间的关系,则需采用逻辑代数的一些概念,将上述电路转换为逻辑代数可以描述的形式,转换步骤如下。

①逻辑数据:图 7.3 中,开关 A、开关 B 只有接通闭合、开启断开两种工作状态,开关 A、开关 B 不是处于接通闭合工作状态就是开启断开工作状态;灯 Y 只有亮、灭两种工作状态,灯 Y 不是处于亮工作状态就是灭工作状态,符合逻辑数据中逻辑变量的特性,则可将开关 A、开关 B、灯 Y 分别表示为逻辑变量数据 A、逻辑变量数据 B、逻辑变量数据 Y。

②因(开关 A、开关 B)→果(灯 Y)逻辑关系:图 7.3 中,开关 A、开关 B、灯 Y 电路元件构成了一个串联电路,开关 A、开关 B 的工作情况对灯 Y 的工作情况形成了电路工作的因果规律。

为描述这种因(开关 A、开关 B)→果(灯 Y)逻辑关系,将开关接通记作 1,断开记作 0;灯亮记作 1,灯灭记作 0,可以写出描述该电路所表述的因(开关 A、开关 B)→果(灯 Y)逻辑关系见表 7.1。

串联电路的逻辑关系表　　　　　　　　　　　　　表7.1a)

开关 A	开关 B	灯 Y	开关 A	开关 B	灯 Y
断开	断开	灭	闭合	断开	灭
断开	闭合	灭	闭合	闭合	亮

串联电路的逻辑关系表　　　　　　　　　　　　　表7.1b)

A	B	Y	A	B	Y
0	0	0	1	0	0
0	1	0	1	1	1

从表7.1可知,只有开关 A、开关 B 取值都为1,或者都闭合,或者都成立时,灯 Y 取值才为1,或者点亮,或者成立。

对于类似因(开关 A、开关 B)→果(灯 Y)逻辑操作关系中,需要构成因的所有条件都具备,代表果的结果才会发生的逻辑关系,类似用表达式可表示为:

$$Y = A \cdot B$$

该表达式中,"="符号表示一种因(开关 A、开关 B)→果(灯 Y)逻辑操作关系,"="符号左侧为果逻辑数据,"="符号右侧为因逻辑数据,"·"符号就表示了因(开关 A、开关 B)要成立,果(灯 Y)才成立的一种特定因→果逻辑操作关系。

实现与逻辑的电路称为与门,与门逻辑符号如图7.4所示。

(2)"或"逻辑。

"或"逻辑定义为:在因→果逻辑操作关系中,只需要构成因的条件之一具备,代表果的结果就会发生的特定因→果逻辑行为,其表达式为:

图7.4　与门逻辑
符号

$$Y = A + B + C + \cdots \tag{7.2}$$

比如在常见并联电路中,开关 A、开关 B 同灯 Y 之间就构成了一个因→果逻辑关系,在这种因(开关 A、开关 B)→果(灯 Y)逻辑关系中,开关 A、开关 B 只要有一个及以上接通闭合,灯 Y 才会点亮,如图7.5所示。

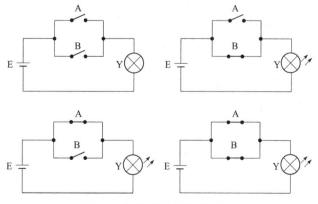

图7.5　并联电路的因果逻辑关系

因(开关 A、开关 B)→果(灯 Y)逻辑关系:图 7.5 中,开关 A、开关 B、灯 Y 电路元件构成了一个并联电路,开关 A、开关 B 的工作情况对灯 Y 的工作情况形成了电路工作的因果规律。

为描述这种因(开关 A、开关 B)→果(灯 Y)逻辑关系,将开关接通记作 1,断开记作 0;灯亮记作 1,灯灭记作 0,可以写出描述该电路所表述的因(开关 A、开关 B)→果(灯 Y)逻辑关系见表 7.2。

并联电路的逻辑关系表 表7.2a)

开关 A	开关 B	灯 Y	开关 A	开关 B	灯 Y
断开	断开	灭	闭合	断开	亮
断开	闭合	亮	闭合	闭合	亮

并联电路的逻辑关系表 表7.2b)

A	B	Y	A	B	Y
0	0	0	1	0	1
0	1	1	1	1	1

从表 7.2 可知,开关 A 取值为 1,或者开关 B 取值为 1,或者开关 A、开关 B 取值都为 1 时,灯 Y 取值才为 1,或者点亮,或者成立。

对于类似因(开关 A、开关 B)→果(灯 Y)逻辑操作关系中,只需要构成因的条件之一具备(需要因中的构成条件之一具备),代表果的结果就会发生的逻辑关系,类似用表达式可表示为:

$$Y = A + B$$

该表达式中,"="符号表示一种因(开关 A、开关 B)→果(灯 Y)逻辑操作关系,"="符号左侧为果逻辑数据,"="符号右侧为因逻辑数据,"+"符号就表示了因(开关 A、开关 B)之一要成立,果(灯 Y)就成立的一种特定因→果逻辑操作关系。

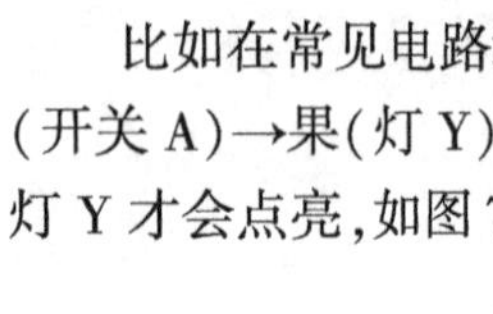

实现或逻辑的电路称为或门,在电路中或门逻辑符号如图 7.6 所示。

(3)"非"逻辑。

"非"逻辑定义为:在因→果逻辑操作关系中,当构成因的条件不具备,代表果的结果才会发生的特定因→果逻辑行为,其表达式为:

$$Y = \bar{A} \quad \text{或者} \quad Y = A' \tag{7.3}$$

图 7.6 或门逻辑符号

比如在常见电路结果中,开关 A 同灯 Y 之间就构成了一个因→果逻辑关系,在这种因(开关 A)→果(灯 Y)逻辑关系中,开关 A 接通闭合时,灯 Y 短路熄灭,开关 A 开启断开时,灯 Y 才会点亮,如图 7.7 所示。

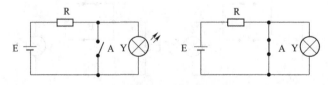

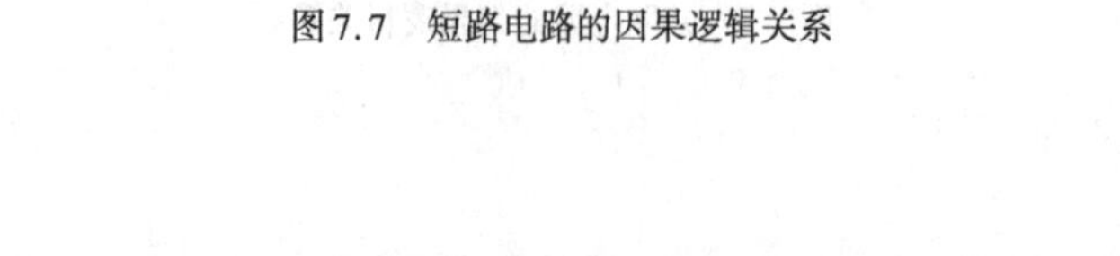

图 7.7 短路电路的因果逻辑关系

因(开关 A)→果(灯 Y)逻辑关系:图7.7 中,电阻 R、开关 A、灯 Y 电路元件构成了一个电路,开关 A 的工作情况对灯 Y 的工作情况形成了电路工作的因果规律。

为描述这种因(开关 A)→果(灯 Y)逻辑关系,将开关接通记作1,断开记作0;灯亮记作1,灯灭记作0,可以写出描述该电路所表述的因(开关 A)→果(灯 Y)逻辑关系见表7.3。

短路电路的逻辑关系表　　　　　　　　　　表7.3a)

开关 A	灯 Y	开关 A	灯 Y
断开	亮	闭合	灭

短路电路的逻辑关系表　　　　　　　　　　表7.3b)

A	Y	A	Y
0	1	1	0

对于类似因(开关 A)→果(灯 Y)逻辑操作关系中,当构成因的条件具备,代表果的结果不会发生;而构成因的条件不具备(当因中的构成条件具备),代表果的结果会发生,类似用表达式可表示为:

$$Y = \overline{A} \quad 或者 \quad Y = A'$$

该表达式中," = "符号表示一种因(开关 A)→果(灯 Y)逻辑操作关系," = "符号左侧为果逻辑数据," = "符号右侧为因逻辑数据,"⁻"或者"'"符号就表示了因(开关 A)不成立,果(灯 Y)就成立的一种特定因→果逻辑操作关系,非逻辑实现了一种逻辑的否定。

实现非逻辑的电路称为非门,在电路中非门逻辑符号如图7.8所示。

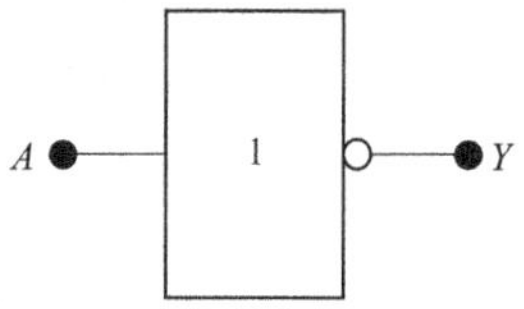

当然,与普通代数一样,上述基本因果逻辑关系也可以组合,来组成更为复杂的逻辑代数式子。

图 7.8　非门逻辑符号

7.2.2.2　几种常用的复合逻辑关系逻辑

(1)与非运算。

与非逻辑运算操作表示在因→果逻辑操作关系中,当所有构成因的条件(如逻辑变量 A、B)与运算结果具备时,代表果(逻辑变量 Y)的结果才不会发生的特定因→果逻辑行为,可用逻辑表达式表示为:

$$Y = \overline{A \cdot B} \tag{7.4}$$

可以写出描述该表达式所表述的因(逻辑变量 A、B)→果(逻辑变量 Y)逻辑关系见表7.4。

与非逻辑关系　　　　　　　　　　表7.4

A	B	Y	A	B	Y
0	0	1	1	0	1
0	1	1	1	1	0

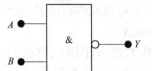

图 7.9　与非逻辑符号

实现与非逻辑的电路称为与非门,在电路中与非门逻辑符号如图 7.9 所示。

(2)或非运算。

或非逻辑运算操作表示在因→果逻辑操作关系中,当所有构成因的条件(如逻辑变量 A、B)或运算结果不具备时,代表果(逻辑变量 Y)的结果才会发生的特定因→果逻辑行为,可用逻辑表达式表示为:

$$Y = \overline{A + B} \qquad (7.5)$$

可以写出描述该表达式所表述的因(逻辑变量 A、B)→果(逻辑变量 Y)逻辑关系见表 7.5。

或非逻辑关系表　　　　　　　　　　　　　　　　　　　　表 7.5

A	B	Y	A	B	Y
0	0	1	1	0	0
0	1	0	1	1	0

实现或非逻辑的电路称为或非门,在电路中或非门的逻辑符号如图 7.10 所示。

(3)异或运算。

异或逻辑运算操作表示在因→果逻辑操作关系中,当所有构成因的条件(如逻辑变量 A、B)状态不相同时,代表果(逻辑变量 Y)的结果才会发生的特定因→果逻辑行为,可用逻辑表达式表示为:

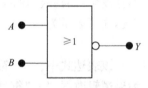

图 7.10　或非逻辑符号

$$Y = A \oplus B \qquad (7.6)$$
$$= \overline{A} \cdot B + A \cdot \overline{B}$$

可以写出描述该表达式所表述的因(逻辑变量 A、B)→果(逻辑变量 Y)逻辑关系见表 7.6。

异或逻辑关系表　　　　　　　　　　　　　　　　　　　　表 7.6

A	B	Y	A	B	Y
0	0	0	1	0	1
0	1	1	1	1	0

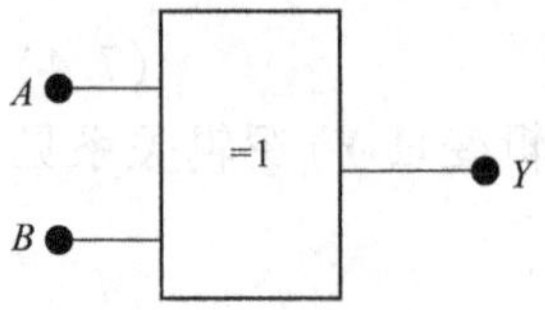

图 7.11　异或逻辑符号

实现异或逻辑的电路称为异或门,在电路中异或门的逻辑符号如图 7.11 所示。

(4)同或运算。

同或逻辑运算操作表示在因→果逻辑操作关系中,当所有构成因的条件(如逻辑变量 A、B)状态相同时,代表果(逻辑变量 Y)的结果才会发生的特定因→果逻辑行为,可用逻辑表达式表示为:

$$Y = A \odot B = \overline{A} \cdot \overline{B} + A \cdot B \qquad (7.7)$$

可以写出描述该表达式所表述的因(逻辑变量 A、B)→果(逻辑变量 Y)逻辑关系见表 7.7。

			同或逻辑关系表		表7.7
A	B	Y	A	B	Y
0	0	1	1	0	0
0	1	0	1	1	1

实现同或逻辑的电路称为同或门,在电路中同或门的逻辑符号如图7.12所示。

(5)与或非运算。

与或非逻辑运算操作表示在因→果逻辑操作关系中,当构成因的条件(如逻辑变量A、B、C、D)A"与"B、C"与"D结果都不具备时,代表果(逻辑变量Y)的结果才会发生的特定因→果逻辑行为,可用逻辑表达式表示为:

$$Y = \overline{A \cdot B + C \cdot D} \tag{7.8}$$

实现与或非逻辑的电路称为与或非门,在电路中与或非门的逻辑符号如图7.13所示。

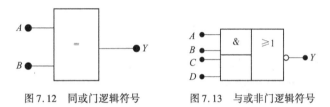

图7.12　同或门逻辑符号　　　　图7.13　与或非门逻辑符号

7.2.3　运算数据规则

结合逻辑数据、逻辑运算符号,在逻辑代数中可以进行的常见逻辑操作可以归纳为:常量间的与、或、非运算操作,常量与变量的与、或、非运算操作,变量间的与、或、非运算操作。

7.2.3.1　常量基本运算

(1)常量与运算。

$$0 \cdot 0 = 0 \quad 0 \cdot 1 = 0 \quad 1 \cdot 0 = 0 \quad 1 \cdot 1 = 1$$

(2)常量或运算。

$$0 + 0 = 0 \quad 0 + 1 = 1 \quad 1 + 0 = 1 \quad 1 \cdot 1 = 1$$

(3)常量非运算。

$$\overline{0} = 1 \quad \overline{1} = 0$$

7.2.3.2　常量与变量基本运算

0-1律。

$$\begin{cases} A + 0 = A \\ A + 1 = 1 \end{cases} \quad \begin{cases} A \cdot 0 = 0 \\ A \cdot 1 = A \end{cases} \tag{7.9}$$

7.2.3.3　变量基本运算

(1)变量同自身、变量同自身非。

①互补律。

$$A + \overline{A} = 1 \quad A \cdot \overline{A} = 0 \tag{7.10}$$

②等幂律。

$$A + A = A \quad A \cdot A = A \tag{7.11}$$

③双重否定律(还原律)。

$$\overline{\overline{A}} = A \tag{7.12}$$

(2)变量之间。

①交换律。

$$\begin{cases} A \cdot B = B \cdot A \\ A + B = B + A \end{cases} \tag{7.13}$$

②结合律。

$$\begin{cases} A \cdot (B \cdot C) = (A \cdot B) \cdot C \\ A + (B + C) = (A + B) + C \end{cases} \tag{7.14}$$

③分配率。

$$\begin{cases} A \cdot (B + C) = A \cdot B + A \cdot C \\ A + B \cdot C = (A + B) \cdot (A + C) \end{cases} \tag{7.15}$$

④反演律(摩根定律)。

$$\begin{cases} \overline{A \cdot B} = \overline{A} + \overline{B} \\ \overline{A + B} = \overline{A} \cdot \overline{B} \end{cases} \tag{7.16}$$

要证明上述基本公式的正确性,可以将变量 A、B、C 的 0、1 取值带入验证。

如,交换律 $A \cdot B = B \cdot A$,见表7.8。

交换律逻辑取值表　　　　　　　　　　　　　　　　表7.8

A	B	$A \cdot B$	$B \cdot A$
0	0	0	0
0	1	0	0
1	0	0	0
1	1	1	1

逻辑表达式左右两边表达式的真值都相等,故逻辑表达式成立。

7.2.3.4　常用公式

(1)还原律。

$$\begin{cases} A \cdot B + A \cdot \overline{B} = A \\ (A + B) \cdot (A + \overline{B}) = A \end{cases} \tag{7.17}$$

(2)吸收律。

$$\begin{cases} A + A \cdot B = A \\ A \cdot (A + B) = A \end{cases} \qquad \begin{cases} A \cdot (\overline{A} + B) = A \cdot B \\ A + \overline{A} \cdot B = A + B \end{cases} \tag{7.18}$$

(3)冗余律。

$$AB + \overline{A}C + BC = AB + \overline{A}C \tag{7.19}$$

要证明上述常用公式的正确性,可以将变量 A、B、C 的 0、1 取值带入验证,也可以使用前述的基本公式来证明。

7.2.3.5　公式证明

【例7.1】　证明反演律(摩根定律)。

$$\overline{A \cdot B} = \overline{A} + \overline{B}$$

证明:利用真值表见表7.9。

反演律逻辑取值表　　　　　　　　　　　　　　表7.9

A	B	$\overline{A \cdot B}$	$\overline{A} + \overline{B}$
0	0	1	1
0	1	1	1
1	0	1	1
1	1	0	0

逻辑表达式左右两边表达式的真值都相等,故逻辑表达式成立。

【例7.2】　证明分配律。

$$A + B \cdot C = (A + B) \cdot (A + C)$$

证明:利用基本公式等推导如下:

$$(A + B) \cdot (A + C) \xrightarrow{\text{分配律} A(B+C) = AB+AC} = A \cdot A + A \cdot B + A \cdot C + B \cdot C$$

$$\xrightarrow{\text{等幂律} AA = A} = A + A \cdot B + A \cdot C + B \cdot C$$

$$\xrightarrow{\text{分配律} A(B+C) = AB+AC} = A(1 + B + C) + B \cdot C$$

$$\xrightarrow{0-1\text{律} A+1=1} = A \cdot 1 + B \cdot C$$

$$\xrightarrow{0-1\text{律} A \cdot 1 = A} = A + B \cdot C$$

【例7.3】　证明吸收律。

$$A + \overline{A} \cdot B = A + B$$

证明:利用基本公式等推导如下:

$$A + \overline{A} \cdot B \xrightarrow{\text{分配律} A+BC = (A+B)(A+C)} = (A + \overline{A})(A + B)$$

$$\xrightarrow{\text{互补律} A + \overline{A} = 1} = 1 \cdot (A + B)$$

$$\xrightarrow{\text{交换律} AB = BA} = (A + B) \cdot 1$$

$$\xrightarrow{0-1\text{律} A \cdot 1 = A} = A + B$$

【例7.4】　证明冗余律。

$$A \cdot B + \overline{A} \cdot C + B \cdot C = A \cdot B + \overline{A} \cdot C$$

证明:利用基本公式等推导如下:

$$A \cdot B + \overline{A} \cdot C + B \cdot C \xrightarrow{0-1\text{律} A \cdot 1 = A} = A \cdot B + \overline{A} \cdot C + B \cdot C \cdot 1$$

$$\xrightarrow{\text{互补律} A + \overline{A} = 1} = A \cdot B + \overline{A} \cdot C + B \cdot C \cdot (A + \overline{A})$$

$$\xrightarrow{\text{交换律} AB = BA} = A \cdot B + \overline{A} \cdot C + (A + \overline{A})B \cdot C$$

$$\xrightarrow{\text{分配律} A(B+C) = AB+AC} = A \cdot B + \overline{A} \cdot C + A \cdot B \cdot C + \overline{A} \cdot B \cdot C$$

$$\xrightarrow{\text{分配律} A(B+C) = AB+AC} = A \cdot B(1 + C) + \overline{A} \cdot C(1 + B)$$

$$\xrightarrow{0-1\text{律} A+1=1} = A \cdot B \cdot 1 + \overline{A} \cdot C \cdot 1$$

$$\xrightarrow{\;0-1\text{律}A\cdot1\;} = A\cdot B + \bar{A}\cdot C$$

7.2.4 逻辑代数基本定理

前述公式主要描述了一个、两个、三个逻辑数据参与逻辑运算的逻辑操作方式及形成的逻辑关系。但在逻辑代数中，逻辑操作处理的逻辑数据可能较多，需要将前述较少量的逻辑数据处理和逻辑关系形式进行多数据量、新逻辑关系的推广。

利用逻辑代数的一些基本定理可实现基本公式、常用公式的多数据量、新逻辑关系推广，如代入定理可实现多逻辑数据量操作推广、反演定理可实现逻辑非的新逻辑关系推广、对偶定理可实现对偶逻辑的新逻辑关系推广。

7.2.4.1 代入定理

定义：在任何一个包含变量 A 的逻辑等式中，若以另外一个逻辑式代入逻辑等式中所有 A 的位置，则等式仍然成立。

如：

$$\overline{A\cdot B} = \bar{A}+\bar{B} \xrightarrow{\text{代入}} \overline{A\cdot B\cdot C\cdot D} = \bar{A}+\overline{B\cdot C\cdot D}$$

$$\overline{A\cdot B\cdot C\cdot D} = \bar{A}+\overline{B\cdot C\cdot D} \xrightarrow{\text{代入}} \bar{A}+\overline{B\cdot C\cdot D} = \bar{A}+\bar{B}+\overline{C\cdot D}$$

$$\overline{A+B\cdot C\cdot D} = \bar{A}+\bar{B}+\overline{C\cdot D} \xrightarrow{\text{代入}} \overline{A\cdot B\cdot C\cdot D} = \bar{A}+\bar{B}+\bar{C}+\bar{D}$$

由此，反演律能推广到 n 个变量：

$$\overline{A_1\cdot A_2\cdots\cdots A_n} = \bar{A}_1+\bar{A}_2+\cdots+\bar{A}_n$$

$$\overline{A_1+A_2+\cdots+A_n} = \bar{A}_1\cdot\bar{A}_2\cdots\cdots\bar{A}_n$$

7.2.4.2 反演定理

定义：对于任意一个逻辑式 Y，若将其中的"·"换成"+"、"+"换成"·"，原变量换成反变量，反变量换成原变量，"1"换成"0"、"0"换成"1"，则得到的结果就是 $\bar{Y}$。

如：

$$Y = A(B+C)+CD \xLeftrightarrow{\text{反演}} \bar{Y} = (\bar{A}+\bar{B}\cdot\bar{C})(\bar{C}+\bar{D})$$

在使用反演定理时，为保持原逻辑式的先"与"后"或"运算次序，必要时适当地加入括号，同时，不属于单个变量上的非号要保留。

如：

$$Y = A\cdot\bar{B}+\overline{(A+C)B}+\bar{A}\cdot\bar{B}\cdot\bar{C} \xLeftrightarrow{\text{反演}} \bar{Y} = (\bar{A}+B)\cdot\overline{\bar{A}\cdot\bar{C}}+\bar{B}\cdot(A+B+C)$$

7.2.4.3 对偶定理

定义：对于任意一个逻辑式 Y，若将其中的"·"换成"+"、"+"换成"·"、"1"换成"0"、"0"换成"1"，而其变量保持不变，则得到的结果就是 Y 的对偶式 Y^D。

如：

$$A(B+C) = AB+AC \xLeftrightarrow{\text{对偶}} A+BC = (A+B)(A+C)$$

注意：

(1)求对偶式时运算顺序不变，且只变换运算符和常量，其变量是不变的。

（2）函数式中有"⊕"和"⊙"运算符，求反函数及对偶函数时，要将运算符"⊕"换成"⊙"，而"⊙"换成"⊕"。

如：

$$\overline{AB + \bar{A} \cdot C + 1 \cdot B} \stackrel{\text{对偶}}{\Longleftrightarrow} \overline{(A + B)(\bar{A} + C) \cdot (0 + B)}$$

对偶定律非常适用于推广一个新的对偶逻辑等式，在逻辑代数中，逻辑公式常成对出现，互为对偶式。但由于电路中并无对偶运算逻辑门，无法在电路中实现对偶等式，对偶定律更多用于逻辑代数理论推导。

7.3 电路的逻辑描述形式——逻辑函数

7.3.1 表达形式

7.3.1.1 逻辑函数

（1）逻辑表达式：逻辑表达式是由逻辑变量和"与、或、非"三种运算符连接起来所构成的符号式子。在逻辑表达式中，等式右边的字母 A、B、C、D 等称为输入逻辑变量，等式左边的字母 Y 称为输出逻辑变量，字母上面没有非运算符的称为原变量，有非运算符的称为反变量。

（2）逻辑函数：如果对应于输入逻辑变量 A、B、C、$\cdots$ 的每一组确定值，输出逻辑变量 Y 有唯一确定的值，则称 Y 是 A、B、C、$\cdots$ 的逻辑函数，记为：

$$Y = f(A, B, C, \cdots) \tag{7.20}$$

逻辑代数同普通代数差异在于：不管是逻辑变量还是逻辑函数，其取值都只能是 0 或 1，并且，0 和 1 只表示两种不同的状态，没有数量的含义。

7.3.1.2 逻辑函数的表示方法

逻辑函数的表示方法有逻辑电路图、逻辑代数式、真值表、卡诺图、波形图等多种形式。下面以举重比赛裁决为例，说明如何将举重比赛裁决问题转化为因→果逻辑问题，并用逻辑函数的不同形式来表示。

举重是一种常见体育运动，当一名运动员举杠铃时，每名裁判会对运动员举重情况进行个人裁决（成功或者失败），再根据全部裁判裁决情况，做出运动员举重结果（成功或者失败）。因此，举重比赛裁决可表示为一个因→果逻辑问题，因是全部裁判的个人裁决，果是一名运动员举重的结果。

若在某举重比赛中，有一名是主裁判、两名辅裁判，其中，运动员举重结果为成功的条件是主裁判裁决为成功，且至少一名辅裁判裁决也为成功；否则，运动员举重结果为失败。由于每名裁判的个人裁决只有成功或者失败两种情况，可用二进制符号 0、1 分别表示，一般使用 0 符号代表为失败、1 符号代表为成功；类似，由于运动员举重结果只有成功或者失败两种情况，可用二进制符号 0、1 分别表示，一般使用 0 符号代表为失败、1 符号代表为成功。

若可将每名裁判的个人裁决 0、1 情况用电路中普通开关的断开、闭合表示，将运动员举重结果的 0、1 情况用电路中普通灯的灭、亮表示，则上述举重比赛裁决问题，可以用如图 7.14 的

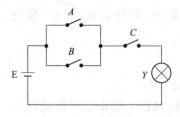

图 7.14 举重比赛裁决的串联
开关灯电路描述形式

串联开关灯电路描述。

在图 7.14 所示电路中,电源 E、开关 A、开关 B、开关 C、灯 Y 电路元件构成了一个可以用于举重比赛的电路。

开关 A、开关 B、开关 C 分别代表了举重比赛的两名辅助裁判、一名主裁判;开关 A、开关 B、开关 C 的接通闭合、开启断开分别表明了辅助裁判 A、辅助裁判 B、主裁判 C 对当前举重情况的成功认可、失败判定两种不同的比赛裁判状态。

灯 Y 代表了举重比赛的结果,灯 Y 的亮、灭分明表示了举重比赛的成功结论、失败结论两种不同的比赛裁决结果。

图 7.14 所示电路构成了因(开关 A、开关 B、开关 C)→果(灯 Y)的逻辑关系,也构成了因(辅助裁判 A、辅助裁判 B、主裁判 C)→果(运动员举重结果 Y)的逻辑关系。

(1)逻辑代数式。

逻辑代数式是用逻辑表示式、逻辑函数式表示因→果逻辑问题的形式。

由图 7.14 所示电路结构和工作机制,若要灯 Y 亮,需要的条件为:开关 A 和开关 B 至少有一个接通闭合,可用"或逻辑关系式 $A+B$"表示;同时,要求 C 必须接通闭合,可用"与逻辑关系式$(A+B) \cdot C$"表示。若该条件成立,则灯 Y 亮。

根据上述因→果分析,可以得出,其逻辑函数表达式为:

$$Y = (A+B) \cdot C = f(A, B, C)$$

当然,如果逻辑问题更加复杂,那么,光靠这样的分析,是很有可能会出现错误的。后续章节会介绍其他方法。

(2)真值表。

真值表是使用因→果逻辑问题中,因输入变量所有 0、1 取值组合与果输出变量所有 0、1 取值的对应关系列成的表格。

图 7.14 中电路开关 A、开关 B、开关 C 的接通闭合用逻辑数据 1 表示、开关 A、开关 B、开关 C 的开启断开用逻辑数据 0,则开关 A、开关 B、开关 C 的取值 1、0 表示分别表明了辅助裁判 A、辅助裁判 B、主裁判 C 对当前举重情况的成功认可、失败判定两种不同的比赛裁判状态;灯 Y 的亮用逻辑数据 1 表示、灯 Y 的灭用逻辑数据 0 表示,则灯 Y 的取值 1、0 分明表示了举重比赛的成功结论、失败结论两种不同的比赛裁决结果。

在表中列出逻辑因的开关 A、开关 B、开关 C 全部取值,共有 8 种组合输入情况;按因(开关 A、开关 B、开关 C)→果(灯 Y)的逻辑关系,列出逻辑果的灯 Y 的 0、1 取值结论,得到真值表见表 7.10。

举重比赛裁决逻辑真值表　　　　　　　　　　　　　　　表 7.10

A	B	C	Y
0	0	0	0
0	0	1	0
0	1	0	0

续上表

A	B	C	Y
0	1	1	1
1	0	0	0
1	0	1	1
1	1	0	0
1	1	1	1

在列真值表时,需要注意因中 n 个变量可以有 2^n 个组合,一般按二进制的顺序,果输出变量与因输入变量的状态一一对应,列出所有可能的状态,对于一些逻辑因果问题分析,往往可以画出其真值表,已经包括了所有可能的情况,因而也不会出错,再根据真值表,就可以很容易地得出逻辑函数表达式了。

(3)逻辑电路图表示法。

逻辑电路图是用逻辑电路符号来表示因→果逻辑问题运算关系的电路图。图 7.14 电路中因(开关 A、开关 B、开关 C)→果(灯 Y)的逻辑关系表明,开关 A 和开关 B 至少有一个接通闭合,可用或门逻辑符号表示,同时要求 C 必须接通闭合,可用与门逻辑符号表示。若该条件成立,则灯 Y 亮,故可得出逻辑电路图如图 7.15 所示。

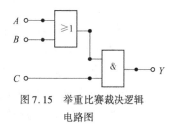

图 7.15　举重比赛裁决逻辑电路图

7.3.2　不同逻辑函数表达形式之间的转换方法

7.3.2.1　逻辑代数式—真值表

将逻辑代数式转换为真值表的步骤如下:

(1)由逻辑代数式 $Y = f(A,B,C,\cdots)$ 确定逻辑关系因→果中的因、果;

(2)逻辑关系中的因作为输入逻辑变量,逻辑关系中的果作为输出逻辑变量,列表因输入逻辑变量所有可能取值的组合;

(3)把因代入对应函数式算出其函数值(果输出逻辑变量)。

【例 7.5】　有逻辑代数式如下,列出其真值表。

$$Y = A + \bar{B} \cdot C + \bar{A} \cdot B \cdot \bar{C}$$

解:(1)逻辑代数式为:

$$Y = f(A,B,C)$$

则,逻辑关系为:因 (A,B,C) →果 (Y) ;

(2)列出因输入逻辑变量 A、B、C 的全部 8 种 0、1 取值组合;

(3)把因代入,分别计算出果输出逻辑变量 Y 的 0,1 值,得真值表见表 7.11。

逻辑真值表   表7.11

A	B	C	Y
0	0	0	0
0	0	1	1
0	1	0	1
0	1	1	0
1	0	0	1
1	0	1	1
1	1	0	1
1	1	1	1

7.3.2.2　真值表—逻辑代数式

将真值表转换为逻辑代数式的步骤如下：

(1)在真值表中确定辑关系因→果中的因、果；

(2)逻辑关系中的因作为输入逻辑变量，逻辑关系中的果作为输出逻辑变量，表示为逻辑代数式 $Y=f(A,B,C,\cdots)$；

(3)在真值表中挑出函数值(输出逻辑变量)为1的项；

(4)每个函数值(输出逻辑变量)为1的输入逻辑变量取值组合写成一个与项；与项中，输入逻辑变量取值为1用原变量表示，反之，则用反变量表示；

(5)将(4)中所有与项做逻辑或运算，得到逻辑代数式。

【例7.6】　有真值表见表7.12所示，列出其逻辑代数式。

逻辑真值表   表7.12

A	B	C	Y
0	0	0	0
0	0	1	1
0	1	0	1
0	1	1	0
1	0	0	0
1	0	1	1
1	1	0	0
1	1	1	1

解：由表7.12的真值表，得：

(1)逻辑关系为：因(A,B,C)→果(Y)，则逻辑代数式为：

$$Y=f(A,B,C)$$

(2)果输出逻辑变量为1的因输入逻辑变量 A、B、C 的取值组合共有4种，分别为001、010、101、111；写为如下四个与项表达式：

$$\overline{A} \cdot \overline{B} \cdot C, \overline{A} \cdot B \cdot \overline{C}, A \cdot \overline{B} \cdot C, A \cdot B \cdot C$$

(3)做或逻辑运算,得逻辑表达式如下:

$$Y = \overline{A} \cdot \overline{B} \cdot C + \overline{A} \cdot B \cdot \overline{C} + A \cdot \overline{B} \cdot C + A \cdot B \cdot C$$

7.3.2.3 逻辑代数式—逻辑电路图

将逻辑代数式转换为逻辑电路图的步骤如下:

(1)由逻辑代数式 $Y = f(A, B, C, \cdots)$ 确定逻辑关系因→果中的因、果;

(2)逻辑关系中的因作为输入逻辑变量,逻辑关系中的果作为输出逻辑变量;并把输入逻辑变量列在电路图左侧,输出逻辑变量列在电路图右侧;

(3)自电路图左侧的输入逻辑变量,将表达式 $Y = f(A, B, C, \cdots)$ 中每一个逻辑运算符号逐一用逻辑电路符号表示,直至得到最终电路图中的最右侧输出逻辑变量。

【例7.7】 有逻辑代数式如下,绘制其逻辑电路图。

$$Y = A \cdot \overline{B} \cdot C + A \cdot B \cdot \overline{C} + A \cdot B \cdot C$$

解:(1)由逻辑代数式可知逻辑关系为:因 (A, B, C) →果 (Y);

(2)输入逻辑变量 A、B、C 列在左侧,输出逻辑变量 Y 列在右侧;

(3)自左侧的输入逻辑变量 A、B、C,将表达式 $Y = f(A, B, C)$ 中每一个逻辑运算符号用逐一用逻辑电路符号表示。

上式的逻辑运算主要由三个"三输入的与运算",一个"三个输入的或运算"组成,分别用三个"三输入的与门逻辑"符号、一个"三个输入的或门逻辑"符号组合,得到最终的右侧的输出逻辑变量 Y,得到逻辑电路图如图7.16所示。

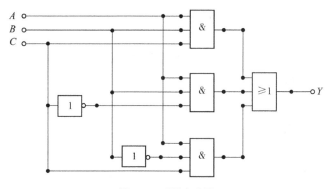

图7.16 逻辑电路图

7.3.2.4 逻辑电路图—逻辑代数式

将逻辑电路图转换为逻辑代数式的步骤如下:

(1)由逻辑电路图确定逻辑关系因→果中的因、果,一般情况下,因在逻辑电路图的左侧,果在逻辑电路图的右侧,自左向右进行一个完整的系因→果逻辑运算处理;

(2)逻辑关系中的因作为输入逻辑变量,逻辑关系中的果作为输出逻辑变量,列出表达式 $Y = f(A, B, C, \cdots)$;

(3)将逻辑电路图自因向果的每一个逻辑电路符号用逻辑运算符号逐一表示,得到逻辑代数式 $Y = f(A, B, C, \cdots)$。

【例7.8】 有逻辑电路图如图7.17所示,列出其逻辑代数式。

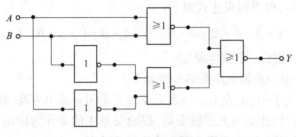

图7.17 逻辑电路图

解:(1)由逻辑电路图7.17可知逻辑关系为:因(A,B)→果(Y);

(2)列在左侧的为输入逻辑变量A、B,列在右侧为输出逻辑变量Y,表达式$Y=f(A,B)$;

(3)自左侧的输入逻辑变量A、B、C,将电路中每一逻辑电路符号使用逻辑运算符号逐一表示,直至电路图最右侧的电路符号,可得到逻辑代数式$Y=f(A,B)$如下:

$$Y=\overline{\overline{A+B}+\overline{\overline{A}+\overline{B}}}=\overline{\overline{A\cdot B}+\overline{\overline{A}\cdot\overline{B}}}=A\oplus B$$

7.3.3 常见形式与标准形式

7.3.3.1 常见形式

一个逻辑函数的表达式可以有与或表达式、或与表达式、与非-与非表达式、或非-或非表达式、与或非表达式5种表示形式。

(1)与或表达式:

$$Y=\overline{A}\cdot B+A\cdot C$$

(2)或与表达式:

$$Y=(A+B)(\overline{A}+C)$$

(3)与非-与非表达式:

$$Y=\overline{\overline{A\cdot B}\cdot\overline{A\cdot C}}$$

(4)或非-或非表达式:

$$Y=\overline{\overline{A+B}+\overline{\overline{A}+C}}$$

(5)与或非表达式:

$$Y=\overline{\overline{A}\cdot B+A\cdot\overline{C}}$$

与或表达式中因→果逻辑关系中,各因输入逻辑变量主要利用先与运算、再或运算的逻辑运算处理过程得到果输出逻辑变量。在其逻辑电路实现中,一般主要需与逻辑门、或逻辑门构成逻辑电路。因而,一种形式的函数表达式相应于一种逻辑电路,不同形式的函数表达式实现的逻辑电路也不同。

一个逻辑函数表达式的表示形式可不同,逻辑电路实现形式也不一样,但逻辑功能相同。同一逻辑函数的不同形式可以利用逻辑公式相互转换,如与或形式转换为与非-与非形式的方法为:对与或形式逻辑表达式整体取两次逻辑非;利用反演律去掉与或表达式的第一次逻辑非。

如,有与或逻辑表达式如下:

$$Y = \overline{A} \cdot B + A \cdot C$$

转换为与非-与非形式的过程为:

$$Y = \overline{A} \cdot B + A \cdot C \xrightarrow{\text{两次取逻辑非}} = \overline{\overline{\overline{A} \cdot B + A \cdot C}} \xrightarrow{\text{反演律去掉第一次逻辑非}} = \overline{\overline{\overline{A} \cdot B} \cdot \overline{A \cdot C}}$$

其他形式也类似,在此不再赘述。

7.3.3.2 标准形式(最小项之和的标准形式)

(1)最小项概念。

在一个具有 n 变量的逻辑函数中,如果一个与项包含了所有 n 个的变量,而且每个变量都是以原变量或是反变量的形式作为一个因子仅出现一次,则该与项是该逻辑函数的一个最小项。n 个变量的全部最小项共有 2^n 个。

在判断某逻辑表达式是否为最小项形式时,可注意以下两点:

①最小项是一个与逻辑运算表示项;

②最小项的与逻辑运算表示项一定包含逻辑函数全部的因。

对三因逻辑变量的逻辑函数 $f(A, B, C)$,下列 8 种因逻辑变量组合的表达式都符合上述最小项的定义,即:

$$\overline{A} \cdot \overline{B} \cdot \overline{C}, \overline{A} \cdot \overline{B} \cdot C, \overline{A} \cdot B \cdot \overline{C}, \overline{A} \cdot B \cdot C, A \cdot \overline{B} \cdot \overline{C}, A \cdot \overline{B} \cdot C, A \cdot B \cdot \overline{C}, A \cdot B \cdot C$$

这 8 种表达式都是逻辑函数 $f(A, B, C)$ 的最小项。但诸如下列表达式:

$$A \cdot B, A \cdot C, B \cdot C, \overline{A} \cdot B, \overline{A} \cdot C, B \cdot \overline{C}, \overline{A} \cdot B$$

这些与表达式都并未包括全部因,未满足最小项条件,故不是逻辑函数 $f(A, B, C)$ 的最小项。

(2)最小项的性质。

①任意一个最小项,只有一组变量取值使其值为 1;

②任意两个不同的最小项的乘积必为 0;

③全部最小项的和必为 1。

(3)最小项编号 m_i。

为了表达方便,通常用一个编号形式 m_i 表示最小项,其下标 i 为最小项的编号。

编号的方法是:最小项中的原变量取 1,反变量取 0,则最小项取值为一组二进制数,其对应的十进制数便为该最小项的编号。

如最小项 $A \cdot \overline{B} \cdot \overline{C}$,按其中变量形式,编号取值为 100,对应的十进制数字为 4,因此,该最小项的编号为 m_4。

编号时要注意:

①变量的排列顺序是重要的,一般对于逻辑函数的多个因,编号前需要按照英文字符表出现次序,自左向右排列;

如最小项 $A \cdot \overline{B} \cdot \overline{C}$,按逻辑代数法则,也可以等价写为 $\overline{B} \cdot \overline{C} \cdot A$、$\overline{B} \cdot A \cdot \overline{C}$ 等其他形式,但其要进行最小项编号时,只能用 $A \cdot \overline{B} \cdot \overline{C}$,才能得到正确编号代码 100。

②变量的个数也会影响最小项编号所对应的最小项形式,对于三变量逻辑函数 $Y = f(A, B, C)$ 编号为 m_4 的最小项为 $A \cdot \overline{B} \cdot \overline{C}$、四变量逻辑函数 $Y = f(A, B, C, D)$ 编号为 m_4 的最小项为 $\overline{A} \cdot B \cdot \overline{C} \cdot \overline{D}$,不同变量个数的逻辑函数,其同一编号的最小项形式是不同的。

三变量全体最小项的编号见表7.13。

三变量最小项的编号   表7.13

$A\ B\ C$	$\bar{A}\cdot\bar{B}\cdot\bar{C}$	$\bar{A}\cdot\bar{B}\cdot C$	$\bar{A}\cdot B\cdot\bar{C}$	$\bar{A}\cdot B\cdot C$	$A\cdot\bar{B}\cdot\bar{C}$	$A\cdot\bar{B}\cdot C$	$A\cdot B\cdot\bar{C}$	$A\cdot B\cdot C$
0 0 0	1	0	0	0	0	0	0	0
0 0 1	0	1	0	0	0	0	0	0
0 1 0	0	0	1	0	0	0	0	0
0 1 1	0	0	0	1	0	0	0	0
1 0 0	0	0	0	0	1	0	0	0
1 0 1	0	0	0	0	0	1	0	0
1 1 0	0	0	0	0	0	0	1	0
1 1 1	0	0	0	0	0	0	0	1
最小项编号	m_0	m_1	m_2	m_3	m_4	m_5	m_6	m_7

(4)最小项之和的标准形式。

由最小项的逻辑或运算形式所构成的逻辑函数表达式称之为逻辑函数的最小项之和标准形式,如:

$$f(A,B,C)=A\cdot B\cdot\bar{C}+A\cdot\bar{B}\cdot\bar{C}+\bar{A}\cdot B\cdot C$$

$$=m_6+m_4+m_3$$

$$=\sum m(3,4,6)$$

上式为一个三变量逻辑函数 $f(A,B,C)$,由3个最小项"或"运算构成。上述表达式即为逻辑函数的最小项之和的标准形式,是一个与或形式的逻辑表达式。

7.3.3.3 逻辑函数展开为标准形式的方法

(1)将逻辑函数表达式转换为若干逻辑与项进行逻辑或运算的与或形式;

(2)判断与或形式中的逻辑与项是否为逻辑函数的最小项;若非最小项,利用逻辑公式 $A\cdot1=A$、$A+\bar{A}=1$ 转换为最小项与或形式;

(3)将最小项与或形式中的最小项用最小项目编号表示;

(4)表示为标准形式。

【例7.9】 将函数 $f(A,B,C)=\overline{\bar{A}\cdot\bar{B}}\cdot(A+C)$ 展开为标准形式。

解:(1)转换为或形式。

$$f(A,B,C)=\overline{\bar{A}\cdot\bar{B}}\cdot(A+C)$$

$$=(\bar{A}+B)\cdot(A+C)$$

$$=\bar{A}\cdot A+\bar{A}\cdot C+B\cdot A+B\cdot C$$

$$=\bar{A}\cdot C+A\cdot B+B\cdot C$$

（2）转换为最小项的与或形式。

$$f(A,B,C) = \bar{A} \cdot C + A \cdot B + B \cdot C$$
$$= \bar{A} \cdot 1 \cdot C + A \cdot B \cdot 1 + 1 \cdot B \cdot C$$
$$= \bar{A} \cdot (B + \bar{B}) \cdot C + A \cdot B \cdot (C + \bar{C}) + (A + \bar{A}) \cdot B \cdot C$$
$$= \bar{A} \cdot B \cdot C + \bar{A} \cdot \bar{B} \cdot C + A \cdot B \cdot C + A \cdot B \cdot \bar{C} + A \cdot B \cdot C + \bar{A} \cdot B \cdot C$$
$$= \bar{A} \cdot B \cdot C + \bar{A} \cdot \bar{B} \cdot C + A \cdot B \cdot C + A \cdot B \cdot \bar{C}$$

（3）最小项编号。

$$f(A,B,C) = \bar{A} \cdot B \cdot C + \bar{A} \cdot \bar{B} \cdot C + A \cdot B \cdot C + A \cdot B \cdot \bar{C}$$
$$= m_3 + m_1 + m_7 + m_6$$

（4）表示为标准形式。

$$f(A,B,C) = m_3 + m_1 + m_7 + m_6$$
$$= \sum m(1,3,6,7)$$

7.3.3.4　真值表展开为标准形式的方法

（1）确定真值表的因-果关系，将果为1的真值项表示为因逻辑与运算项；

（2）将真值表转化表示为若干最小项的与或表达式形式；

（3）将最小项与或形式的最小项用最小项目编号表示；

（4）表示为标准形式。

【**例7.10**】　将表7.14真值表形式的逻辑函数展开为标准形式。

逻辑真值表　　　　　　　　　　　　　　　　　　表7.14

A	B	C	F
0	0	0	1
0	0	1	0
0	1	0	0
0	1	1	1
1	0	0	1
1	0	1	0
1	1	0	1
1	1	1	0

解:（1）确定真值表的因-果关系，将果为1的真值项表示为因逻辑与代数项。

$$因(A,B,C) \rightarrow 果(F) \begin{cases} F = 1 = \bar{A} \cdot \bar{B} \cdot \bar{C} \\ F = 1 = \bar{A} \cdot B \cdot C \\ F = 1 = A \cdot \bar{B} \cdot \bar{C} \\ F = 1 = A \cdot B \cdot \bar{C} \end{cases}$$

（2）将真值表转换表示为若干最小项的与或形式。

$$f(A,B,C) = \bar{A} \cdot \bar{B} \cdot \bar{C} + \bar{A} \cdot B \cdot C + A \cdot \bar{B} \cdot \bar{C} + A \cdot B \cdot \bar{C}$$

（3）最小项编号。

$$f(A,B,C) = \bar{A} \cdot \bar{B} \cdot \bar{C} + \bar{A} \cdot B \cdot C + A \cdot \bar{B} \cdot \bar{C} + A \cdot B \cdot \bar{C}$$

$$= m_0 + m_3 + m_4 + m_6$$

（4）表示为标准形式。

$$f(A,B,C) = \sum m(0,3,4,6)$$

7.4 逻辑函数的化简

逻辑函数的化简是将从实际问题中得到的复杂逻辑函数式变换成与之等效的最简单的逻辑式。化简后逻辑式实现逻辑电路所用逻辑门的数量少，逻辑门的输入端个数少，逻辑电路构成级数少，逻辑电路可更可靠地工作。常用方法有代数化简法和卡诺图化简法。

7.4.1 代数化简法

逻辑函数的公式化简法是运用逻辑代数的基本公式、定理和规则来化简逻辑函数，但并不是所有的公式、定理和规则都可以帮助化简。

使用公式时，需要了解最简逻辑函数式含义。对于最熟悉的与或表达式来说，一个最简的与或逻辑表达式，逻辑表达式中含有的与逻辑项数量应该最少；同时，与逻辑项的逻辑变量数目应该最少。

因此，能够用于化简逻辑表达式的公式、定理和规则，应可以减少逻辑表达式中的与项数量；或应可以减少逻辑表达式中的与项逻辑变量数目。

从上述分析来看，逻辑函数化简可以表述为：

（1）任意形式的逻辑表达式应该变为一个与或逻辑表达式；

（2）减少与或逻辑表达式中的与项逻辑式数量；

（3）减少与项逻辑式中的逻辑变量数量。

要实现上述化简目的，从前述逻辑公式、定理和规则来看，有些可以直接用于化简，如：$A + AB = A$、$A + \bar{A} = 1$ 等，但有些是无法直接用于化简，如：$A \cdot B = B \cdot A$、$A \cdot (B + C) = A \cdot B + A \cdot C$ 等。根据用于化简的基本公式不同，方法会有所不同。

7.4.1.1 并项法

利用公式 $A + \bar{A} = 1$，将两项合并为一项，并消去一个变量。

【例7.11】 逻辑函数式为 $Y_1 = ABC + \bar{A}BC + B\bar{C}$，用公式法化简。

解：
$$Y_1 = ABC + \bar{A}BC + B\bar{C} = (A + \bar{A})BC + B\bar{C}$$

$$= BC + B\bar{C} = B(C + \bar{C}) = B$$

【例7.12】 逻辑函数式为 $Y_2 = ABC + A\bar{B} + A\bar{C}$，用公式法化简。

解：
$$Y_2 = ABC + A\bar{B} + A\bar{C} = ABC + A(\bar{B} + \bar{C})$$

$$= ABC + A \cdot \overline{BC} = A(BC + \overline{BC}) = A$$

在使用并项法时，逻辑函数表达式中，若两个与逻辑项中分别包含同一个因子的原变量和反变量,而其他因子都相同时,则这两项可以合并成一项,并消去互为反变量的因子。如 AB、$A\bar{B}$ 两个与项,因子 A 相同;因子 B 分别以原变量、反变量形式出现,则可使用并项法,合并消去因子 B。

7.4.1.2 吸收法

(1)利用公式 $A+AB=A$,消去多余的项。

【例7.13】 逻辑函数式为 $Y_1=\bar{A}B+\bar{A}BCD(E+F)$,用公式法化简。

解:
$$Y_1=\bar{A}B+\bar{A}BCD(E+F)$$
$$=\bar{A}B[1+CD(E+F)]$$
$$=\bar{A}B$$

【例7.14】 逻辑函数式为 $Y_2=A+\bar{B}+\overline{\overline{CD}}+\overline{\overline{AD}\cdot\bar{B}}$,用公式法化简。

解:
$$Y_2=A+\bar{B}+\overline{\overline{CD}}+\overline{\overline{AD}\cdot\bar{B}}=A+BCD+AD+B$$
$$=A(1+D)+B(CD+1)=A+B$$

在使用吸收法 $A+AB=A$ 时,在逻辑函数表达式中如果一个与逻辑项是另外一个与逻辑项的因子,则这另外一个与逻辑项是多余的。如 A、AB 两个与项,与项 A 以自身原变量形式出现在 AB 中,则可使用吸收法,吸收消去与项 AB。

(2)利用公式 $A+\bar{A}B=A+B$,消去多余的变量。

【例7.15】 逻辑函数式为 $Y_1=AB+\bar{A}C+\bar{B}C$,用公式法化简。

解:
$$Y_1=AB+\bar{A}C+\bar{B}C=AB+(\bar{A}+\bar{B})\cdot C$$
$$=AB+\overline{AB}\cdot C=AB+C$$

【例7.16】 逻辑函数式为 $Y_2=A\bar{B}+C+\bar{A}\cdot\bar{C}\cdot D+B\cdot\bar{C}\cdot D$,用公式法化简。

解:
$$Y_2=A\bar{B}+C+\bar{A}\cdot\bar{C}\cdot D+B\cdot\bar{C}\cdot D$$
$$=A\bar{B}+C+\bar{C}\cdot(\bar{A}\cdot D+B\cdot D)$$
$$=A\bar{B}+C+\bar{C}\cdot(\bar{A}+B)\cdot D$$
$$=A\bar{B}+C+(\bar{A}+B)\cdot D$$
$$=A\bar{B}+C+\overline{A\bar{B}}\cdot D$$
$$=A\bar{B}+C+D$$

在使用并项法 $A+\bar{A}B=A+B$ 时,逻辑函数表达式中如果一个逻辑与项的反是另一个逻辑与项的因子,则这个因子是多余的。如 A、$\bar{A}B$ 两个与项,与项 A 以自身反变量形式出现在 $\bar{A}B$ 中,则可使用吸收法,吸收消去因子 $\bar{A}$。

在并项法和吸收法的使用中,需要分析待化简逻辑表达式中的两个与逻辑项的关系。

①若满足并项法的两个与项除共同部分外,其他部分互反的条件,则可以合并化简消去互反部分,只保留两个与项的共同部分,化简的结果是两个与项合并为一个与项,并且保留的一个与项中也减少了部分变量;

②若满足吸收法的两个与项中,一个与项以自身或者自身非的形式,出现在另外一个与项中的条件,则可以合并化简消去第二个与项或者反变量部分,化简的结果是两个与项合并为一个与项或者两个与项,并且保留的与项中减少了部分变量。

从分析来看,并项法和吸收法使用的前提是,需要待化简的两个与项之间存在一定的相互关系,才能应用方法进行合并化简。但不是在所有逻辑函数表达式中,两个与项之间都存在这些需要的相互关系,这时,就无法应用并项法和吸收法了。

7.4.1.3 配项法

配项法是利用两个特殊的逻辑公式,给不同的与项之间增加一些相互关系,以形成可以使用并项法和吸收法的与项间条件,为后续使用并项法和吸收法创造条件。

(1)利用公式 $A = A(B + \bar{B})$,配增所缺变量,以便使用并项法、吸收法化简。

【例7.17】 逻辑函数式为 $Y = A\bar{B} + B\bar{C} + \bar{B}C + \bar{A}B$,用公式法化简。

解:
$$Y = A\bar{B} + B\bar{C} + \bar{B}C + \bar{A}B$$
$$= A\bar{B} + B\bar{C} + (A + \bar{A}) \cdot \bar{B}C + \bar{A}B \cdot (C + \bar{C})$$
$$= A\bar{B} + B\bar{C} + A \cdot \bar{B}C + \bar{A} \cdot \bar{B}C + \bar{A}B \cdot C + \bar{A}B \cdot \bar{C}$$
$$= A\bar{B} + A\bar{B} \cdot C + B\bar{C} + \bar{A} \cdot \bar{B}C + \bar{A}B \cdot C + \bar{A}B \cdot \bar{C}$$
$$= A\bar{B}(1 + C) + B\bar{C}(1 + \bar{A}) + \bar{A}B(C + \bar{C})$$
$$= A\bar{B} + B\bar{C} + \bar{A}B$$

(2)利用公式 $A + A = A$,为某项配上其所能合并的项。

【例7.18】 逻辑函数式为 $Y = ABC + AB\bar{C} + A\bar{B}C + \bar{A}BC$,用公式法化简。

解:
$$Y = ABC + AB\bar{C} + A\bar{B}C + \bar{A}BC$$
$$= ABC + AB\bar{C} + ABC + A\bar{B}C + ABC + \bar{A}BC$$
$$= AB(C + \bar{C}) + AC(B + \bar{B}) + BC(A + \bar{A})$$
$$= AB + AC + BC$$

7.4.1.4 冗余法

冗余法是使用冗余律公式 $AB + \bar{A}C + BC = AB + \bar{A}C$,需要分析三个与项之间的关系是否构成冗余律公式。若满足,则可消去冗余项,将三个与项化简成为两个与项。

【例7.19】 逻辑函数式为 $Y_1 = A\bar{B} + AC + AD + \bar{C}D$,用公式法化简。

解:
$$Y_1 = A\bar{B} + AC + AD + \bar{C}D$$
$$= A\bar{B} + (AC + \bar{C}D + AD)$$
$$= A\bar{B} + (CA + \bar{C}D + AD)$$
$$= A\bar{B} + AC + \bar{C}D$$

7.4.1.5 公式法化简例子

在使用公式法化简逻辑函数表达式,建议的化简步骤为:

(1)逻辑函数表达式表示为与或形式;

(2)分析三个与项间是否可以冗余项法;

（3）分析两个与项间是否可以并项法或者吸收法；

（4）配项法创造应用并项法、吸收法的条件，再应用并项法或吸收法。

下面通过一些例子分析。

【例 7.20】 逻辑函数式为 $Y = AD + A\bar{D} + AB + \bar{A}C + \bar{C}D + A\bar{B}EF$，用公式法化简。

解：
$$Y = AD + A\bar{D} + AB + \bar{A}C + \bar{C}D + A\bar{B}EF$$

$$\xrightarrow{\text{并项法 } A + \bar{A} = 1} = A + AB + \bar{A}C + \bar{C}D + A\bar{B}EF$$

$$\xrightarrow{\text{吸收法 } A + AB = A} = A + \bar{A}C + \bar{C}D + A\bar{B}EF$$

$$\xrightarrow{\text{吸收法 } A + \bar{A}B = A + B} = A + C + \bar{C}D + A\bar{B}EF$$

$$\xrightarrow{\text{吸收法 } A + \bar{A}B = A + B} = A + C + D + A\bar{B}EF$$

$$\xrightarrow{\text{吸收法 } A + AB = A} = A + C + D$$

【例 7.21】 逻辑函数式为 $Y = A\bar{B}C + AB\bar{C} + ABC$，用公式法化简。

解：
$$Y = A\bar{B}C + AB\bar{C} + ABC$$

$$\xrightarrow{\text{并项法 } A + \bar{A} = 1} = A\bar{B}C + AB$$

$$\xrightarrow{\text{分配律 } A(B + C) = AB + AC} = A(\bar{B}C + B)$$

$$\xrightarrow{\text{吸收法 } A + \bar{A}B = A + B} = A(C + B)$$

$$\xrightarrow{\text{分配律 } A(B + C) = AB + AC} = AB + AC$$

【例 7.22】 逻辑函数式为 $Y = \overline{\overline{AB + \bar{A} \cdot \bar{B}} \cdot \overline{BC + \bar{B} \cdot \bar{C}}}$，用公式法化简。

解：
$$Y = \overline{\overline{AB + \bar{A} \cdot \bar{B}} \cdot \overline{BC + \bar{B} \cdot \bar{C}}}$$

$$\xrightarrow{\text{反演律 } \overline{A \cdot B} = \bar{A} + \bar{B}} = AB + \bar{A} \cdot \bar{B} + BC + \bar{B} \cdot \bar{C}$$

$$\xrightarrow{\text{配项法 } A \cdot 1 = A, A + \bar{A} = 1} = AB + \bar{A} \cdot \bar{B}(C + \bar{C}) + (A + \bar{A})BC + \bar{B} \cdot \bar{C}$$

$$\xrightarrow{\text{分配律 } A(B + C) = AB + AC} = AB + \bar{A} \cdot \bar{B} \cdot C + \bar{A} \cdot \bar{B} \cdot \bar{C} + ABC + \bar{A}BC + \bar{B} \cdot \bar{C}$$

$$\xrightarrow{\text{吸收法 } A + AB = A} = AB + \bar{B} \cdot \bar{C} + \bar{A} \cdot \bar{B} \cdot C + \bar{A}BC$$

$$\xrightarrow{\text{并项法 } A + \bar{A} = 1} = AB + \bar{B} \cdot \bar{C} + \bar{A} \cdot C$$

【例 7.23】 逻辑函数式为 $Y = (\bar{B} + D)(\bar{B} + D + A + G)(C + E)(\bar{C} + G)(A + E + G)$，用公式法化简。

解：
$$Y = (\bar{B} + D)(\bar{B} + D + A + G)(C + E)(\bar{C} + G)(A + E + G)$$

$$\xrightarrow{\text{对偶定理}} = \bar{B} \cdot D + \bar{B} \cdot D \cdot A \cdot G + C \cdot E + \bar{C} \cdot G + A \cdot E \cdot G$$

$$\xrightarrow{\text{冗余律 } AB + \bar{A}C + BC = AB + \bar{A}C} = \bar{B} \cdot D + \bar{B} \cdot D \cdot A \cdot G + C \cdot E + \bar{C} \cdot G$$

$$\xrightarrow{\text{吸收法 } A + AB = A} = \bar{B} \cdot D + C \cdot E + \bar{C} \cdot G$$

$$\xrightarrow{\text{对偶定理}} = (\bar{B} + D)(C + E)(\bar{C} + G)$$

代数的方法化简应使得逻辑函数式包含的项数以及变量数最少为原则。对于化简的结果,尤其较为复杂的结果,通常难于判断是否最简。而卡诺图化简方法更具有得到最简结果的优势。

7.4.2 卡诺图化简法

逻辑函数的卡诺图化简法是将逻辑函数用卡诺图来表示,利用卡诺图来化简逻辑函数。

7.4.2.1 卡诺图概念

(1)两变量逻辑函数的卡诺图。

两变量逻辑函数 $f(A,B)$ 的全部四个最小项为:

$$\bar{A} \cdot \bar{B}, \bar{A} \cdot B, A \cdot \bar{B}, A \cdot B$$

若将两个输入变量的全部最小项用一个小方块阵列图表示,要求将逻辑相邻(最小项中只有一个变量形式不同,其他变量形式都相同的最小项互为逻辑相邻最小项)的最小项放在相邻的几何位置(上下几何位置相邻,或左右几何位置相邻)上,所得到的阵列图就是两变量的卡诺图,如图7.18左侧部分所示。

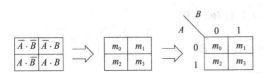

图 7.18　两变量逻辑函数最小项的卡诺图

在图7.18左侧部分中,上下几何位置相邻的两个最小项 $\bar{A} \cdot B$、$A \cdot B$ 从最小项形式上,逻辑变量 B 都是以原变量 B 形式存在,而逻辑变量 A 在 $\bar{A} \cdot B$ 最小项中是以反变量 $\bar{A}$ 形式存在,在 $A \cdot B$ 最小项中是以原变量 A 形式存在的,表明上下几何位置相邻的两个最小项 $\bar{A} \cdot B$、$A \cdot B$ 是逻辑相邻的;逻辑相邻两个最小项 $\bar{A} \cdot \bar{B}$、$\bar{A} \cdot B$ 在图中是左右几何位置相邻的,其他最小项也可类似分析。

为了确保逻辑相邻的两个最小项在卡诺图中是上下几何位置相邻或左右几何位置相邻,可利用最小项的编号取值来确定每个最小项在卡诺图位置,如图7.18中部,最小项编号变量形式为逻辑变量 $A0$、1(小方块阵列图的行)→逻辑变量 $B0$、1(小方块阵列图的列),如图7.18右侧部分;或者,逻辑变量 $A0$、1(小方块阵列图的列)→逻辑变量 $B0$、1(小方块阵列图的行)。

因此,将两个输入变量的全部最小项用小方块阵列图表示,并且将逻辑相邻的最小项放在相邻的几何位置上,所得到的阵列图就是两变量的卡诺图。

(2)三变量逻辑函数的卡诺图。

三变量逻辑函数 $f(A,B,C)$ 的全部8个最小项为:

$$\bar{A} \cdot \bar{B} \cdot \bar{C}, \bar{A} \cdot \bar{B} \cdot C, \bar{A} \cdot B \cdot \bar{C}, \bar{A} \cdot B \cdot C, A \cdot \bar{B} \cdot \bar{C}, A \cdot \bar{B} \cdot C, A \cdot B \cdot \bar{C}, A \cdot B \cdot C$$

若将三个输入变量的全部最小项用一个小方块阵列图表示,要求将逻辑相邻(最小项中只有一个变量形式不同,其他变量形式都相同的最小项互为逻辑相邻最小项)的最小项放在相邻的几何位置(上下几何位置相邻、左右几何位置相邻)上,所得到的阵列图就是两变量的卡诺图,如图7.19左侧部分所示。

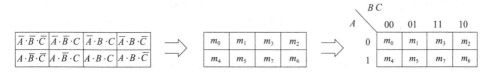

图7.19　三变量逻辑函数最小项的卡诺图

在图7.19左侧部分中,左右几何位置相邻的两个最小项$A \cdot \bar{B} \cdot \bar{C}$、$A \cdot \bar{B} \cdot C$从最小项形式上,逻辑变量$A$都是以原变量$A$形式存在,逻辑变量$B$都是以原变量$\bar{B}$形式存在,而逻辑变量$C$在$A \cdot \bar{B} \cdot \bar{C}$最小项中是以反变量$\bar{C}$形式存在,在$A \cdot \bar{B} \cdot C$最小项中是以原变量$C$形式存在的,表明上下几何位置相邻的两个最小项$A \cdot \bar{B} \cdot \bar{C}$、$A \cdot \bar{B} \cdot C$是逻辑相邻的;逻辑相邻两个最小项$\bar{A} \cdot \bar{B} \cdot \bar{C}$、$A \cdot \bar{B} \cdot \bar{C}$在图中是上下几何位置相邻的,其他最小项也可类似分析。

为了确保逻辑相邻的两个最小项在卡诺图中是上下几何位置相邻或左右几何位置相邻,可利用最小项的编号取值来确定每个最小项在卡诺图位置,如图7.18中部,最小项编号变量形式为逻辑变量A0、1(小方块阵列图的行)→逻辑变量BC00、01、11、10(小方块阵列图的列),如图7.18右侧部分;或者,A0、1(小方块阵列图的列)→逻辑变量BC00、01、11、10(小方块阵列图的行);AB00、01、11、10(小方块阵列图的行)→逻辑变量C0、1(小方块阵列图的列);或者,AB00、01、11、10(小方块阵列图的列)→逻辑变量C0、1(小方块阵列图的行)。

将三个输入变量的全部最小项用小方块阵列图表示,并且将逻辑相邻的最小项放在相邻的几何位置上,所得到的阵列图就是三变量的卡诺图。

卡诺图的特点是任意两个逻辑相邻的最小项在图中也是几何位置相邻的(逻辑相邻项是指两个最小项只有一个因子互为反变量,其余因子均相同,又称为逻辑相邻项)。

(3)卡诺图概念。

将n个输入变量的全部最小项用小方块阵列图表示,并且将逻辑相邻的最小项放在相邻的几何位置上,所得到的阵列图就是n变量的卡诺图。

卡诺图中最小项的几何位置可以利用逻辑变量的值来表示,但变量上下相邻、左右相邻的值应该满足只有一个变量发生0→1或者1→0变化,不允许出现两个变量同时发生变换的情况,否则不满足卡诺图中上下相邻、左右相邻几何位置的两个最小项需要逻辑相邻的要求,即逻辑相邻的两个最小项只有一个变量形式互为原、反变量形式,其他变量形式应完全相同。

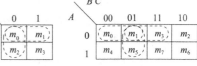

图7.20　卡诺图中的逻辑相邻项

为满足上述要求,在卡诺图出现AB、BC、CD组合时,其变量值变化一般应为00、01、11、10,相邻变量值变化只有一位,如图7.20所示。

卡诺图特点是任意两个逻辑相邻(逻辑相邻项是指两个最小项只有一个因子互为反变量,其余因子均相同)的最小项在图中也是几何位置(上下几何位置、或左右几何位置)相邻的。因此,若把卡诺图上下相邻、左右相邻的两个最小项进行组合时,满足并项法的条件,可以使用并项法消除两个与项的互反部分,保留共同部分。

卡诺图化简实际就是使用并项法进行化简。为了达到使用并项法的条件,在得到卡诺图时,专门要求将符合并项法条件的两个与项,放在卡诺图中的上下相邻、左右相邻的几何位置上,让并项法的使用形式上变成了组合卡诺图的上下几何位置相邻、左右几何位置相邻的两个最小项,可组合化简为一个更简化的逻辑与项,达到减少与项数量、减少与项中逻辑变量的化简目标。

三变量逻辑函数的两个逻辑相邻最小项为:$A \cdot \bar{B} \cdot C$、$A \cdot \bar{B} \cdot \bar{C}$,在其卡诺图中一定是上下几何位置相邻或者左右几何位置相邻。若采用代数法化简,由于逻辑相邻的最小项间只有一个变量形式不同(逻辑互非),其他变量形式都相同,适用于并项法化简,化简消去逻辑互非的变量,如下:

$$A \cdot \bar{B} \cdot C + A \cdot \bar{B} \cdot \bar{C} \xrightarrow{\text{并项法} A + \bar{A} = 1} A \cdot \bar{B}$$

四变量逻辑函数的两个逻辑相邻最小项为:$A \cdot B \cdot \bar{C} \cdot \bar{D}$、$A \cdot \bar{B} \cdot \bar{C} \cdot \bar{D}$,在其卡诺图中一定是上下几何位置相邻或者左右几何位置相邻。若采用代数法化简,由于逻辑相邻的最小项间只有一个变量形式不同(逻辑互非),其他变量形式都相同,适用于并项法化简,化简消去逻辑互非的变量,如下:

$$A \cdot B \cdot \bar{C} \cdot \bar{D} + A \cdot \bar{B} \cdot \bar{C} \cdot \bar{D} \xrightarrow{\text{并项法} A + \bar{A} = 1} A \cdot \bar{C} \cdot \bar{D}$$

因此,使用卡诺图化简,实质是利用代数法的并项法化简。由于在得到卡诺图时,要求将符合使用并项法化简的两个最小项,以逻辑相邻概念人为地放置在卡诺图的上下几何相邻位置或者左右几何相邻位置上,并项法化简的过程就可转换为:组合上下几何相邻位置或者左右几何相邻位置的最小项化简,保留相同形式的逻辑变量,化简消去逻辑互非形式的逻辑变量。

7.4.2.2 逻辑函数的卡诺图表示

卡诺图中通过逻辑变量取值 0、1 的行列组合,已经确定了全部最小项在卡诺图的几何位置,在实际的一个逻辑函数中,可能包含了其中部分若干最小项,因此,在逻辑函数用卡诺图表示,需要在卡诺图的最小项位置清晰地表明该最小项有无在该逻辑函数中出现。

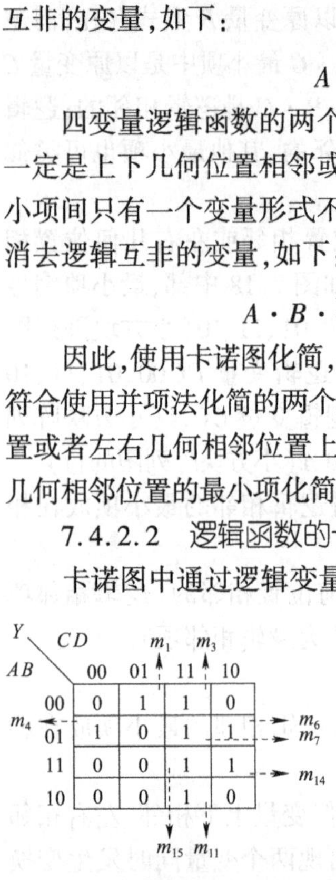

在卡诺图表示一个最小项有无出现在逻辑函数中的方法是:出现在逻辑函数中的最小项位置用 1 表示,没有出现在逻辑函数中的最小项位置用 0 表示,如图 7.21 所示。

图 7.21 逻辑函数的卡诺图表示

$$Y = f(A, B, C, D) = \sum m(1,3,4,6,7,11,14,15)$$

逻辑函数转换为卡诺图的方法步骤为:

(1)将逻辑函数变换为与或表达式;

(2)将逻辑函数变换为最小项之和的形式;

(3)将逻辑函数中出现的最小项在卡诺图对应的方格内填入 1;

(4)将逻辑函数中没有出现的最小项在卡诺图对应的方格内填入 0。

【例 7.24】 有逻辑函数 $Y = AB + \bar{A} \cdot \bar{B} \cdot C$,用卡诺图表示。

解:(1)将逻辑函数变换为与或表达式。

$$Y = AB + \bar{A} \cdot \bar{B} \cdot C$$

(2)将逻辑函数变换为最小项之和的形式。

$$Y = AB(C + \bar{C}) + \bar{A} \cdot \bar{B} \cdot C$$
$$= ABC + AB\bar{C} + \bar{A} \cdot \bar{B} \cdot C$$

$$= m_7 + m_6 + m_1$$
$$= \sum m(1,6,7)$$

（3）列出卡诺图。

逻辑函数表达式中出现的最小项在卡诺图中对应的位置方格内填入1；逻辑函数表达式中没有出现的最小项对应的位置方格内填入0，如图7.22所示。

若逻辑函数是以真值表或者以最小项表达式给出：在卡诺图上那些与给定逻辑函数的最小项相对应的方格内填入1，其余的方格内填入0。

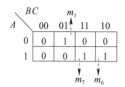

图7.22 逻辑函数的卡诺图表示

7.4.2.3 卡诺图性质

（1）卡诺图的两两组合。

卡诺图中任何两个（2^1 个）标1的几何位置相邻的最小项，具有逻辑相邻特性（最小项形式中，只有一个逻辑变量形式互为逻辑非形式，其他逻辑变量形式相同），可以组合化简合并为一项，并消去一个逻辑变量的逻辑互非形式（消去互为反变量的因子，保留公因子）。

如图7.23所示，三变量逻辑函数 $f(A,B,C)$ 卡诺图第一行第一列标1的最小项 $\bar{A}\cdot\bar{B}\cdot\bar{C}(m_0)$、第二行第一列标1的最小项 $A\cdot\bar{B}\cdot\bar{C}(m_4)$ 为上下几何位置相邻的逻辑相邻项，组合在一起可化简消去一个逻辑变量 A 的逻辑互非形式，组合化简结论为：

$$\bar{A}\cdot\bar{B}\cdot\bar{C}+A\cdot\bar{B}\cdot\bar{C}=\bar{B}\cdot\bar{C}$$

类似地，图7.23中卡诺图第一行第三列标1的最小项 $\bar{A}\cdot B\cdot C(m_3)$、第二行第三列标1的最小项 $A\cdot B\cdot C(m_7)$ 也为左右几何位置相邻的逻辑相邻项，组合在一起可化简消去一个逻辑变量 A 的逻辑互非形式，组合化简结论为：

$$\bar{A}\cdot B\cdot C+A\cdot B\cdot C=B\cdot C$$

如图7.24所示，四变量逻辑函数 $f(A,B,C,D)$ 卡诺图第二行第一列标1的最小项 $\bar{A}\cdot B\cdot\bar{C}\cdot\bar{D}(m_4)$、第二行第四列标1的最小项 $\bar{A}\cdot B\cdot C\cdot\bar{D}(m_6)$ 为上下几何位置相邻的逻辑相邻项，组合在一起可化简消去一个逻辑变量 C 的逻辑互非形式，组合化简结论为：

$$\bar{A}\cdot B\cdot\bar{C}\cdot\bar{D}+\bar{A}\cdot B\cdot C\cdot\bar{D}=\bar{A}\cdot B\cdot\bar{D}$$

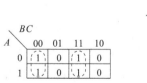

图7.23 卡诺图化简1

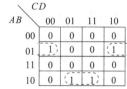

图7.24 卡诺图化简2

类似地，图7.24中卡诺图第四行第二列标1的最小项 $A\cdot\bar{B}\cdot\bar{C}\cdot D(m_9)$、第四行第三列标1的最小项 $A\cdot\bar{B}\cdot C\cdot D(m_{11})$ 也为左右几何位置相邻的逻辑相邻项，组合在一起可化简消去一个逻辑变量 C 的逻辑互非形式，组合化简结论为：

$$\bar{A}\cdot B\cdot\bar{C}\cdot\bar{D}+\bar{A}\cdot B\cdot C\cdot\bar{D}=\bar{A}\cdot B\cdot\bar{D}$$

（2）卡诺图的四四组合。

卡诺图中任何四个（2^2 个）标 1 的几何位置相邻的最小项，具有逻辑相邻特性（最小项形式中，只有一个逻辑变量形式互为逻辑非形式，其他逻辑变量形式相同），可以组合化简合并为一项，并消去两个逻辑变量的逻辑互非形式（消去互为反变量的因子，保留公因子）。

如图 7.25 所示，三变量逻辑函数 $f(A,B,C)$ 卡诺图第一行第 1、4 列、第二行第 1、4 列标 1 的四个最小项 $\bar{A}\cdot\bar{B}\cdot\bar{C}(m_0)$、$\bar{A}\cdot B\cdot\bar{C}(m_2)$、$A\cdot\bar{B}\cdot\bar{C}(m_4)$、$A\cdot B\cdot\bar{C}(m_6)$ 互为左右几何位置相邻的逻辑相邻项，组合在一起可化简消去两个逻辑变量 A、B 的逻辑互非形式，组合化简结论为：

$$\bar{A}\cdot\bar{B}\cdot\bar{C}+\bar{A}\cdot B\cdot\bar{C}+A\cdot B\cdot\bar{C}+A\cdot\bar{B}\cdot\bar{C}=\bar{A}\cdot\bar{C}+A\cdot\bar{C}=\bar{C}$$

类似地，图 7.25 中第一行第三、四列标 1 的最小项 $\bar{A}\cdot B\cdot C(m_3)$、最小项 $\bar{A}\cdot B\cdot\bar{C}$（$m_2$）、第二行第三、四列标 1 的最小项 $A\cdot B\cdot C(m_7)$、最小项 $A\cdot B\cdot\bar{C}(m_6)$ 也为左右几何位置相邻的逻辑相邻项，组合在一起可化简消去两个逻辑变量 A、C 的逻辑互非形式，组合化简结论为：

$$\bar{A}\cdot B\cdot\bar{C}+A\cdot B\cdot\bar{C}+\bar{A}\cdot B\cdot C+A\cdot B\cdot C=B\cdot\bar{C}+B\cdot C=B$$

在卡诺图化简时，若再按照公式法一样，写出每个最小项的与项形式，在进行化简得到化简结论，相对而言不太简便。

为了更为直接地得到最终化简结论，可以通过分析卡诺图几何位置上左右相邻、上下相邻情况下，标 1 两个或四个最小项的 0、1 表示组合，直接消去发生 0→1、1→0 变化的互反变量；保留未发生变化的变量，若值恒为 0，则保留反变量形式，若值恒为 1，则保留原变量形式。

如图 7.26 所示，卡诺图第二行左右相邻的四个最小项组合，逻辑变量 A、B、C、D 中，逻辑变量 C、D 都发生了 0→1、1→0 变化的变量，可以消去；逻辑变量 A、B 没有发生值变化，逻辑变量 A 恒为 0，应当保留 A 的反变量形式，逻辑变量 B 恒为 1，应当保留 B 的原变量形式，组合化简结论为：$\bar{A}B$。

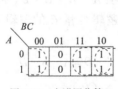

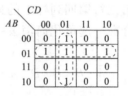

图 7.25　卡诺图化简 3　　　图 7.26　卡诺图化简 4

类似地，图 7.26 中第二列左右相邻的四个最小项组合，逻辑变量 A、B、C、D 中，逻辑变量 A、B 都发生了 0→1、1→0 变化的变量，可以消去；逻辑变量 C、D 没有发生值变化，逻辑变量 C 恒为 0，应当保留 C 的反变量形式，逻辑变量 D 恒为 1，应当保留 D 的原变量形式，组合化简结论为：$\bar{C}D$。

如图 7.27 所示，卡诺图中第一行第二、三列、第四行第二、三列的四个最小项组合，逻辑变量 A、B、C、D 中，逻辑变量 A、C 都发生了 0→1、1→0 变化的变量，可以消去；逻辑变量 B、D 没有发生值变化，逻辑变量 B 恒为 0，应当保留 B 的反变量形式，逻辑变量 D 恒为 1，应当保留 D 的原变量形式，组合化简结论为：$\bar{B}D$。

类似地,图7.27中第二、三行第一列、第二、三行第四列的四个最小项组合,逻辑变量 A、B、C、D 中,逻辑变量 A、C 都发生了 $0 \to 1$、$1 \to 0$ 变化的变量,可以消去;逻辑变量 B、D 没有发生值变化,逻辑变量 B 恒为1,应当保留 B 的原变量形式,逻辑变量 D 恒为0,应当保留 D 的反变量形式,组合化简结论为:$B\overline{D}$。

如图7.28所示,卡诺图中第一、四行第一列、第一、四行第四列的四个最小项组合,逻辑变量 A、B、C、D 中,逻辑变量 A、C 都发生了 $0 \to 1$、$1 \to 0$ 变化的变量,可以消去;逻辑变量 B、D 没有发生值变化,逻辑变量 B 恒为0,应当保留 B 的反变量形式,逻辑变量 D 恒为0,应当保留 D 的反变量形式,组合化简结论为:$\overline{B}\overline{D}$。

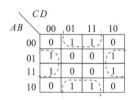
图7.27 卡诺图化简5

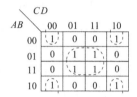
图7.28 卡诺图化简6

类似地,图7.28中第二、三行第二列、第二、三行第三列的四个最小项组合,逻辑变量 A、B、C、D 中,逻辑变量 A、C 都发生了 $0 \to 1$、$1 \to 0$ 变化的变量,可以消去;逻辑变量 B、D 没有发生值变化,逻辑变量 B 恒为1,应当保留 B 的原变量形式,逻辑变量 D 恒为1,应当保留 D 的原变量形式,组合化简结论为:BD。

(3)卡诺图的八八组合。

卡诺图中任何8个(2^3 个)标1的几何位置相邻的最小项,具有逻辑相邻特性(最小项形式中,只有一个逻辑变量形式互为逻辑非形式,其他逻辑变量形式相同),可以组合化简合并为一项,并消去三个逻辑变量的逻辑互非形式(消去互为反变量的因子,保留公因子)。

如图7.29所示,卡诺图中第二、三列的8个最小项组合,逻辑变量 A、B、C、D 中,逻辑变量 A、B、D 都发生了 $0 \to 1$、$1 \to 0$ 变化的变量,可以消去;逻辑变量 D 没有发生值变化,逻辑变量 D 恒为1,应当保留 D 的原变量形式,组合化简结论为:D。

如图7.30所示,卡诺图中第一、四行的8个最小项组合,逻辑变量 A、B、C、D 中,逻辑变量 A、C、D 都发生了 $0 \to 1$、$1 \to 0$ 变化的变量,可以消去;逻辑变量 B 没有发生值变化,逻辑变量 B 恒为0,应当保留 B 的反变量形式,组合化简结论为:$\overline{B}$。

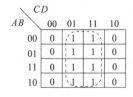
图7.29 卡诺图化简7

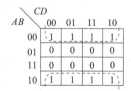
图7.30 卡诺图化简8

7.4.2.4 图形法化简的基本步骤

卡诺图化简中,相邻最小项的数目必须为 2^i 幂指数个才能合并为一项,并可消去 i 个变量。所以,组合化简包含的最小项数目越多,即由这些最小项所形成的圈越大,消去的变量也就越多,所得到的逻辑表达式就越简单。

使用卡诺图对逻辑函数进行化简时,可使用以下方法步骤进行:

第一步,由逻辑函数式或真值表,画出卡诺图;

第二步,在卡诺图中组合圈出可以合并的最小项(化简最重要的一步):

①最小项组合圈越大越好,但每个圈中标1的方格数目必须为2^i个;

②同一个最小项方格可同时组合在几个组合圈内,但每个组合圈都要有新的最小项方格,否则组合就是多余的;

③不能漏掉任何一个标1的方格。

第三步,根据在卡诺图中组合,写出最简的与或表达式。

逻辑函数出现的全部最小项组合的次数,决定了化简后的逻辑函数与项数量。在组合时,需要采用最少的组合圈次数,将出现的全部最小项组合成2^i的组合。

每次最小项组合圈中的最小项数量,决定了化简后的逻辑函数与项中的逻辑变量数目。在组合时,需要采用能可能大2^i的来组合化简最小项,化简效率高。

因此,在第②步组合圈出可以合并的最小项的时候,应把握如下原则:组合圈越大越好,但每个组合圈中标1的方格数目必须为2^i个;同一个方格可同时组合在几个圈内,但每个圈都要有新的方格,否则该组合就是多余的;不能漏掉任何一个标1的方格。

【例7.25】 有逻辑函数式$Y = f(A,B,C,D) = \sum m(0,2,3,5,6,8,9,10,11,12,13,14,15)$,用卡诺图化简。

解:第一步,由逻辑函数式得卡诺图如图7.31所示;

第二步,组合最大数量的逻辑相邻最小项。

四变量逻辑函数的最小项共有16项,该逻辑函数中没有16项最小项逻辑相邻的化简组合,只能从八项最小项逻辑相邻的化简组合开始。

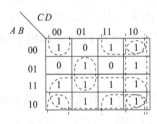

图7.31 逻辑函数的卡诺图

①可组合八项逻辑相邻最小项。

卡诺图中第三、四行的8个最小项组合,逻辑变量A、B、C、D中,逻辑变量B、C、D都发生了$0 \to 1$、$1 \to 0$变化的变量,可以消去;逻辑变量A没有发生值变化,逻辑变量A恒为1,应当保留A的原变量形式,组合化简结论为:A。

卡诺图中再无八项逻辑相邻最小项,尚有其他未组合最小项,需要继续组合化简。

②可组合四项逻辑相邻最小项。

卡诺图中第四列的4个最小项组合,逻辑变量A、B、C、D中,逻辑变量A、B都发生了$0 \to 1$、$1 \to 0$变化的变量,可以消去;逻辑变量C、D没有发生值变化,逻辑变量C恒为1,应当保留C的原变量形式,逻辑变量D恒为0,应当保留D的反变量形式,组合化简结论为:$C \cdot \overline{D}$。

卡诺图中第一行第三、四列、第四行第三、四列的4个最小项组合,逻辑变量A、B、C、D中,逻辑变量A发生了$0 \to 1$变化、逻辑变量D发生了$1 \to 0$变化,可以消去;逻辑变量B、C没有发生值变化,逻辑变量B恒为0,应当保留B的反变量形式,逻辑变量C恒为1,应当保留C的原变量形式,组合化简结论为:$\overline{B} \cdot C$。

卡诺图中第一行第一、四列、第四行第一、四列的4个最小项组合,逻辑变量A、B、C、D中,逻辑变量A、C都发生了$0 \to 1$变化,可以消去;逻辑变量B、D没有发生值变化,逻辑变量B恒为0,应当保留B的反变量形式,逻辑变量D恒为0,应当保留D的反变量形式,组合化简结论为:$\bar{B} \cdot \bar{D}$。

卡诺图中再无四项逻辑相邻最小项,尚有其他未组合最小项,需要继续组合化简。

③可组合两项逻辑相邻最小项。

卡诺图中第二行第二列、第三行第二列的 2 个最小项组合,逻辑变量 A、B、C、D 中,逻辑变量 A 发生了 0→1 变化,可以消去;逻辑变量 B、C、D 没有发生值变化,逻辑变量 B 恒为 1,应当保留 B 的原变量形式,逻辑变量 C 恒为 0,应当保留 C 的反变量形式,逻辑变量 D 恒为 1,应当保留 D 的原变量形式,组合化简结论为:$B \cdot \bar{C} \cdot D$。

卡诺图中再无其他未组合最小项。

第三步,写出最简的与或表达式。

将所有组合化简的结论,写出最简的与或表达式结论为:

$$Y = f(A, B, C, D) = A + C\bar{D} + \bar{B}C + \bar{B} \cdot \bar{D} + B\bar{C}D$$

在卡诺图化简中,需要注意两点说明:

①卡诺图化简的最小项组合法可能不止一种,哪个是最简的,要经过比较、检查才能确定。

如图 7.32 所示,逻辑函数的卡诺图在使用最小项组合不同方法时,得到的化简结论有所不同,最小项组合次数最少的化简结论为最简与或表达式。

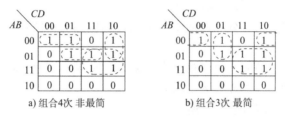

图 7.32 卡诺图化简的最简组合

②在有些情况下,不同组合形式得到的与或表达式都是最简形式,即一个逻辑函数的最简与或表达式可能不是唯一的。

例如图 7.33 所示,逻辑函数的卡诺图在使用最小项组合不同方法时,得到的化简结论有所不同,但最小项组合次数都为相同的最少次数,化简结论都为最简与或表达式,此时,可以比较电路实现等方面情况进行选择。

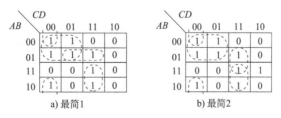

图 7.33 卡诺图化简的最简结论

7.4.3 含任意项的函数化简方法

7.4.3.1 含任意项的逻辑函数

函数可以随意取值(可以为 0,也可以为 1)或不会出现的变量取值所对应的最小项称为任意项,也叫作约束项或无关项。

【例 7.26】 有逻辑问题描述为，判断一位十进制数是否为偶数，求逻辑函数最简表达式。

解：逻辑输入变量 A、B、C、D 取值为 0000～1001 时，逻辑输出变量 Y 有确定的值，根据题意，偶数时为 1，奇数时为 0。

AB \ CD	00	01	11	10
00	1	0	0	1
01	1	0	0	1
11	×	×	×	×
10	1	0	×	×

图 7.34 逻辑函数的卡诺图形式

(1) 列出逻辑函数卡诺图，如图 7.34 所示。

A、B、C、D 取值为 1010～1111 的情况不会出现或不允许出现，对应的最小项属于任意项。用符号"ϕ""×"或"d"表示。

(2) 逻辑函数表达式。根据卡诺图或者真值表，逻辑函数表达式可为：

$$Y=f(A,B,C,D)=\sum m(0,2,4,6,8)$$

任意项之和构成的逻辑表达式叫作任意条件或约束条件，可用一个值恒为 0 的条件等式表示。

$$\sum d(10,11,12,13,14,15)=0$$

含有任意条件的逻辑函数可以表示成如下形式：

$$Y=f(A,B,C,D)=\sum m(0,2,4,6,8)+\sum d(10,11,12,13,14,15)$$

7.4.3.2 含任意项的逻辑函数的化简

在逻辑函数的化简中，充分利用随意项可以得到更加简单的逻辑表达式，因而，其相应的逻辑电路也更简单。

在化简过程中，随意项的取值可视具体情况取 0 或取 1。具体地讲，如果随意项对化简有利，则取 1；如果随意项对化简不利，则取 0。

不利用任意项的化简如图 7.35 所示。

化简结果为：

$$Y=f(A,B,C,D)=\overline{A}\cdot\overline{D}+\overline{B}\cdot\overline{C}\cdot\overline{D}$$

利用任意项的化简如图 7.36 所示。

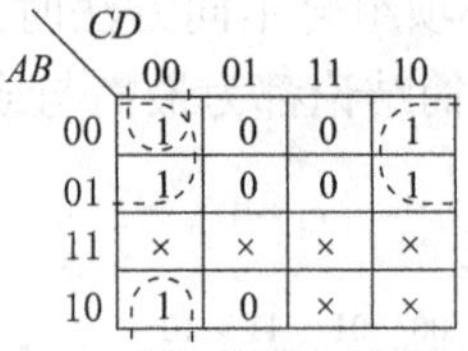

图 7.35 不利用任意项的卡诺图化简组合

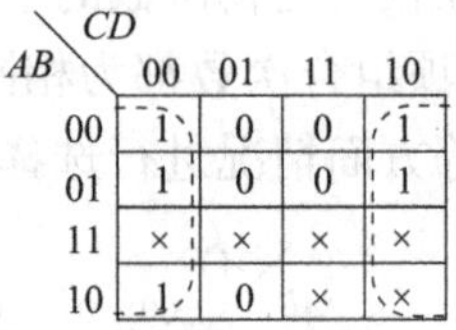

图 7.36 利用任意项的卡诺图化简组合

化简结果为：

$$Y=f(A,B,C,D)=\overline{D}$$

7.5 数字逻辑的电路实现形式

7.5.1 数字逻辑电路基础

7.5.1.1 逻辑数据的电路实现

基本逻辑数据为 0 和 1，在数字电路中，一般用高电平代表 1、低电平代表 0，即所谓的正逻辑系统;反之,用高电平代表0、低电平代表1,即所谓的负逻辑系统。

图7.37所示为电路中获得高、低电平的基本原理图。

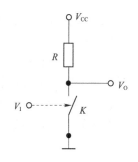

图7.37 输出高、低电平的电路原理图

当开关K断开时,输出为高电平;当K闭合时,输出为低电平。按照逻辑关系理解,此时构成了开关K→电平 V_0 的逻辑因果关系,开关K只有接通闭合、开启断开的两种状态,可使用逻辑代数中的逻辑变量数据K描述,按正逻辑系统,开关K的接通闭合状态可用1表示,开关K的开启断开状态可用0表示;同样的,电平 V_0 只有高电平、低电平的两种状态,也可使用逻辑代数中的逻辑变量数据 V_0 描述,按正逻辑系统,电平 V_0 的高电平状态可用1表示,电平 V_0 的低电平状态可用0表示,电路信号表和逻辑真值表见表7.15。

电路信号和逻辑真值表　　　　　　　　　　　　　　　　表7.15

电路信号表		逻辑真值表	
开关K	电压 V_0	逻辑数据K(因)	逻辑数据 V_0(果)
开启断开	高电平	0	1
闭合导通	低电平	1	0

从抽象的逻辑真值表来看,开关K→电平 V_0 的逻辑因果关系符合逻辑代数中的非逻辑关系,即为因成立时,果不成立;因不成立时,果成立,该电路可用逻辑代数来描述和分析。

图7.37从电子电路对电信号的应用而言,尚没有形成电路需要的输入电信号→输出电信号的逻辑因果关系形式,在上述电路形成的开关K→电平 V_0 的逻辑因果关系中,开关K一般为一种人工控制电路元件,其接通闭合、开启断开是人工施加的影响,而不是一种电信号影响形成的效果。

7.5.1.2　电信号逻辑关系的电路实现(逻辑影响的电路实现)

在模拟电子电路中,半导体器件(二极管、晶体管等)在工作时,可以在特定施加作用于半导体器件(二极管、晶体管等)的电信号影响下,在电路中表现为一种开关接通闭合、开启断开的实际工作效果。

因此,利用半导体器件(二极管、晶体管等)这种"开关"电新特性,可以把原电路形成的开关K→电平 V_0 的逻辑因果关系,转换为电路中需要输入电信号→输出电信号的逻辑因果关系,输入电信号即为作用于半导体器件(二极管、晶体管等)的电信号,输出电信号即为电平 V_0。

在实际的电子电路中,开关K一般时用半导体器件(二极管、晶体管等)组成,输入信号 V_I 用来控制半导体器件工作在截至或导通两种状态,以起到开关的作用。

(1)二极管的开关电特性。

二极管开关特性如图7.38所示。

二极管：死区电压 = 0.5V，正向压降 = 0.7V（硅二极管）；理想二极管：死区电压 = 0V，正向压降 = 0V

截止：$U_D <$ 死区电压，$I_D = 0$——二极管相当于开关断开；导通：$U_D >$ 死区电压，$U_D =$ 二极管正向压降——二极管相当于开关闭合。

（2）晶体管的开关电特性。

晶体管开关特性如图 7.39 所示。

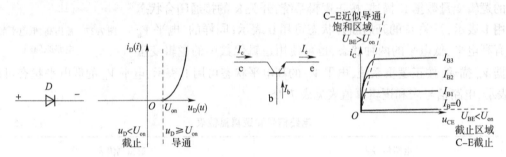

图 7.38　二极管开关电特性　　　　图 7.39　晶体管开关电特性

截止区：发射结反偏，集电结反偏，$U_{BE} <$ 死区电压，$I_B = 0$，$I_C = 0$，$U_{CE} = V_{CC}$——C、E 间相当于开关断开；饱和区：发射结正偏，集电结正偏，$U_{BE} >$ 死区电压，$U_{BC} < 0V$，$U_{CES} = 0.3V$——C、E 间相当于开关闭合。

7.5.2　逻辑关系的电路实现

门电路是用以实现逻辑关系的电子电路，同前述基本逻辑关系相对应。门电路主要有：与门、或门、与非门、或非门、异或门等。

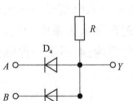

图 7.40　二极管与门
电路原理

7.5.2.1　二极管与门

（1）电路组成。

二极管与门电路如图 7.40 所示，有：$V_{CC} = 5V$，$U_{IH} = 3V$，$U_{IL} = 0V$，二极管正向压降 0.7V。

根据电路元件特性、电路构成，该电路有输入电信号 U_A、U_B（因）→输出电压信号 U_Y（果）的逻辑因果关系，在内在因果逻辑关系影响下，当输入端输入不同电信号 U_A、U_A，输出端可以获得相应的输出信号 U_Y。

（2）信号关系分析。

由图 7.40 所示电路，输入电信号 U_A、U_B 取值只有 0V、3V 两个电压值信号状态，则可将输入电压信号 U_B、U_B 作为逻辑数据 A、B，其输入电压值 0V 作为输入逻辑"0"，输入电压信号值 3V 作为输入逻辑"1"。

由图 7.40 所示电路，输出电信号 U_Y 取值可得到只有 0.7V、3.7V 两个电压信号状态，则可将输出电压信号 U_Y 作为逻辑数据 Y，输出电压值 0.7V 作为输出逻辑"0"，输出电压信号 3.7V 作为输出逻辑"1"。

电路输入信号-输出信号对应电压信号表见表 7.16，逻辑真值表见表 7.17。

二极管与门输入输出电信号表　　表7.16

U_A	U_B	D_a	D_b	U_Y
0V	0V	截止	截止	0.7V
0V	3V	导通	截止	0.7V
3V	0V	截止	导通	0.7V
3V	3V	导通	导通	3.7V

二极管与门逻辑真值表　　表7.17

A	B	Y	A	B	Y
0	0	0	1	0	0
0	1	0	1	1	1

（3）电路逻辑关系。

从真值表7.17可知,在输入电信号 U_A、U_B（因）→输出电压信号 U_Y（果）的逻辑因果关系中,若输入逻辑数据 A、B 都取值为1或者都成立时,则输出逻辑数据 Y 取值才为1或才成立,符合逻辑代数的与逻辑运算关系。

该电路实际上可以利用电路、电信号来实现输入逻辑数据 A、B（因）→输出逻辑数据 Y（果）的与逻辑关系,可用逻辑函数表达式如下表示:

$$Y = f(A,B) = A \cdot B$$

对应的与门逻辑电路图符号如图7.41所示。

7.5.2.2　二极管或门

（1）电路组成。

二极管或门电路如图7.42所示,有: $V_{CC} = 5V$, $U_{IH} = 3V$, $U_{IL} = 0V$,二极管正向压降0.7V。

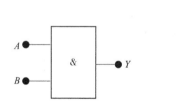
图7.41　二极管与门的逻辑符号

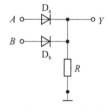
图7.42　二极管或门电路原理

根据电路元件特性、电路构成,该电路有输入电信号 U_A、U_B（因）→输出电压信号 U_Y（果）的逻辑因果关系,在内在因果逻辑关系影响下,当输入端输入不同电信号 U_A、U_B,输出端可以获得相应的输出信号 U_Y。

（2）信号关系分析。

由图7.42所示电路,输入电信号 U_A、U_B 取值只有0V、3V两个电压值信号状态,则可将输入电压信号 U_A、U_B 作为逻辑数据 A、B,其输入电压值0V作为输入逻辑"0",输入电压信号值3V作为输入逻辑"1"。

由图7.42所示电路,输出电信号 U_Y 取值只有0V、2.3V两个电压信号状态,则可将输出电压信号 U_Y 作为逻辑数据 Y,输出电压值0V作为输出逻辑"0",输入电压信号2.3V作为输出逻辑"1"。

电路输入信号-输出信号对应电压信号表见表 7.18,逻辑真值表见表 7.19。

二极管或门输入输出电信号表　　　　表 7.18

U_A	U_B	D_a	D_b	U_Y
0V	0V	截止	截止	0V
0V	3V	截止	导通	2.3V
3V	0V	导通	截止	2.3V
3V	3V	导通	导通	2.3V

二极管或门逻辑真值表　　　　表 7.19

A	B	Y	A	B	Y
0	0	0	1	0	1
0	1	1	1	1	1

(3)电路逻辑关系。

从真值表 7.19 可知,在输入电信号 U_A、U_B(因)→输出电压信号 U_Y(果)的逻辑因果关系中,若输入逻辑数据 A、B 之一为 1 或者之一成立时,则输出逻辑数据 Y 取值就为 1 或就成立,符合逻辑代数的或逻辑运算关系。

该电路实际上可以利用电路、电信号来实现输入逻辑数据 A、B(因)→输出逻辑数据 Y(果)的或逻辑关系,可用逻辑函数表达式如下表示:

$$Y = f(A,B) = A + B$$

对应的或门逻辑电路图符号如图 7.43 所示。

7.5.2.3　晶体管非门

(1)电路组成。

电路如图 7.44 所示,有:$V_{CC} = 5V$,$U_{IH} = 3V$,$U_{IL} = 0V$,晶体管发射结正向导通压降 0.7V,晶体管饱和电压 0.3V(也可以近似为 0V)。

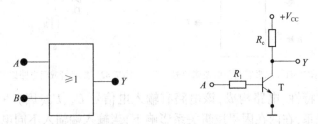

图 7.43　二极管或门的逻辑符号　　　图 7.44　晶体管非门电路原理

根据电路元件特性、电路构成,该电路有输入电信号 U_A(因)→输出电压信号 U_Y(果)的逻辑因果关系,在内在因果逻辑关系影响下,当输入端输入不同电信号 U_A,输出端可以获得相应的输出信号 U_Y。

(2)信号关系分析。

由图 7.44 所示电路,输入电信号 U_A 取值只有 0V、3V 两个电压值信号状态,则可将输入电压信号 U_A 作为逻辑数据 A,其输入电压值 0V 作为输入逻辑"0",输入电压信号值 3V 作为输入逻辑"1"。

由图 7.44 所示电路,输出电信号 U_Y 取值只有 0V、V_{CC} 两个电压信号状态,则可将输出电压信号 U_Y 作为逻辑数据 Y,输出电压值 0V 作为输出逻辑"0",输入电压信号 V_{cc} 作为输出逻辑"1"。

电路输入信号-输出信号对应电压信号表见表 7.20,逻辑真值表见表 7.21。

晶体管非门输入输出电信号表　　　　　表 7.20

U_a	T	U_Y	U_a	T	U_Y
0	截止	V_{CC}	3V	饱和	0

晶体管非门逻辑真值表　　　　　表 7.21

A	Y	A	Y
0	1	1	0

(3)电路逻辑关系。

从真值表 7.21 可知,在输入电信号 U_A(因)→输出电压信号 U_Y(果)的逻辑因果关系中,若输入逻辑数据 A 为 0 时,输出逻辑数据 Y 取值为 1,输入逻辑数据 A 为 1 时,输出逻辑数据 Y 取值为 0,符合逻辑代数的非逻辑运算关系。

该电路实际上可以利用电路、电信号来实现输入逻辑数据 A(因)→输出逻辑数据 Y(果)的非逻辑关系,可用逻辑函数表达式如下表示:

$$Y = f(A) = \overline{A}$$

对应的非门逻辑电路图符号如图 7.45 所示。

7.5.2.4　复合逻辑门

将上述基本逻辑门的输入逻辑信号、输出逻辑信号进行互联,即可得到复合逻辑门,如图 7.46 所示。

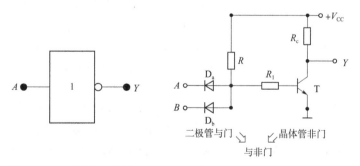

图 7.45　三极管非门逻辑符号　　　图 7.46　复合逻辑与非门电路原理

在图 7.46 中,将与逻辑门的输出逻辑信号 0、1,作为后级非逻辑门的输入逻辑信号 0、1,即可得到复合逻辑运算电路——与非门。

在前级逻辑门输出信号作为后级逻辑门输出信号使用时,需要注意两点:

(1)需要电路支路实现电气信号的实质性线路连接;

(2)需要匹配不同类型的逻辑门逻辑 0、逻辑 1 的电气信号标准。

在图 7.46 中,与逻辑门的输出逻辑信号 0、1 分别为 0.7V、3.7V,非逻辑门的输入逻辑信号 0、1 则分别为 0V、3V,表示逻辑信号 0、1 的电气信号完全不同,为保证电路正常工作,需要在构成复合逻辑门时,根据电气信号需要,补充电气信号匹配变换的电路元件和电路支路部分。

若使用的逻辑门多或者逻辑关系复杂,采用上述分离性元件的逻辑门电路,会带来一些不足和缺点:逻辑电路的体积大、工作不可靠;逻辑电路可能需要不同电源;逻辑电路中各种逻辑门的输入、输出电平不匹配。实践中,一般采用集成化工艺解决复杂逻辑关系电路实现工作。

7.6 数字逻辑的集成器件原理与特性

数字集成电路是在一块半导体基片上制作出一个完整的逻辑电路所需要的全部元件和连线,使用时接入电源、输入信号、输出信号。数字集成电路具有体积小、可靠性高、速度快、输入、输出电平匹配、价格便宜的特点,早已被广泛采用。

数字电路根据电路内部器件类型,可分为 TTL、MOS 管等集成门电路;根据电路内部逻辑门集成数量,可分为小规模集成电路(Small Scale Integration,SSI,100 个以下)、中规模集成电路(Medium Scale Integration,MSI,几百个)、大规模集成电路(Large Scale Integration,LSI,几千个)、超大规模集成电路(Very Large Scale Integration,VLSI,一万个以上)等。

7.6.1 TTL 器件原理

TTL(Transistor-Transistor Logic)型电路中输入和输出端结构都采用了半导体晶体管。

7.6.1.1 TTL 门电路结构

TTL 非门电路如图 7.47 所示,由输入级、倒相级、输出级三个部分组成。

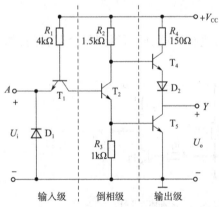

图 7.47 所示非门电路主要由四个晶体管 T_1、T_2、T_4、T_5,两个二极管 D_1、D_2,若干电阻,电源 V_{CC} 构成,输入信号 U_i 接入 T_1 发射极,输出信号 U_o 从 T_5 集电极输出,也通过二极管 D_2 连接到 T_4 发射极。

D_1 输入端钳位二极管抑制干扰和电流保护;D_2 确保 T_5 饱和导通时 T_4 可靠截止;T_4、T_5 互呈导通、截止推拉式电路(提高负载驱动);T_2 的 C 级、E 级电压信号变化方向相反。

电路信号构成输入信号 U_i(因)→输出信号 U_o(果)的逻辑因果关系,从电路设计目标而言,希望输入信号 U_i(因)→输出信号 U_o(果)的逻辑因果关系

图 7.47 TTL 非门电路原理

构成逻辑非关系,即为:输入信号 U_i(因)输入一个低电平信号或者逻辑数据 0 时,输出信号 U_o(果)输出一个高电平信号或者逻辑数据 1;输入信号 U_i(因)输入一个高电平信号或者逻辑数据 1 时,输出信号 U_o(果)输出一个低电平信号或者逻辑数据 0。

7.6.1.2 TTL 门电路原理分析

(1)输入信号 U_i 为低电平(0.2V)时。

T_1 晶体管发射结导通,T_1 基极电位稳定在 0.9V;T_2、T_5 晶体管发射结处于截止状态(若 T_2、T_5 晶体管发射结导通,则 T_2 发射极电位应为 0.7V,T_2 基极电位应为 1.4V,T_1 基极电位应为 2.1V,但 T_1 基极电位实际稳定在 0.9V,故 T_2、T_5 晶体管截止);因 T_2 晶体管截止,T_4 晶

体管基极电位为高电平,T_4晶体管发射结导通,故输出信号 $U_o = V_{CC} - U_{R2} - U_{BE4} - U_{D2}$ 为高电平信号,如图 7.48 所示。

由图 7.48 所示,可有:

输入信号 U_i 为低电平(0.2V)(因)→输出信号 U_o 为高电平($V_{CC} - U_{R2} - U_{BE4} - U_{D2}$)(果)。

(2)输入信号 U_i 为高电平(3.4V)时。

T_1 晶体管发射结截止(若 T_1 发射结导通,T_1 基极电位稳定在4.1V,会令 T_1 集电结导通、T_2 晶体管发射结导通、T_5 晶体管发射结导通,但三个 PN 结导通电压应该维持在2.1V,同 T_1 基极电位稳定在4.1V不符合,所以 T_1 发射结导通不成立,T_1 晶体管截止),T_1 基极电位稳定在2.1V;T_1 集电结导通、T_2 晶体管发射结导通、T_5 晶体管发射结导通,故 T_2 晶体管导通、T_5 晶体管导通;因 T_2 晶体管导通,T_4 晶体管基极电位为低电平,T_4 晶体管发射结截止,T_4 晶体管截止;因 T_5 晶体管导通,并且电路参数设计中让 T_5 处于饱和状态,故输出信号 $U_o = 0.3V$(近似为0V)为低电平信号,如图 7.49 所示。

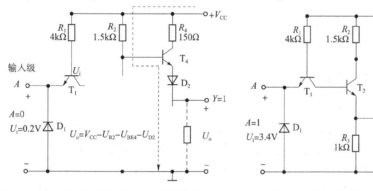

图 7.48 输入低电平 U_i 的工作形式   图 7.49 输入高电平 U_i 的工作形式

由图 7.49 所示,可有:

输入信号 U_i 为高电平(3.4V)(因)→输出信号 U_o 为低电平(0.3V,近似为0V)(果)。

综上,电路输入信号 U_i(因)→输出信号 U_o 为低电平(果)的逻辑因果关系为:输入信号 U_i 为低电平(0.2V)(因)→输出信号 U_o 为高电平($V_{CC} - U_{R2} - U_{BE4} - U_{D2}$)(果);输入信号 U_i 为高电平(3.4V)(因)→输出信号 U_o 为低电平(0.3V,近似为0V)(果)。

从逻辑代数角度分析电路,输入信号 U_i 只有低电平(0.2V)、高电平(3.4V)两种输入电信号状态,可以分别用逻辑数据 U_i 的逻辑值0、逻辑值1描述;类似,输出信号 U_o 只有为高电平($V_{CC} - U_{R2} - U_{BE4} - U_{D2}$)、低电平[0.3V(近似为0V)]两种输出电信号状态,也可以分别用逻辑数据 U_o 的逻辑值1、逻辑值0描述,故电路表述的逻辑关系见表7.22。

TTL 非门信号和真值表   表7.22

电路信号表		逻辑真值表	
输入信号 U_i	输出信号 U_o	逻辑数据 U_i(因)	逻辑数据 U_o(果)
低电平(0.2V)	高电平($V_{CC} - U_{R2} - U_{BE4} - U_{D2}$)	0	1
高电平(3.4V)	低电平(0.3V,近似为0V)	1	0

从抽象的逻辑真值表来看,逻辑数据 U_i(因)→逻辑数据 U_o(果)的逻辑因果关系符合

逻辑代数中的非逻辑关系,即为:

因成立时,果不成立;因不成立时,果成立。

因此,图 7.47 所示电路表述了逻辑代数中的非逻辑电路功能,为 TTL 非门。在此基础上,可得到其他形式的逻辑门电路,如图 7.50、图 7.51 所示。

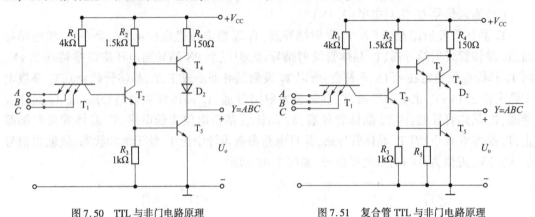

图 7.50 TTL 与非门电路原理   图 7.51 复合管 TTL 与非门电路原理

7.6.2 TTL 器件特性

7.6.2.1 电压传输特性

电压传输特性是指在确定的非门电路中,通过输入电压信号从 0 到大的逐渐变化,观察非门的输出电压信号的相应变化,来得到两个特性:一是输出逻辑数据 0、1 表示输出电压信号是多少?二是输入逻辑数据 0、1 表示的输入电压信号是多少?

通过电压传输特性,实质性定义在 TTL 逻辑电路中,逻辑数据 0、1 同电压信号的对应关系,如图 7.52 所示是一个用于测试电压特性的电路图。

通过分析得出如图 7.53 所示的传输特性曲线,并将其与理想的特性曲线相比较。

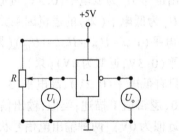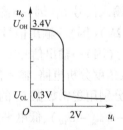

图 7.52 TTL 非门电压传输特性测试电路   图 7.53 TTL 非门电压传输特性

(1)输出高电平用 U_{OH} 表示、输出低电平 U_{OL} 表示。

在实际应用,TTL 非门输出信号满足 $U_{OH} \geq 2.4V$;$U_{OL} \leq 0.4V$ 便认为合格。

(2)输入阈值电压 U_{TH}。

从输出电压信号的高、低电平信号的分段情况来确定输入电信号 0、1 对应形式,如图 7.54 所示。

在实际应用,TTL 非门输入信号规定:$U_i < U_{TH}$ 时,认为 U_i 是低电平 0;$U_i > U_{TH}$ 时,认为 U_i 是高电平 1。U_{TH} 一般为 1.4V。

7.6.2.2 输入负载特性

一般情况下,逻辑门的输入信号都直接接入高、低电平信号,但有时,也会接入电阻,输入负载特性实质上是描述输入端接入不同阻值的电阻时,在输入端等价获得的输入电信号是高电平、还是低电平信号。

假设某输入端接一电阻,电路形式如图 7.55 所示。

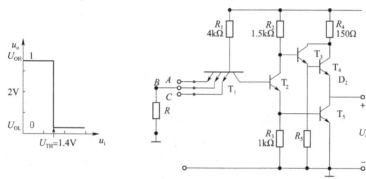

图 7.54 TTL 非门阈值电压　　　图 7.55 TTL 输入端接入负载的电路形式

根据电路,输入电信号可表示为:

$$U_i = \frac{R}{R_1 + R} \times (5 - U_{be1})$$

$$= \frac{4.3 \times R}{3 + R}$$

(1)当 R 较小时,利用上式子得到的 $U_i \ll U_{TH}(1.4V)$,根据前述非门电路原理说明,此时晶体管 T_2、T_5 不导通,输出信号 U_o 为高电平;

(2)当 R 增大时,U_i 也增大,若增大的 $U_i = U_{TH}$ 时,根据前述非门电路原理说明,晶体管 T_2、T_5 会进入导通状态,输出信号 U_o 为低电平。

若不考虑 u_i 信号的变化,直接用 R 阻值的变化来对应描述输出信号 U_o 描述,则可以得到:

①当 R 小于某阻值时,输出信号 U_o 为高电平,此时相当于输入低电平;

②当 R 阻值增大到使输出信号 U_o 由高电平向低电平转换时,此时等价于输入的电信号正由输入低电平信号向输入高电平信号转换,该 R 阻值为一个特征电阻值,$R_{临界} = 0.69k\Omega \approx 0.7k\Omega$,又称为关门电阻 R_{off};对应的,有开门电阻 $R_{on} = 2.5k\Omega$。

当 $R > R_{on}$ 时,相当于输入高电平;当 $R < R_{off}$ 时,相当于输入低电平;若 $R_{off} < R < R_{on}$,则 TTL 器件处于不正常状态,这种情况一般不允许。不同厂家不同型号逻辑门的具体关门电阻 R_{off} 值、开门电阻 R_{on} 值都可通过查阅器件生产商说明手册得到。

输入负载特性在电子电路实践中,主要用于处理判断逻辑门的输入端为悬空(未接入任何信号)时,此时的悬空输入端在逻辑门处理时是做输入逻辑信号 0、还是输入逻辑信号 1。

根据输入端特性原理分析,悬空的输入端等价于断开电路,电阻可等效为无穷大。因此,悬空(未接入任何信号)的输入端相当于接入一个输入高电平电信号,典型的 TTL 逻辑门电路输出状态如图 7.56 所示。

(3)在实践应用中,TTL 与非门在使用多余输入端处理,常做以下处理:

①接 +5V;

②若悬空，$U_i =$ "1"；

③输入端并联使用。

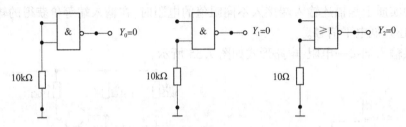

图 7.56　输入端接入不同负载时的 TTL 逻辑门输出电路状态

为了防止干扰，一般将悬空的输入端接高电平；同时，输入高电平有无实际接入（或连接上）逻辑门的输入端，实质上逻辑门都视为输入高电平信号输入。

在 TTL 逻辑电路实践中需要注意，一般情况下输入高电平不要作为一个关键可靠信号来使用，关键性的输入信号最好是采用输入低电平信号，只有低电平信号切实被逻辑门的输入端或者内部电路接收，输入低电平信号才能发挥对逻辑门逻辑功能的影响作用。

7.6.2.3　输出负载特性

在数字电路中使用门电路时，往往将逻辑门电路多级互联，需要关注的是，前级逻辑门的一个输出逻辑信号 0、1 可以提供给后级的逻辑门作为几个输入逻辑信号 0、1 来使用，这正是输出负载特性要描述的情况。

可结合一个简单的例子来分析输出负载特性，如图 7.57 所示。

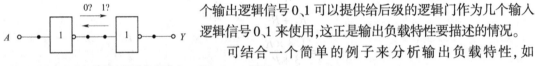

图 7.57　TTL 非门的输出驱动负载形式

（1）前级输出为高电平时，前后级之间电流的联系，等效电路图如图 7.58 所示。

此时，后级的输入端为高电平，T_1 的 b→e 结反偏，T_1 截止，流出前级电流 I_{OH}（拉电流）非常的小，是微级的（$40\mu A$）。若后级接入 T_1 越多，前级 T_4 射级输出负载电流升，T_4 进入饱和，T_4 输出电平降，前级输出的逻辑高电平电信号 1 会向输出逻辑低电平电信号 0 方向下降转换；前级输出的逻辑高电平电信号 1 不能再作为后级输入的逻辑高电平电信号 1 使用。为避免出现这种情况，必须限制后级接入 T_1 数量，即为后级接入的逻辑门数量。

（2）前级输出为低电平时，前后级之间电流的联系，等效电路图如图 7.59 所示。

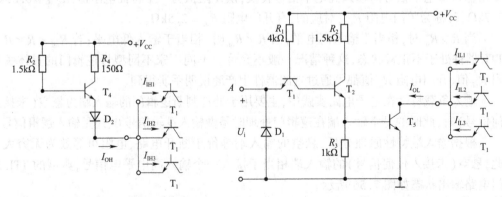

图 7.58　TTL 非门输出高电平驱动负载的等效电路　　图 7.59　TTL 非门输出低电平驱动负载的等效电路

此时，后级的输入端为低电平，所以，T_1 导通，可以计算出流入前级的电流 I_{OL}［约 1.0mA

（灌电流）]；前级 T_5 饱和状态，c—e 压降很低，后级 T_1 负载电流加大，导致前级 T_5 输出电平稍升，前级输出的逻辑低电平电信号 0 会向输出逻辑高电平电信号 1 方向上升转换；前级输出的逻辑低电平电信号 0 不能再作为后级输入的逻辑低电平电信号 0 使用。为避免出现这种情况，必须限制后级接入 T_1 数量，即为后级接入的逻辑门数量。

为描述在逻辑门多级电路中前级逻辑门的一个输出逻辑信号 0、1 可以提供给后级的逻辑门作为几个输入逻辑信号 0、1 来使用，电子领域内专门定义了一个扇出系数来描述逻辑门的输出负载特性。扇出系数为门电路输出驱动同类负载门的个数。

前级输出为低电平时，流入前级的电流（灌电流）：

$$I_{OL} = I_{IL1} + I_{IL2} + \cdots$$

前级输出为高电平时，流出前级的电流（拉电流）：

$$I_{OH} = I_{IH1} + I_{IH2} + \cdots$$

【例7.27】 如图 7.60 所示，已知 74LS00 门电路参数为：$I_{OH}/I_{OL} = 1.0\text{mA}/-20\text{mA}$ $I_{IH}/I_{IL} = 50\mu\text{A}/-1\text{mA}$，试求门的扇出系数 N 是多少？

解：74LS00 门输出的低电平，可带门数为 N_L，计算关系式为：

$$N_L \times 2I_{IL} \leqslant I_{OL} \rightarrow N_L \leqslant \frac{I_{OL}}{2 \times I_{IL}} = \frac{20\text{mA}}{2 \times 1\text{mA}} = 7$$

74LS00 门输出的高电平，可带门数为 N_H，计算关系式为：

$$N_H \times 2I_{IH} \leqslant I_{OH} \rightarrow N_H \leqslant \frac{I_{OH}}{2 \times I_{IH}} = \frac{1\text{mA}}{2 \times 0.05\text{mA}} = 10$$

综合输出高、低电平的两方面要求，74LS00 门扇出系数为 7 个。

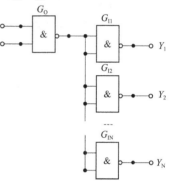

图7.60 TTL 非门输出负载特性示例计算

7.6.3 三态门简要特性

三态门电路如图 7.61 所示。三态门输出具有高、低电平状态外，还有第三种输出状态——高阻状态，又称禁止态或失效态。

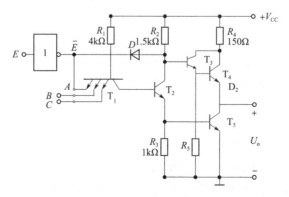

图7.61 TTL 三态门电路原理

三态门 $E = 0$ 时，如图 7.62 所示，受输入端逻辑信号影响，逻辑门输出端按逻辑功能，输出逻辑 1 或者输出逻辑 0,正常逻辑因果关系。

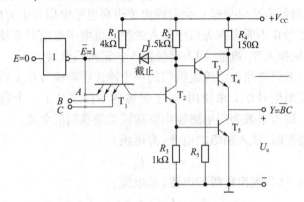

图 7.62　E = 0 时 TTL 三态门的信号形式

三态门 E = 1 时,如图 7.63 所示,逻辑门输出端一个新的高阻态,不同于输出逻辑 1、输出逻辑 0,并且不受输入端逻辑信号影响。

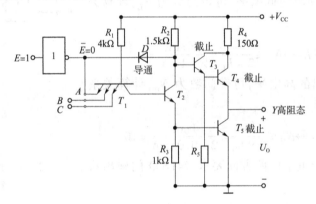

图 7.63　E = 1 时 TTL 三态门的信号形式

综上所述,TTL 三态门输入端增加一个控制信号 E,当 E = 0 时,TTL 三态门输出端可为 0、1 两种状态;当 E = 1 时,TTL 三态门输出端为第三种高阻状态。

❓ 习题7

7-1　简述数字电路处理数字信号的形式。

7-2　简述在数字电路和系统中采用二进制原因。

7-3　将如下十进制数转换为二进制数。

(1)26;(2)0.365;(3)18.124

7-4　将如下二进制数转换为十进制数。

(1)1011011;(2)0.11010;(3)1011.0111

7-5　某一班级有 7 个不同省(自治区、直辖市)的同学,请以 0、1 符号编制可以区分不同省(自治区、直辖市)的代码?

7-6　证明如下逻辑表达式。

$(1)\bar{A}+0=\bar{A}$

$(2)\bar{A}+AB=\bar{A}+B$

$(3)AB+BCD+\bar{A}C+\bar{B}C=AB+C$

$(4)\overline{ABC}+\bar{A}BC+ABC+\bar{A}+\bar{B}+\bar{C}=1$

7-7 将如下真值表转换为逻辑函数表达式,并绘制其逻辑电路。

(1)

A	B	Y
0	0	1
0	1	0
1	0	1
1	1	1

(2)

A	B	C	Y
0	0	0	1
0	0	1	0
0	1	0	1
0	1	1	1
1	0	0	1
1	0	1	0
1	1	0	1
1	1	1	1

(3)

A	B	C	Y
0	0	0	1
0	0	1	0
0	1	0	1
0	1	1	1
1	0	0	1
1	0	1	0
1	1	0	1
1	1	1	1

7-8 将如下逻辑函数表示为最小项之和的标准形式。

$(1)Y=\bar{A}+\bar{B}$

(2) $Y = AB + A\overline{C}$

(3) $Y = \overline{A}C + \overline{B}C + AD$

(4) $Y = \overline{AB} + \overline{A}C + BC + \overline{AD}$

7-9 采用代数法化简如下逻辑函数。

(1) $Y = ABC + \overline{A}B + \overline{BC}$

(2) $Y = \overline{B + C} + A\overline{D} + \overline{B}D$

(3) $Y = \overline{AB} + \overline{B}C + AC$

(4) $Y = AB + C + (\overline{AB} \cdot \overline{C})(CD + A) + BD$

(5) $Y = (A + \overline{A}C)(A + CD + D)$

7-10 有逻辑电路输入信号 A、B 的波形如题图 7.1 所示,请按要求绘制逻辑电路的输出信号 Y 的波形。

(1) $Y = AB$

(2) $Y = \overline{A + B}$

(3) $Y = \overline{A}B + A\overline{B}$

(4) $Y = AB + \overline{AB}$

题图 7.1

7-11 用卡诺图化简如下逻辑函数(最简与-或表达式)

(1) $Y = \overline{A}B + \overline{B}C + \overline{BC}$

(2) $Y = ABD + \overline{AC}\overline{D} + \overline{A}B + \overline{A}CD + A\overline{B}\overline{D}$

(3) $Y = ABC + \overline{B}CD + \overline{A}B$

(4) $Y = \overline{A}BD + \overline{B}C\overline{D} + \overline{A}C$

(5) $Y = \overline{\overline{A} + B + C} + \overline{B}D + \overline{A + CD}$

7-12 TTL 逻辑门电路如题图 7.2 所示,分析其逻辑输出 Y。

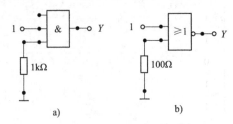

题图 7.2

第8章

组合逻辑电路

8.1 组合逻辑电路概念

组合逻辑电路是指该电路在任意时刻的输出状态只取决于这一时刻的输入状态,而与以前的输入和电路的原状态都无关,简称为组合电路。

组合逻辑电路结构只含有逻辑门电路,而不含有记忆元件,且只有从输入 $X_1, X_2, \cdots, X_n$ 到输出 $F_1, F_2, \cdots, F_m$ 的通路,而不具有从输出到输入的反馈回路逻辑,如图8.1所示。

形成的逻辑关系有:

$$F_1 = f_1(X_1, X_2, \cdots, X_n)$$
$$F_2 = f_2(X_1, X_2, \cdots, X_n)$$
$$\vdots$$
$$F_m = f_m(X_1, X_2, \cdots, X_n)$$

图8.1 组合逻辑电路框图

组合电路的特点有:电路由逻辑门构成,不含记忆元件;输出与输入间无反馈延迟回路;输出与电路原来状态无关。

8.2 组合逻辑电路分析

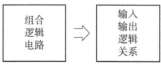

图8.2 组合逻辑电路分析示意

如图8.2所示,组合逻辑电路的分析是根据给定的组合逻辑电路,写出其逻辑函数表达式,并以此来描述其逻辑功能,确定输出与输入的逻辑关系,评定电路设计的合理性、可靠性,指出原电路设计的不足之处,必要时提出改进意见和改进方案,便于完善、改进设计。

8.2.1 分析步骤

组合逻辑电路的分析步骤如下:
(1)由给定的逻辑电路图写出逻辑关系表达式;
(2)用逻辑代数或卡诺图对逻辑表达式进行化简;
(3)列出输入输出状态真值表并得出结论。

8.2.2 分析例子

【例8.1】 分析图8.3所示给定的组合逻辑电路。

解:(1)根据给定的逻辑电路图,写出输出逻辑函数表达式。

根据电路中每种逻辑门电路的功能,从输入到输出,逐级写出各逻辑门的函数表达式,如图8.4所示。

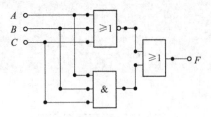

图8.3 组合逻辑电路分析示例1   图8.4 组合逻辑电路分析示例1的逻辑关系表示

(2)化简电路的输出函数表达式。

用代数化简法对所得输出函数表达式化简如下:

$$F = ABC + \overline{\overline{A} + \overline{B} + C}$$

$$= ABC + \overline{\overline{A} \cdot \overline{\overline{B}} \cdot \overline{C}}$$

(3)列出逻辑函数的真值表。

真值表见表8.1。

组合逻辑电路分析示例1的逻辑真值表   表8.1

A	B	C	F
0	0	0	1
0	0	1	0
0	1	0	0
1	1	1	0
1	0	0	0
1	0	1	0
1	1	0	0
1	1	1	1

(4)功能评述。

从真值表8.1可以得到输入A、B、C(因)→输出F(果)的取值规律为:

当输入A、B、C取值都为0或都为1时,逻辑电路的输出F为1;否则,输出F均为0,即当输入一致时输出为1,输入不一致时输出为0。

该电路具有检查输入信号是否一致的逻辑功能,一旦输出为0,则表明输入不一致,通常称该电路为"不一致电路"。

【例8.2】 分析图8.5所示逻辑电路的逻辑功能。

解:(1)根据给定的逻辑电路图,写出输出逻辑函数表达式并化简,如图8.6所示。

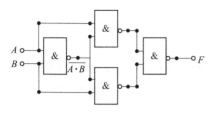
图 8.5　组合逻辑电路分析示例 2

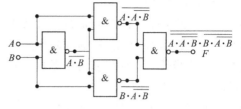
图 8.6　组合逻辑电路分析示例 2 的逻辑关系表示

输出逻辑函数表达式和化简为：

$$F = \overline{\overline{\overline{A \cdot B} \cdot A} \cdot \overline{\overline{A \cdot B} \cdot B}}$$
$$= \overline{A \cdot B} \cdot A + \overline{A \cdot B} \cdot B$$
$$= (\overline{A} + \overline{B}) \cdot A + (\overline{A} + \overline{B}) \cdot B$$
$$= A \cdot \overline{B} + \overline{A} \cdot B$$

（2）列出该逻辑函数的真值表见表 8.2。

组合逻辑电路分析示例 2 的逻辑真值表　　　　表 8.2

A	B	F
0	0	0
0	1	1
1	0	1
1	1	0

（3）功能评述。

从真值表 8.2 可以得到输入 A、B（因）→输出 F（果）的取值规律为：

当输入 A、B 取值都为 0 或都为 1 时，逻辑电路的输出 F 为 0；否则，输出 F 均为 1。即当输入一致时输出为 0，输入不一致时输出为 1。

该电路具有检查输入信号是否一致的逻辑功能，一旦输出为 1，则表明输入不一致，通常称该电路为"异或电路"。

8.3　组合逻辑电路设计

组合逻辑电路的设计是根据给定的逻辑功能要求或给出的逻辑函数，在一定条件下，设计出既能实现该逻辑功能又经济实惠的组合逻辑电路方案，并画出其逻辑电路图。组合逻辑电路的设计是组合逻辑电路分析的逆过程。

8.3.1　设计步骤

组合逻辑电路的设计步骤如下：

（1）确定输入、输出列出真值表；

（2）写出表达式并化简；

（3）若设计芯片有要求，根据芯片设计要求，逻辑表达式形式变换；

（4）选择所需门电路和芯片，画逻辑电路图。

在上述四个步骤中，第（1）步分析题意，是一个将现实中面临问题形式转化为数字逻辑电路可解决问题形式的过程，需要将设计要求抽象转化为真值表形式描述的逻辑关系，是设计组合逻辑电路的关键，具体可细分为：

第一步，确定是否为因→果问题。若是，继续第二步；不是，数字逻辑电路无法解决；

第二步，确定因→果问题中的因是什么、因有哪些、果是什么、果有哪些；

第三步，确定因、果是否具有二值性。若是，可用逻辑代数中的逻辑数据形式描述；否则，无法用数字逻辑电路解决；

第四步，确定因的逻辑数据0、1的实际含义、确定果的逻辑数据0、1的实际含义；

第五步，依据设计问题逻辑关系机制描述，建立因（0、1）→果（0、1）的真值表描述形式。

8.3.2 设计案例

【例 8.3】 设计三人表决电路（A、B、C）。每人一个按键，如果同意则按下，不同意则不按。结果用指示灯表示，多数同意时指示灯亮，否则不亮。

解：（1）确定输入、输出列出真值表。

第一步，确定是否为因→果问题。

三人表决电路可描述为三人（因）→结论（果）的逻辑因果形式。

第二步，确定因→果问题中的因、果。

三人（因）→结论（果）逻辑关系中，因可描述为三个人，或三个按键；果可描述为一个结论，或一个灯。

第三步，确定因、果是否具有逻辑数据二值性。

因的三个人状态为同意、不同意的两个不同状态，三个按键为接通闭合、开启断开的两个不同状态，都满足逻辑数据的二值性，可用逻辑数据 A、B、C 分别代表因的三个人，或三个按键。

果的一个结论状态为表决通过、表决未通过的两个不同状态，一个灯为亮、灭的两个不同状态，都满足逻辑数据的二值性，可用逻辑数据 Y 分别代表果的一个结论，或一个灯。

第四步，确定因、果的逻辑数据0、1的实际含义。

按照正逻辑系统，因的逻辑数据 A、B、C 逻辑值0表示人的不同意状态，或按键的开启断开状态；因的逻辑数据 A、B、C 逻辑值1表示人的同意状态，或按键的接通闭合状态；果的逻辑数据 Y 逻辑值0表示结论的表决未通过，或灯的灭状态；果的逻辑数据 Y 逻辑值1表示结论的表决通过，或灯的亮状态。

第五步，建立因（0、1）→果（0、1）的真值表描述形式。

按照三人表决问题描述中的表决机制，2个人及以上同意，则结论为表决通过。

在 A、B、C（因）→Y（果）的逻辑因果关系中，因的逻辑数据 A、B、C 的逻辑值有2个及以上为1时，果的逻辑数据 Y 的逻辑值才为1。

因的逻辑数据 A、B、C 不同取值组合共有 2^3 个，并按照三人表决的因→果逻辑取值关系，列出真值表见表8.3。

组合逻辑电路设计示例1的逻辑真值表　　　　　表8.3

A	B	C	Y
0	0	0	0
0	0	1	0
0	1	0	0
0	1	1	1
1	0	0	0
1	0	1	1
1	1	0	1
1	1	1	1

表8.3表明成功完成了将"三人表决"问题转化为"逻辑电路可处理"逻辑因-果问题形式。

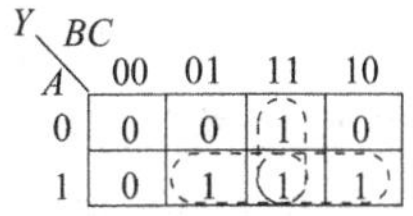

（2）写出表达式并卡诺图化简，如图8.7所示。

图8.7　组合逻辑电路设计示例1的卡诺图化简

化简后逻辑表达式为：

$$F = AB + BC + AC$$

（3）问题无芯片要求，选择所需门电路，画逻辑电路图，如图8.8所示。

（4）若用与非门实现，需要将（2）中的与或形式逻辑表达式转换为与非-与非逻辑表达式，如下：

$$F = AB + BC + AC$$
$$= \overline{\overline{AB + BC + AC}}$$
$$= \overline{\overline{AB} \cdot \overline{BC} \cdot \overline{AC}}$$

再选择所需与非门电路，画逻辑电路图，如图8.9所示。

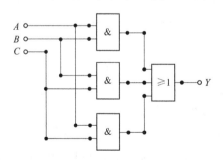

图8.8　组合逻辑电路设计示例1的逻辑电路

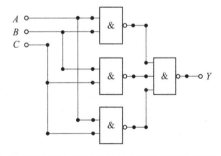

图8.9　组合逻辑电路设计示例1的与非-与非形式逻辑电路

【例8.4】　设计一个楼上、楼下开关的控制逻辑电路来控制楼梯上的电灯，使之在上楼前，用楼下开关打开电灯，上楼后，用楼上开关关灭电灯；或者在下楼前，用楼上开关打开电灯，下楼后，用楼下开关关灭电灯（用与非门实现）。

解：（1）确定输入、输出列出真值表。

第一步，确定是否为因→果问题；

楼梯路灯电路可描述为两开关（因）→一路灯（果）的逻辑因果形式。

第二步,确定因→果问题中的因、果;

两开关(因)→一路灯(果)逻辑关系中,因可描述为两个开关;果可描述为一个路灯。

第三步,确定因、果是否具有逻辑数据二值性;

因的两个开关为接通闭合、开启断开的两个不同状态,都满足逻辑数据的二值性,可用逻辑数据 A、B 分别代表因的两个开关(A 代表楼上开关、B 代表楼下开关)。

果的一个路灯状态为亮、灭的两个不同状态,都满足逻辑数据的二值性,可用逻辑数据 Y 分别代表果的一个灯。

第四步,确定因、果的逻辑数据 0、1 的实际含义。

按照正逻辑系统,因的逻辑数据 A、B 逻辑值 0 表示按键的开启断开状态;因的逻辑数据 A、B 逻辑值 1 表示按键的接通闭合状态;果的逻辑数据 Y 逻辑值 0 表示灯的灭状态;果的逻辑数据 Y 逻辑值 1 表示灯的亮状态。

第五步,建立因(0、1)→果(0、1)的真值表描述形式。

按照楼梯路灯控制问题描述中的表决机制,楼上开关接通闭合,楼下开关开启断开,或者,楼上开关开启断开,楼下开关接通闭合,则一个电灯为亮。

在 A、B(因)→Y(果)的逻辑因果关系中,因的逻辑数据 A、B 的逻辑值为 1、0 或者 0、1 时,果的逻辑数据 Y 的逻辑值才为 1。

因的逻辑数据 A、B 不同取值组合共有 2^2 个,并按照楼梯路灯的因→果逻辑取值关系,列出真值表见表8.4。

组合逻辑电路设计示例 2 的逻辑真值表   表8.4

A	B	Y
0	0	0
0	1	1
1	0	1
1	1	0

(2)写出表达式并化简:

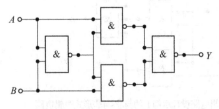

图8.10 组合逻辑电路设计示例2的逻辑电路

$$Y = \overline{A} \cdot B + A \cdot \overline{B}$$

(3)问题要求与非门实现,需要将(2)中的与或形式表达式转换为与非-与非表达式:

$$Y = \overline{\overline{\overline{A} \cdot B} \cdot \overline{A \cdot \overline{B}}} = \overline{\overline{\overline{A} \cdot B} \cdot \overline{A \cdot \overline{B}}}$$

(4)选择与非门电路,画逻辑电路图,如图 8.10 所示。

【例8.5】 设计一个故障指示电路,具体要求为:

(1)两台电动机同时工作时,绿灯亮;

(2)一台电动机发生故障时,黄灯亮;

(3)两台电动机同时发生故障时,红灯亮。

解:(1)确定输入、输出列出真值表。

第一步,确定是否为因→果问题。

故障指示电路可描述为两电机(因)→三灯(果)的逻辑因果形式。

第二步,确定因→果问题中的因、果。

两电机(因)→三灯(果)逻辑关系中,因可描述为两台电机;果可描述为三个指示灯。果超过1个,会形成具有两个或两个以上的输出逻辑变量的多输出组合逻辑电路。

第三步,确定因、果是否具有逻辑数据二值性。

因的两台电机为故障、工作的两个不同状态,都满足逻辑数据的二值性,可用逻辑数据 A、B 分别代表因的两台电机。

果的三个指示灯状态为亮、灭的两个不同状态,都满足逻辑数据的二值性,可用逻辑数据 $F_绿$、$F_黄$、$F_红$ 分别代表果的绿色指示灯、黄色指示灯、红色指示灯。

第四步,确定因、果的逻辑数据0、1的实际含义。

本例中为便于熟悉负逻辑系统,因的逻辑数据 A、B 逻辑值0表示电机的工作状态;因的逻辑数据 A、B 逻辑值1表示电机的故障状态;按照正逻辑系统,果的逻辑数据 $F_绿$、$F_黄$、$F_红$ 的逻辑值0表示灯的灭状态;果的逻辑数据 $F_绿$、$F_黄$、$F_红$ 逻辑值1表示灯的亮状态。

第五步,建立因(0、1)→果(0、1)的真值表描述形式。

按照故障指示电路描述中的表决机制,两台电机工作时,绿色指示灯亮;或者,其中一台电机工作时;或者,黄色指示灯亮,两台电机故障时。

在 A、B(因)→$F_绿$、$F_黄$、$F_红$(果)的逻辑因果关系中,因的逻辑数据 A、B 的逻辑值为0、0时,果的逻辑数据 $F_绿$ 的逻辑值才为1;或者,因的逻辑数据 A、B 的逻辑值为0、1或者1、0时,果的逻辑数据 $F_黄$ 的逻辑值才为1;或者,因的逻辑数据 A、B 的逻辑值为1、1时,果的逻辑数据 $F_红$ 的逻辑值才为1。

因的逻辑数据 A、B 不同取值组合共有 2^2 个,并按照故障指示的因→果逻辑取值关系,列出真值表见表8.5。

组合逻辑电路设计示例3的逻辑真值表　　　　　　表8.5

A	B	$F_绿$	$F_黄$	$F_红$
0	0	1	0	0
0	1	0	1	0
1	0	0	1	0
1	1	0	0	1

(2)分别写出每个果 $F_绿$、$F_黄$、$F_红$ 的表达式并化简:

$$F_绿 = \bar{A} \cdot \bar{B}$$

$$F_黄 = \bar{A} \cdot B + A \cdot \bar{B} = A \oplus B$$

$$F_红 = A \cdot B$$

(3)问题并无芯片要求,选择门电路,分别实现 $F_绿$、$F_黄$、$F_红$,并将输入 A、B 作为共同输入,合并画为一个逻辑电路图,如图8.11所示。

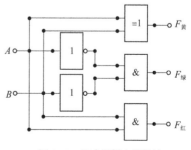

图8.11　组合逻辑电路设计
示例3的逻辑电路

习题8

8-1 逻辑电路如题图8.1所示,分析其逻辑功能。

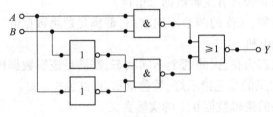

题图8.1

8-2 逻辑电路如题图8.2所示,分析其逻辑功能。

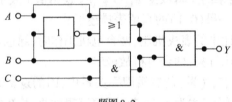

题图8.2

8-3 逻辑电路如题图8.3所示,分析其逻辑功能。

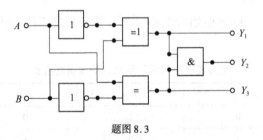

题图8.3

8-4 逻辑电路如题图8.4所示,分析其逻辑功能。

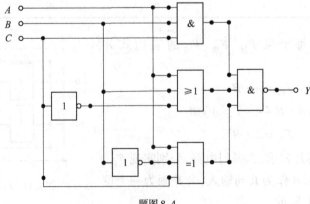

题图8.4

8-5　逻辑电路信号波形如题图 8.5 所示,分析逻辑电路形式和逻辑功能。

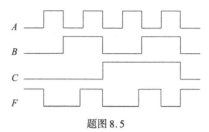

题图 8.5

8-6　某山区道路有两个入口,但仅能通行单车,设计一个车道占用提示逻辑电路。

8-7　设计一个判断八进制大于 5 的逻辑电路,要求大于 5 时输出高电平。

8-8　设计一个 8421 码区间[5,6,7]判断逻辑电路。

8-9　一个多功能计算逻辑电路有两个功能选择输入信号 S_1、S_0,A、B 作为其两个输入变量,Y 为电路的输出,当 S_1、S_0 取为不同组合时,用逻辑门构成逻辑电路实现以下功能:

(1)$S_1 S_0 = 00$,$Y = A$;

(2)$S_1 S_0 = 01$,$Y = B$;

(3)$S_1 S_0 = 10$,$Y = AB$;

(4)$S_1 S_0 = 11$,$Y = A + B$。

8-10　一个数据分配器有两个输出分配输入信号 S_1、S_0,A 作为其输入变量,D_0、D_1、D_2、D_3 为电路的四个输出通道,当 S_1、S_0 取为不同组合时,用逻辑门构成逻辑电路实现以下功能:

(1)$S_1 S_0 = 00$,A 分配到 D_0 输出通道;

(2)$S_1 S_0 = 01$,A 分配到 D_1 输出通道;

(3)$S_1 S_0 = 10$,A 分配到 D_2 输出通道;

(4)$S_1 S_0 = 11$,A 分配到 D_3 输出通道。

8-11　如题图 8.6 所示有一储水容器,A、B、C 表示储水容器的三个水位,当超过 A、B、C 任意一个水位时,A、B、C 所接电极会产生相应的一个高电平信号输出,若水位控制设计为:

(1)水位在 A、B 之间,储水容器为正常状态,亮绿灯 L_1;

(2)水位在 B、C 之间,储水容器为缺少状态,亮黄灯 L_2;

题图 8.6

(3)水位在 C 之下或者 A 之上,储水容器为危险状态,亮红灯 L_3。

用逻辑门电路设计一个可实现水位控制的逻辑电路。

第9章

触发器

9.1 触发器概念

在数字系统应用中往往包含大量的存储单元，而且经常要求在同一时刻同步动作。为达到同步目的，在每个存储单元电路上引入一个时钟脉冲(CP、CLK)作为控制信号，只有当时钟脉冲(CP、CLK)到来时，电路才被"触发"而动作，并根据输入信号改变输出状态。把在时钟信号(CP、CLK)触发时，才能动作的存储单元电路称为触发器，以区别没有时钟信号控制的锁存器。

数字电路一般分为组合逻辑电路和时序逻辑电路两大类，触发器在时序逻辑电路应用较为广泛，常作为类似于基本与门、或门、非门的一类基本器件来应用。

触发器从结构上可以看成是一些简单逻辑门构成的复合逻辑数字电路，但具有以下不同于组合逻辑电路的特性：

(1)具有两个能自行保持的稳态(1态或0态)；

(2)外加触发信号时，电路的输出状态可以翻转；

(3)在触发信号消失后，能将获得的新态保存下来。

触发器类型较多，从电路结构不同可以分为：基本触发器、同步触发器、主从触发器、边沿触发器；从电路功能不同可以分为：RS触发器、JK触发器、D触发器、T触发器等。

9.2 触发器原理

触发器作为一类由基本逻辑门构成的复合逻辑电路，其特性同组合逻辑电路有所区别，不同特性的实质上是由触发器电路结构不同所带来的影响。因此，同以往的组合逻辑电路相比而言，触发器具有三方面的不同：结构不同、特性不同、描述方式等不同，在学习触发器需要特别注意这三方面同组合逻辑电路的区别。

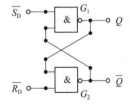

图9.1 基本RS触发器
(与非逻辑门)

9.2.1 结构构成

以与非逻辑门构成的基本SR触发器(SR锁存器)为例，其电路结构如图9.1所示。

从图9.1可知，该触发器电路主要两个 G_1、G_2 与非逻辑门构成，每个与非逻辑门有两输入、一输出，同时，一个与非门的输出作为另外一个两输入与非门的其中一个输入信号。

G_1 与非门的输入→输出逻辑因果关系为：$\overline{S_D}$、$\overline{Q}$（因）→Q（果）；G_2 与非门的输入→输出逻辑因果关系为：$\overline{R_D}$、Q（因）→$\overline{Q}$（果）。从输入→输出逻辑关系式子可看出，同以往电路只有输入端→输出端的信息单向通道不同，新出现了输出端→输入端的信息通道。

在图 9.1 电路构成中，具有输入端→输出端、输出端→输入端的信息双向通道。在后面电路分析中，需要关注两个信息通道中的信息处理情况，尤其是特别要注意输出端→输入端的信息通道对电路特性所带来的一些影响。

对电路使用者而言，在不关心图 9.1 电路内部结构的情况下，电路外部输入信号为：$\overline{R_D}$、$\overline{S_D}$，外部输出信号为 Q、$\overline{Q}$，电路构成的外部逻辑因果形式为：

$$\overline{R_D}、\overline{S_D}（因）\to Q（果）$$

或

$$\overline{R_D}、\overline{S_D}（因）\to \overline{Q}（果）$$

逻辑函数表达式可为：

$$Q =f(\overline{R_D},\overline{S_D})，也可表为 Q =f(\overline{R_D}、\overline{S_D})、Q =f(\overline{R_D}\ \overline{S_D})$$

或

$$\overline{Q} =f_1(\overline{R_D},\overline{S_D})，也可表为 \overline{Q} =f_1(\overline{R_D}、\overline{S_D})、\overline{Q} =f_1(\overline{R_D}\ \overline{S_D})$$

需要进一步通过分析电路工作情况，确定上述形式所描述的具体逻辑功能。

在电路结构不同的同时，从使用习惯出发，对构成触发器的电路使用或描述也有以下特定约定形式。

(1)Q 端、$\overline{Q}$ 端为两个互补的输出端，意味着在电路正常使用中，两个与非门的输出信号必须互补，只能输出 Q 端、$\overline{Q}$ 端为 0、1 或者 1、0 信号两种情况。

但这只是对电路输出信号的一种期望，或者说约定在电路工作只能使用这两种情况，并不是电路实际工作时不能输出 Q 端、$\overline{Q}$ 端为 0、0 或 1、1 信号两种情况，电路可以输出，但 Q 端、$\overline{Q}$ 端为 0、0 或 1、1 信号并不被使用。

由于 Q 端、$\overline{Q}$ 端只能输出为 0、1 或者 1、0 信号两种情况，为简化输出信号描述，特定义两种状态予以代表：

当电路的 Q 端、$\overline{Q}$ 端输出为 0、1 时，命名为电路处于 0 态；

当电路的 Q 端、$\overline{Q}$ 端输出为 1、0 时，命名为电路处于 1 态。

在后续触发器使用中，一般都用 0 态、1 态来描述电路的输出情况，而不再使用电路输出信号称谓描述。

(2)$\overline{R_D}$、$\overline{S_D}$ 端本身是电路外部输入信号端，但在触发器电路中，一般用触发信号来代替输入信号的称谓，触发是个动词，意味着更强调输入信号对输出端信号的影响是立即、瞬间影响效果。

触发信号输入端 $\overline{R_D}$、$\overline{S_D}$ 的非号上标表示触发信号为"0"时，触发有效，会立即对输出端信号产生相应影响；

触发信号输入端$\overline{R_D}$、$\overline{S_D}$的下角标 D 表示触发信号对输出端信号的影响是直接影响,并不受其他信号的限制和约束。

触发信号输入端$\overline{R_D}$作用为:若$\overline{R_D}=0$,将立即使输出端 Q 端、$\overline{Q}$ 端输出为 0、1 信号或者触发器输出 0 态,一般将$\overline{R_D}$输入端称为复位端;

触发信号输入端$\overline{S_D}$作用为:若$\overline{S_D}=0$,将立即使输出端 Q 端、$\overline{Q}$ 端输出为 1、0 信号或者触发器输出 1 态,一般将$\overline{S_D}$输入端称为置位端。

9.2.2 特性

为了解电路逻辑功能,在已知电路结构基础上,可对电路输入外部输入$\overline{S_D}$、$\overline{R_D}$的全部信号组合,逐一获得 Q 端、$\overline{Q}$ 端对应全部取值,构建电路真值表,如表 9.1 所示,以准确描述电路逻辑表达式 $Q=f(\overline{R_D}、\overline{S_D})$ 的逻辑特性。

外部输入-输出信号表(基本 RS 触发器)   表 9.1

$\overline{R_D}$	$\overline{S_D}$	Q	$\overline{Q}$
0	0		
0	1		
1	0		
1	1		

外部输入$\overline{R_D}$、$\overline{S_D}$的信号组合见表 9.1,同时,根据电路内容结构,确定两个两输入与非门输入信号,还需要考虑 Q 端、$\overline{Q}$ 端信号,因此,每一组$\overline{S_D}$、$\overline{R_D}$输入下,Q 端、$\overline{Q}$ 端信号可能为 0、1(0 态)或者 1、0(1 态)。

(1)$\overline{R_D}$、$\overline{S_D}=0$、1 时。

若在没有输入$\overline{R_D}$、$\overline{S_D}$前,触发器处于 0 态,即 Q、$\overline{Q}=0$、1,根据电路内部信号连接,两个与非门信号作用$\overline{S_D}$、$\overline{Q}(1、1)\to Q$,$\overline{R_D}$、$Q(0、0)\to\overline{Q}$,可得到 Q、$\overline{Q}=0$、1,触发器电路输出保持 0 态,即 Q、$\overline{Q}=0$、1。

若在没有输入$\overline{R_D}$、$\overline{S_D}$前,触发器处于 1 态,即 Q、$\overline{Q}=1$、0,根据电路内部信号连接,两个与非门信号作用$\overline{S_D}$、$\overline{Q}(1、0)\to Q$,$\overline{R_D}$、$Q(0、1)\to\overline{Q}$,可得到 Q、$\overline{Q}=0$、1,触发器电路输出变为 0 态,即 Q、$\overline{Q}=0$、1。

综上两种情况,在输入$\overline{R_D}$、$\overline{S_D}$信号前,不论触发器处于 0 态还是 1 态,输入$\overline{R_D}$、$\overline{S_D}=0$、1 后,触发器一定会处于 0 态,即 Q、$\overline{Q}=0$、1,如图 9.2 所示。

(2)$\overline{R_D}$、$\overline{S_D}=1$、0 时。

若在没有输入$\overline{R_D}$、$\overline{S_D}$前,触发器处于 0 态,即 Q、$\overline{Q}=0$、1,根据电路内部信号连接,两个与

非门信号作用$\overline{S_D}$、$\overline{Q}(0、1)\rightarrow Q$，$\overline{R_D}$、$Q(1、0)\rightarrow\overline{Q}$，可得到 Q、$\overline{Q}=1、0$，触发器电路输出变为 1 态，即 Q、$\overline{Q}=1、0$。

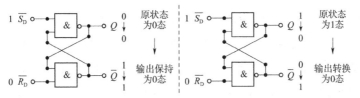

图9.2　输入$\overline{R_D}$、$\overline{S_D}=0、1$ 后的输出信号

若在没有输入$\overline{R_D}$、$\overline{S_D}$前，触发器处于 1 态，即 Q、$\overline{Q}=1、0$，根据电路内部信号连接，两个与非门信号作用$\overline{S_D}$、$\overline{Q}(0、0)\rightarrow Q$，$\overline{R_D}$、$Q(1、1)\rightarrow\overline{Q}$，可得到 Q、$\overline{Q}=1、0$，触发器电路输出保持 1 态，即 Q、$\overline{Q}=1、0$。

综上两种情况，在输入$\overline{R_D}$、$\overline{S_D}$信号前，不论触发器处于 0 态，还是 1 态，输入$\overline{R_D}$、$\overline{S_D}=1、0$ 后，触发器一定会处于 1 态，即 Q、$\overline{Q}=1、0$，如图9.3 所示。

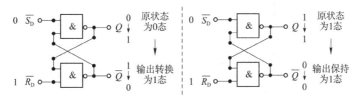

图9.3　输入$\overline{R_D}$、$\overline{S_D}=1、0$ 后的输出信号

（3）$\overline{R_D}$、$\overline{S_D}=1、1$ 时。

若在没有输入$\overline{R_D}$、$\overline{S_D}$前，触发器处于 0 态，即 Q、$\overline{Q}=0、1$，根据电路内部信号连接，两个与非门信号作用$\overline{S_D}$、$\overline{Q}(1、1)\rightarrow Q$，$\overline{R_D}$、$Q(1、0)\rightarrow\overline{Q}$，可得到 Q、$\overline{Q}=0、1$，触发器电路输出保持 0 态，即 Q、$\overline{Q}=0、1$。

若在没有输入$\overline{R_D}$、$\overline{S_D}$前，触发器处于 1 态，即 Q、$\overline{Q}=1、0$，根据电路内部信号连接，两个与非门信号作用$\overline{S_D}$、$\overline{Q}(1、0)\rightarrow Q$，$\overline{R_D}$、$Q(1、1)\rightarrow\overline{Q}$，可得到 Q、$\overline{Q}=1、0$，触发器电路输出保持 1 态，即 Q、$\overline{Q}=1、0$。

综上两种情况，在输入$\overline{R_D}$、$\overline{S_D}$信号前，若触发器处于 0 态或者 1 态，输入$\overline{R_D}$、$\overline{S_D}=1、1$ 后，触发器继续保持 0 态或者 1 态，即 Q、$\overline{Q}=0、1$ 或者 Q、$\overline{Q}=1、0$，如图9.4 所示。

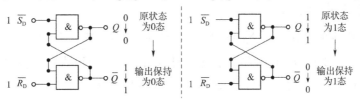

图9.4　输入$\overline{R_D}$、$\overline{S_D}=1、1$ 后的输出信号

(4) $\overline{R_D}$、$\overline{S_D}$ = 0、0 时。

若在没有输入 $\overline{R_D}$、$\overline{S_D}$ 前,触发器处于 0 态,即 Q、$\overline{Q}$ = 0、1,根据电路内部信号连接,两个与非门信号作用 $\overline{S_D}$、$\overline{Q}(0$、$1) \rightarrow Q$,$\overline{R_D}$、$Q(0$、$0) \rightarrow \overline{Q}$,可得到 Q、$\overline{Q}$ = 1、1,触发器电路输出无效(违反 Q 端、$\overline{Q}$ 端信号需要互为逻辑非关系的电路使用约定),不使用 Q、$\overline{Q}$ = 1、1。

若在没有输入 $\overline{R_D}$、$\overline{S_D}$ 前,触发器处于 1 态,即 Q、$\overline{Q}$ = 1、0,根据电路内部信号连接,两个与非门信号作用 $\overline{S_D}$、$\overline{Q}(0$、$0) \rightarrow Q$,$\overline{R_D}$、$Q(0$、$1) \rightarrow \overline{Q}$,可得到 Q、$\overline{Q}$ = 1、1,,触发器电路输出无效(违反 Q 端、$\overline{Q}$ 端信号需要互为逻辑非关系的电路使用约定),不使用 Q、$\overline{Q}$ = 1、1。

综上两种情况,在输入 $\overline{R_D}$、$\overline{S_D}$ 信号前,若触发器处于 0 态或者 1 态,输入 $\overline{R_D}$、$\overline{S_D}$ = 0、0 后,触发器电路输出无效(违反 Q 端、$\overline{Q}$ 端信号需要互为逻辑非关系的电路使用约定),不使用 Q、$\overline{Q}$ = 1、1,如图 9.5 所示。

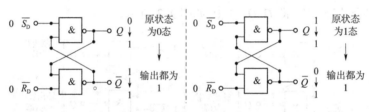

图 9.5 输入 $\overline{R_D}$、$\overline{S_D}$ = 0、0 后的输出信号

综合电路输入的外部输入 $\overline{R_D}$、$\overline{S_D}$ 的四种信号组合,逐一获得了 Q 端、$\overline{Q}$ 端对应全部取值,构建的电路真值表如表 9.2 所示,可利用真值表得到电路逻辑表达式 $Q = f(\overline{R_D}$、$\overline{S_D})$。

逻辑真值表(基本 RS 触发器)   表9.2

$\overline{R_D}$	$\overline{S_D}$	Q	$\overline{Q}$
0	0	1	1
0	1	0	1
1	0	1	0
1	1	Q	$\overline{Q}$

从表 9.2 中的四种取值来看,有外部输入信号 $\overline{R_D}$、$\overline{S_D}$ = 0、0(因)→电路输出信号 Q、$\overline{Q}$ = 1、1(果)的无效逻辑因果对应形式一个。

同时,也有外部输入信号 $\overline{R_D}$、$\overline{S_D}$ = 0、1(因)→电路输出信号 Q、$\overline{Q}$ = 0、1(果);$\overline{R_D}$、$\overline{S_D}$ = 1、0(因)→电路输出信号 Q、$\overline{Q}$ = 1、0(果),在这两种逻辑因果对应形式中,只需要知道外部输入信号,就可唯一确定电路输出信号,符合组合逻辑电路的定义。

但在外部输入信号 $\overline{R_D}$、$\overline{S_D}$ = 1、1(因)→电路输出信号 Q、$\overline{Q}$ 保持原信号(果),在这种逻

辑因果对应形式中,光知道外部输入信号$\overline{R_D}$、$\overline{S_D}=1$、1,是没有办法确定电路输出信号Q、$\overline{Q}$的特性。

为了确定电路输出信号Q、$\overline{Q}$,还需要知道外部输入信号$\overline{R_D}$、$\overline{S_D}$输入电路之前,触发器的输出信号Q、$\overline{Q}$是0态,还是1态。

仅凭输入信号无法确定输出信号的特性,并不符合第8章组合逻辑电路的定义。在组合逻辑电路中,其输出只决定于输入,或者说,在电路结构未发生变化,输入确定性的输入信号,就可以得到确定性的输出信号。

因此,从特性而言,触发器电路不符合组合逻辑电路定义,某些输入信号状态下,无法唯一确定触发器电路输出信号;需要结合输入信号、输入信号之前的输出信号共同确定输入信号之后的输出信号。

触发器逻辑函数表达式$Q=f(\overline{R_D}、\overline{S_D})$或者$\overline{Q}=f_1(\overline{R_D}、\overline{S_D})$,应修正为:$Q=f(\overline{R_D}、\overline{S_D}、Q)$或者$\overline{Q}=f_1(\overline{R_D}、\overline{S_D}、Q)$,即逻辑表示式的因中包含有电路的输出信号。

在第7章逻辑因果描述上,逻辑表示式$Q=f(\overline{R_D}、\overline{S_D}、Q)$或者$\overline{Q}=f_1(\overline{R_D}、\overline{S_D}、Q)$,左侧代表逻辑果、右侧代表逻辑因。从逻辑表示式形式来看,逻辑表示式左右两侧或者逻辑因果包含有相同的果符号Q,无法区分。

从$Q=f(\overline{R_D}、\overline{S_D}、Q)$在电路信号影响作用来看,右侧逻辑因的$Q$代表电路外部输入信号$\overline{R_D}$、$\overline{S_D}$作用于触发器电路之前,触发器电路输出信号;左侧逻辑果的Q代表电路外部输入信号$\overline{R_D}$、$\overline{S_D}$作用于触发器电路时及之后,触发器电路输出信号Q,存在时间上前后差异。

为便于区分二者的时间性,用Q^n代表右侧逻辑因的Q,Q^n是电路外部输入信号$\overline{R_D}$、$\overline{S_D}$作用于触发器电路之前,触发器电路输出信号,称为触发器电路现态;用Q^{n+1}代表左侧逻辑果的Q,Q^{n+1}是电路外部输入信号$\overline{R_D}$、$\overline{S_D}$作用于触发器电路之后,触发器电路输出信号,称为触发器电路次态。

触发器的逻辑表示式$Q=f(\overline{R_D}、\overline{S_D}、Q)$或者$\overline{Q}=f_1(\overline{R_D}、\overline{S_D}、Q)$细分变化为:逻辑表示式$Q^{n+1}=f(\overline{R_D}、\overline{S_D}、Q^n)$或者$\overline{Q^{n+1}}=f_1(\overline{R_D}、\overline{S_D}、Q^n)$,也可简单描述为:触发器外部输入信号、触发器现态(因)→触发器次态(果)。

特别注意,在基本RS触发器中,现态Q^n、次态Q^{n+1}是一种不同时刻上触发器输出的描述,其时刻的不同划分标准为每一次的触发器外部输入$\overline{R_D}$、$\overline{S_D}$的输入或者变化。

在一个时间变化范围内,若RS触发器的触发器外部输入$\overline{R_D}$、$\overline{S_D}$出现了连续的输入或者连续变化,则触发器输出信号Q也会以触发器外部输入$\overline{R_D}$、$\overline{S_D}$出现的连续输入或者连续变化的时刻进行区分,呈现出如下变化:

$$Q^0 \rightarrow Q^1 \rightarrow Q^2 \rightarrow Q^3 \rightarrow \cdots Q^n \rightarrow Q^{n+1} \rightarrow Q^{n+2} \rightarrow \cdots$$

上述触发器输出端信号的变化,对应于不同时间的外部输入信号变化,实质上也代表了一种信号-时间关联变化。因此,时序逻辑电路中时序概念,实际就来自与触发器输出端信号变化序列同时间变化序列的关系。真值表9.2也变化为表9.3形式。

含现态和次态的逻辑真值表（基本 RS 触发器）   表9.3

$\overline{R}_D$	$\overline{S}_D$	Q^n	Q^{n+1}	
0	0	0	1	无效不用
0	0	1	1	
0	1	0	0	置0态
0	1	1	0	
1	0	0	1	置1态
1	0	1	1	
1	1	0	0	保持原态
1	1	1	1	

$\overline{R}_D$	$\overline{S}_D$	Q	$\overline{Q}$
0	0	1	1
0	1	0	1
1	0	1	0
1	1	Q	$\overline{Q}$

特别注意：触发器电路从描述形式看类似于组合逻辑电路，但根据组合逻辑电路的定义，触发器并不是组合逻辑电路类型。时序逻辑电路在电路结构未发生变化，输入确定性的输入信号时，并不一定可以得到确定性的输出信号，有时还受到输入信号之前的输出信号影响，触发器特性符合时序逻辑电路特性。因此，触发器是一个时序逻辑电路类型。

9.2.3　描述形式

在第7章逻辑代数中，已经说明了逻辑因果问题的四种描述形式，有：逻辑函数式形式、真值表形式、逻辑电路图形式、卡诺图形式。在触发器逻辑因果描述中，除了上述四种形式外，为了表示触发器特性中的触发器外部输入信号、触发器现态（因）→触发器次态（果）中的触发器现态（因）→触发器次态（果）变化关系，增加了状态图、波形图两种新的电路特性描述方式。

（1）真值表形式。

基本 RS 触发器（SR 锁存器）的真值表见表9.4。

逻辑真值表完整（基本 RS 触发器）   表9.4

$\overline{R}_D$	$\overline{S}_D$	Q^n	Q^{n+1}
0	0	0	1
0	0	1	1
0	1	0	0
0	1	1	0
1	0	0	1
1	0	1	1
1	1	0	0
1	1	1	1

（2）逻辑函数式。

由真值表（表9.4），可得基本 RS 触发器（SR 锁存器）的逻辑函数表达式如下：

$$
\begin{cases}
Q^{n+1} = \overline{\overline{S_D}} + \overline{R_D} \cdot Q^n \\
\text{约束条件}: \overline{R_D} + \overline{S_D} = 1
\end{cases}
\tag{9.1}
$$

约束条件限制了出现 Q、$\overline{Q}=1$、1 情况，符合该约束条件的触发器外部输入信号 $\overline{R_D}$、$\overline{S_D}$ 不能为 $\overline{R_D}$、$\overline{S_D}=0$、0。

（3）电路符号。

基本 RS 触发器（SR 锁存器）的逻辑电路符号如图9.6所示。

（4）卡诺图。

基本 RS 触发器（SR 锁存器）的卡诺图如图9.7所示。

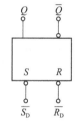

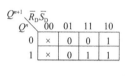

图9.6　基本 RS 触发器的逻辑符号　　图9.7　卡诺图（基本 RS 触发器）

（5）状态图。

状态图是描述触发器的状态转换关系及转换条件的图形。使用状态图时，主要描述基本 RS 触发器三类内容。

①触发器有哪些输出信号类型或状态类型。

基本 RS 触发器输出信号 $Q=1$ 或者 $Q=0$，用带圆符号的 1 或 0 表示。可由表9.4"Q^n"列特性得出。

②触发器有哪些现态 $Q^n \to$ 次态 Q^{n+1} 的变化形式。

基本 RS 触发器现态 $Q^n \to$ 次态 Q^{n+1} 的变化形式有四种：现态 $Q^n 0$ 态 $\to$ 次态 $Q^{n+1} 0$ 态、现态 $Q^n 0$ 态 $\to$ 次态 $Q^{n+1} 1$ 态、现态 $Q^n 1$ 态 $\to$ 次态 $Q^{n+1} 0$ 态、现态 $Q^n 1$ 态 $\to$ 次态 $Q^{n+1} 1$ 态，可用有向带箭头线表示，用带箭头线的起始端代表现态 Q^n，箭头端指向次态 Q^{n+1}。可由表9.4"Q^n"列、"Q^{n+1}"列特性得出。

③触发器现态 $Q^n \to$ 次态 Q^{n+1} 的变化条件。

基本 RS 触发器为直接触发器，现态 $Q^n \to$ 次态 Q^{n+1} 的变化条件就是触发器外部输入信号 $\overline{R_D}$、$\overline{S_D}$ 不同取值，用 $\overline{R_D}\ \overline{S_D}/$ 表示，可由表9.4"$\overline{R_D}$"列、"$\overline{S_D}$"列特性得出。

不论触发器处在何状态，若 $\overline{R_D}\ \overline{S_D}=10$，触发器就会翻转成为 1 状态；

不论触发器处在何状态，若 $\overline{R_D}\ \overline{S_D}=01$，触发器就会翻转成为 0 状态；

当触发器处在 0 状态，即 $Q^n=0$ 时，若输入信号 $\overline{R_D}\ \overline{S_D}=01$ 或 11，触发器仍为 0 状态；

当触发器处在 1 状态，即 $Q^n=1$ 时，若输入信号 $\overline{R_D}\ \overline{S_D}=10$ 或 11，触发器仍为 1 状态。

基本 SR 触发器(SR 锁存器)的状态图如图9.8 所示。

(6)波形图。

波形图是反映触发器输入信号取值和状态之间对应关系的图形,使用波形图时,主要描述基本 RS 触发器两种内容。

①触发器现态 Q^n→次态 Q^{n+1} 的变化时刻。基本 RS 触发器现态 Q^n→次态 Q^{n+1} 的变化时刻为每一次触发器外部输入 $\overline{R}_D$、$\overline{S}_D$ 出现了输入或者变化。

②触发器现态 Q^n→次态 Q^{n+1} 的变化情况。基本 RS 触发器为直接触发器,现态 Q^n→次态 Q^{n+1} 的变化情况就是根据在触发器外部输入信号 $\overline{R}_D$ $\overline{S}_D$ 输入或者变化时刻的不同取值,具体变换情况可由表9.4 确定。

若触发器初始外部输入信号 $\overline{R}_D = 1$、$\overline{S}_D = 0$,则触发器初态为 1 态,即为 $Q = 1$,$\overline{Q} = 0$,如图9.9 所示。

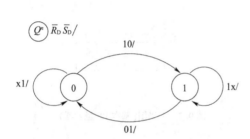

图9.8　卡诺图(基本 RS 触发器)

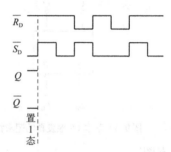

图9.9　初始 $\overline{R}_D = 1$、$\overline{S}_D = 0$ 时波形图

若第一次触发器外部输入信号 $\overline{S}_D$ 发生变化 $\overline{S}_D = 1$($\overline{R}_D = 1$ 保持),则触发器状态随之发生现态 $Q^n = 1$→次态 $Q^{n+1} = 1$ 的保持变化,如图9.10 所示。

若第二次触发器外部输入信号 $\overline{S}_D$ 发生变化 $\overline{S}_D = 0$($\overline{R}_D = 1$ 保持),则触发器状态随之发生现态 $Q^n = 1$→次态 $Q^{n+1} = 1$ 的置 1 变化,如图9.11 所示。

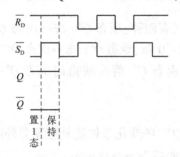

图9.10　第一次输入 $\overline{R}_D = 1$、$\overline{S}_D = 1$ 时波形图

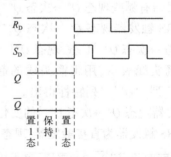

图9.11　第二次输入 $\overline{R}_D = 1$、$\overline{S}_D = 0$ 时波形图

若第三次触发器外部输入信号 $\overline{R}_D$、$\overline{S}_D$ 同时发生变化 $\overline{R}_D = 0$、$\overline{S}_D = 1$,则触发器状态随之发生现态 $Q^n = 1$→次态 $Q^{n+1} = 0$ 的置 0 变化,如图9.12 所示。

若第四次触发器外部输入信号 $\overline{R}_D$、$\overline{S}_D$ 同时发生变化 $\overline{R}_D = 1$、$\overline{S}_D = 0$,则触发器状态随之发生现态 $Q^n = 0$→次态 $Q^{n+1} = 1$ 的置 1 变化,如图9.13 所示。

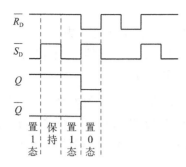

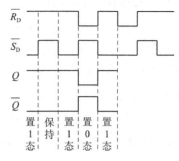

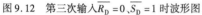

图9.12 第三次输入 $\overline{R_\mathrm{D}}=0$、$\overline{S_\mathrm{D}}=1$ 时波形图　　　图9.13 第四次输入 $\overline{R_\mathrm{D}}=1$、$\overline{S_\mathrm{D}}=0$ 时波形图

若第五次触发器外部输入信号 $\overline{R_\mathrm{D}}$ 发生变化 $\overline{R_\mathrm{D}}=0$（$\overline{S_\mathrm{D}}=0$ 保持），则触发器状态，按电路发生 $Q=1$、$\overline{Q}=1$ 的变化，但该触发器状态不符合触发器使用预期中的互为逻辑非的工作输出信号，故不使用。

如第六次触发器外部输入信号 $\overline{R_\mathrm{D}}$、$\overline{S_\mathrm{D}}$ 同时发生变化 $\overline{R_\mathrm{D}}=1$、$\overline{S_\mathrm{D}}=1$，则触发器状态触发器状态随之发生 $Q=1$、$\overline{Q}=1$ 的保持变化，但该触发器状态不符合，触发器使用预期中的互为逻辑非预期工作输出信号，故不使用，如图9.14所示。

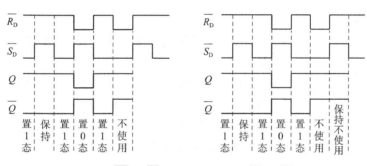

图9.14 第五次输入 $\overline{R_\mathrm{D}}=0$、$\overline{S_\mathrm{D}}=0$ 时和第六次输入 $\overline{R_\mathrm{D}}=1$、$\overline{S_\mathrm{D}}=1$ 时波形图

若第七次触发器外部输入信号 $\overline{R_\mathrm{D}}$、$\overline{S_\mathrm{D}}$ 同时发生变化 $\overline{R_\mathrm{D}}=1$、$\overline{S_\mathrm{D}}=0$，则触发器状态随之发生现态 $Q^n=0\rightarrow$ 次态 $Q^{n+1}=1$ 置1变化，如图9.15所示。

9.2.4 基本RS触发器的特性特点

（1）电路具有两个稳定状态，在无外来触发信号作用时，电路将保持原状态不变。

（2）外加触发信号有效时，电路可触发翻转，实现置0或置1。

（3）在稳定状态下两个输出端的状态必须是互补关系，即有约束条件。

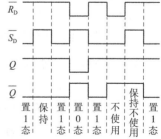

图9.15 第七次输入 $\overline{R_\mathrm{D}}=1$、$\overline{S_\mathrm{D}}=0$ 时波形图

（4）存储一位二进制信息。

（5）动作特点是输入信号在全部作用时间里直接改变输出端的状态。抗干扰能力差。

（6）触发器次态不仅与输入信号状态有关，而且与触发器现态有关。

基本 RS 触发器有三个不足：

（1）输入信号有一组取值 $\overline{R_D} = 0$、$\overline{S_D} = 0$ 无法使用，是信息表示的损失；

（2）输入信号直接影响输出信号 Q 端，若输入信号中混杂干扰信号，干扰信号也会影响输出信号 Q 端，触发器无法区分输入有效信号和干扰输入信号；

（3）基本 RS 触发器现态 $Q^n \rightarrow$ 次态 Q^{n+1} 的变化时刻为每一次触发器外部输入 $\overline{R_D}$、$\overline{S_D}$ 出现了输入或者变化，若多个基本 RS 触发器同时在一个逻辑电路中，每一个触发器输出端 $Q^n \rightarrow$ 次态 Q^{n+1} 的变化时刻可能会不一致，导致逻辑电路分析更为复杂，不利于电路分析应用。

9.3 电平触发器

在数字系统中，如果要求某些触发器在同一时刻输出端信号变化，就必须给这些触发器引入时间控制信号。时间控制信号也称同步信号，或时钟信号，或时钟脉冲，简称时钟，用 CP 表示，受 CP 控制的触发器称为时钟触发器。根据 CP 信号的使用形式，时钟触发器也分为电平触发器、边沿触发器等。

9.3.1 电平 RS 触发器

（1）电路结构。

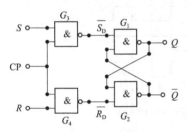

图 9.16　电平 RS 触发器电路
结构（与非门形式）

以与非逻辑门构成的电平 RS 触发器为例，电路结构如图 9.16 所示。

由电路图 9.16 可知，该触发器电路主要四个与非逻辑门构成，每个与非逻辑门有两输入、一输出，G_1、G_2 门构成基本 RS 触发器，G_3、G_4 门构成输入控制电路。

触发器触发输入信号端为 R、S，时钟信号为 CP，输出信号为 Q、$\overline{Q}$，触发器输入→输出逻辑因果关系分别为：R、S、CP（因）→Q、$\overline{Q}$（果）。可在基本 RS 触发器基础上，分析新的电平 RS 触发器。

（2）信号分析。

对比基本 RS 触发器的电路结构图，可建立触发器输入信号端为 R、S、CP，同基本 RS 触发器的触发输入信号端为 $\overline{R_D}$、$\overline{S_D}$ 关系如下：

$$\overline{R_D} = \overline{R \cdot CP}, \overline{S_D} = \overline{S \cdot CP}$$

代入基本 RS 触发器的特性方程，可推导电平 RS 触发器的特性方程：

$$Q_{n+1} = S_D + \overline{R_D} \cdot Q_n = S \cdot CP + \overline{R \cdot CP} \cdot Q_n$$

同时由基本 RS 触发器的使用条件可得出：

$$\overline{S_D} + \overline{R_D} = 1 \Rightarrow \overline{S \cdot CP} + \overline{R \cdot CP} = 1 \Rightarrow \overline{S \cdot CP \cdot R \cdot CP} = 1 \Rightarrow S \cdot CP \cdot R = 0 \text{ 有效}$$

当 CP = 0 时，虽满足上述式子，但此时基本 RS 触发器有：

$$\overline{S_D} = \overline{S \cdot CP} = \overline{S \cdot 0} = 1, \overline{R_D} = \overline{R \cdot CP} = \overline{R \cdot 0} = 1 \Rightarrow Q_{n+1} = Q_n \text{ 保持}$$

由电路图9.16可知,当电平 RS 触发器时钟信号 CP = 0 时,G_3、G_4 门封锁,R、S 触发信号不起作用,R、S 触发信号对 Q 信号无影响;当电平 RS 触发器时钟信号 CP = 1 时,G_3、G_4 门打开,R、S 触发信号可加到基本触发器上,进而影响 Q 信号。故电平 RS 触发器时钟 CP 信号不能为0,只能 CP = 1,可得出电平 RS 触发器特性:

$$Q_{n+1} = S_D + \overline{R_D} \cdot Q_n = S + \overline{R} \cdot Q_n \tag{9.2}$$
$$约束条件:CP = 1, S \cdot R = 0$$

(3)真值表。

由电平 RS 触发器逻辑表达式方程,在时钟信号 CP、触发输入信号端 R、S 的 8 种全部取值组合下,可得到输出信号为 Q、$\overline{Q}$ 对应取值见表9.5。

电平 RS 触发器的逻辑真值表　　　　　表9.5

CP	R	S	Q^n	Q^{n+1}	
0	×	×	Q^n	Q^n	保持
1	0	0	0	0	保持原态
1	0	0	1	1	
1	0	1	0	1	置1态
1	0	1	1	1	
1	1	0	0	0	置0态
1	1	0	1	0	
1	1	1	0	1	无效不用
1	1	1	1	1	

从表9.5 中可得,电平 RS 触发器在 CP = 1 期间,其功能为:

① $R = 0$,$S = 0$ 时,Q 端保持;

② $R = 0$,$S = 1$ 时,Q 端置 1 态;

③ $R = 1$,$S = 0$ 时,Q 端置 0 态;

④ $R = 1$,$S = 1$ 时,Q 和 $\overline{Q}$ 端都为 1,触发器输出信号状态 Q 和 $\overline{Q}$ 端不符合,触发器使用预期中的 Q 和 $\overline{Q}$ 端,互为逻辑非预期工作输出信号,因此不允许使用 $R = 1$、$S = 1$ 触发输入信号组合。

(4)逻辑符号。

电平 RS 触发器的逻辑电路符号如图9.17 所示。

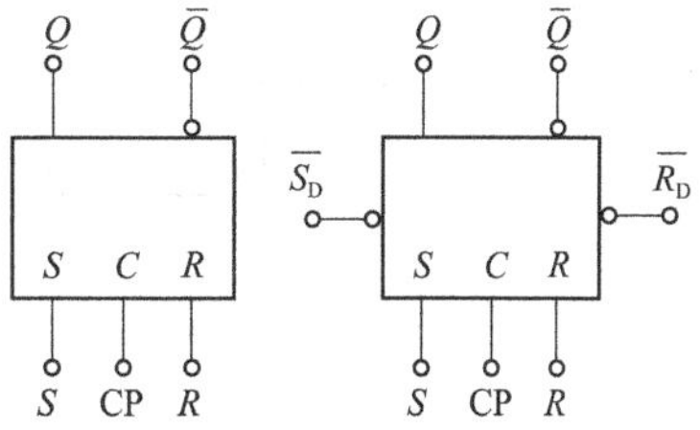

(5)状态图。

电平 RS 触发器的状态图中,需要表示和关注的三方面内容为:

①触发器有哪些输出信号类型或状态类型。

图9.17　电平 RS 触发器的逻辑符号

电平 RS 触发器输出信号 $Q = 1$ 或者 $Q = 0$,用带圆符号的 1 或 0 表示。

②触发器有哪些现态 Q^n→次态 Q^{n+1} 的变化形式。

电平 RS 触发器现态 Q^n→次态 Q^{n+1} 的变化形式有四种:现态 $Q^n 0$ 态→次态 $Q^{n+1} 0$ 态、现态 $Q^n 0$ 态→次态 $Q^{n+1} 1$ 态、现态 $Q^n 1$ 态→次态 $Q^{n+1} 0$ 态、现态 $Q^n 1$ 态→次态 $Q^{n+1} 1$ 态,可用有

向带箭头线表示,用带箭头线的起始端代表现态 Q^n,箭头端指向次态 Q^{n+1}。

③触发器现态 Q^n→次态 Q^{n+1} 的变化条件。

电平 RS 触发器为电平触发触发器,现态 Q^n→次态 Q^{n+1} 的变化条件就触发器时钟信号 CP = 1 期间及外部输入信号 S、R 不同取值,用 CP = 1 期间,R、S/表示,具体条件可由表9.5确定。

A. CP = 1 时,电平 RS 触发器状态为 0 态、1 态两个状态;

B. CP = 1,电平 RS 触发器 Q^n→Q^{n+1} 的变化情况和相应触发信号条件为:

Q^n 0 态→Q^{n+1} 0 态,条件为:$R = 0$、$S = 0$;或者 $R = 1$、$S = 0$;

Q^n 0 态→Q^{n+1} 1 态,条件为:$R = 0$、$S = 1$;

Q^n 1 态→Q^{n+1} 1 态,条件为:$R = 0$、$S = 0$;或者 $R = 0$、$S = 1$;

Q^n 1 态→Q^{n+1} 0 态,条件为:$R = 1$、$S = 0$;

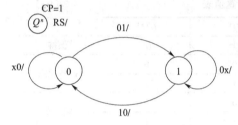

图 9.18　电平 RS 触发器的状态图

类似于基本 RS 触发器的状态图推导,电平 RS 触发器的状态图如图 9.18 所示。

(6)波形图。

类似于基本 RS 触发器的状态图推导,电平 RS 触发器的时钟信号 CP、触发输入信号 R、S 如图 9.9 所示,电平 RS 触发器波形图需要表述和关注两种内容。

①触发器现态 Q^n→次态 Q^{n+1} 的变化时刻。

电平 RS 触发器现态 Q^n→次态 Q^{n+1} 的变化时刻为 CP = 1 期间的每一次触发器外部输入 R、S 出现了输入或者变化;

②触发器现态 Q^n→次态 Q^{n+1} 的变化情况。

电平 RS 触发器为电平触发器,现态 Q^n→次态 Q^{n+1} 的变化情况就是根据在 CP = 1 期间的触发器外部输入信号 R、S 输入或者变化时刻的不同取值,如图 9.19 所示,具体变换情况可由表 9.5 确定。

A. 触发有效期间为 CP = 1,共有 4 个 CP = 1 区间,为触发信号 R、S 触发信号有效作用区间,如图 9.20 所示。

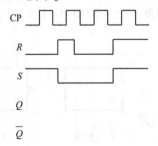

图9.19　电平 RS 触发器的波形图输入信号波形

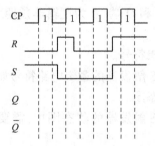

图9.20　电平 RS 触发器的波形图 CP = 1 有效区间

B. 若触发器初态为 0 态,如图 9.21 所示。

触发器输出端 Q 波形变化情况为:

第一个 CP = 1,$R = 0$,$S = 1$,Q^n→Q^{n+1} 置 1 态,并一直保持到第二个 CP 高电平来临,如图 9.22 所示。

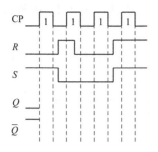
图9.21 电平 RS 触发器的波形图初始波形

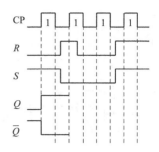
图9.22 电平 RS 触发器的波形图第一个 CP 周期波形

第二个 $CP=1$, $R=1$, $S=0$, $Q^n \to Q^{n+1}$ 置 0 态;$CP=1$ 间, R 发生一次变化, $R=0$, $S=0$, $Q^n \to Q^{n+1}$ 保持 0 态, 并一直保持到第三个 CP 高电平来临, 如图 9.23 所示。

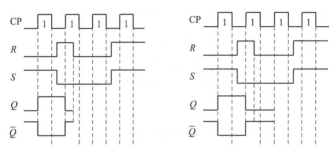

图9.23 电平 RS 触发器的波形图第二个 CP 周期波形

第三个 $CP=1$, $R=0$, $S=0$, $Q^n \to Q^{n+1}$ 保持 0 态, 并一直保持到第四个 CP 高电平来临, 如图 9.24 所示。

第四个 $CP=1$, $R=1$, $S=1$, 则触发器状态 $Q^n \to Q^{n+1}$ 随之发生 $Q=1$、$\overline{Q}=1$ 的变化, 但该触发器状态不符合, 触发器使用预期中的互为逻辑非预期工作输出信号, 不使用, 并一直保持到第五个 CP 高电平来临, 如图 9.25 所示。

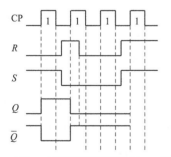
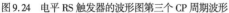

图9.24 电平 RS 触发器的波形图第三个 CP 周期波形

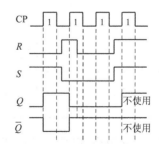

图9.25 电平 RS 触发器的波形图第四个 CP 周期波形

9.3.2 电平 JK 触发器

(1) 电路结构。

电路结构类似于电平 RS 触发器, 触发输入信号端为 J、K, 时钟信号为 CP, 输出信号为 Q、$\overline{Q}$, 有两点不同:

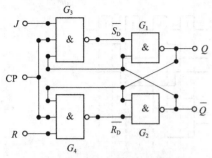

图 9.26 电平 JK 触发器电路结构

①触发器输出信号 Q 作为了 G_4 逻辑门新增加的一个输入信号端；

②触发器输出信号 $\overline{Q}$ 作为了 G_3 逻辑门新增加的一个输入信号端。

可在电平触发器 RS 基础上，分析新的电平 JK 触发器，如图 9.26 所示。

（2）信号分析。

对比电平 RS 触发器的电路结构图，可建立触发输入信号端为 J、K，同触发输入信号端为 R、S 关系如下：

$$S = J \cdot \overline{Q^n}, R = K \cdot Q^n$$

代入电平 RS 触发器的特性方程，得电平 JK 触发器的特性方程：

$$Q^{n+1} = S + \overline{R}Q^n = J\,\overline{Q^n} + \overline{KQ^n}Q^n$$

$$= J\,\overline{Q^n} + \overline{K}Q^n \tag{9.3}$$

$$CP = 1 \text{ 期间有效}$$

（3）真值表。

在时钟信号 CP、触发输入信号端 J、K 的八种全部取值组合下，可得到输出信号为 Q、$\overline{Q}$ 对应取值见表 9.6。

电平 JK 触发器的逻辑真值表　　　　　　　　　　　　　表 9.6

CP	J	K	Q^n	Q^{n+1}	
0	×	×	Q^n	Q^n	保持
1	0	0	0	0	保持原态
1	0	0	1	1	
1	0	1	0	0	置0态
1	0	1	1	0	
1	1	0	0	1	置1态
1	1	0	1	1	
1	1	1	0	1	现态翻转
1	1	1	1	0	

从表 9.6 中可得，电平 JK 触发器在 CP = 1 期间，其功能为：

①$J = 0, K = 0$ 时，Q 端保持；

②$J = 0, K = 1$ 时，Q 端置 0 态；

③$J = 1, K = 0$ 时，Q 端置 1 态；

④$J = 1, K = 1$ 时，Q 端翻转（0 态变换为 1 态，1 态变换为 0 态）。

（4）逻辑符号。

电平 JK 触发器的逻辑电路符号如图 9.27 所示。

（5）状态图。

电平 JK 触发器的状态图中,需要表示和关注的三方面内容为:

①触发器有哪些输出信号类型或状态类型。

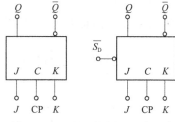

电平 JK 触发器输出信号 $Q=1$ 或者 $Q=0$,用带圆符号的 1 或 0 表示。

②触发器有哪些现态 Q^n→次态 Q^{n+1} 的变化形式。

图 9.27　电平 JK 触发器的逻辑电路符号

电平 JK 触发器现态 Q^n→次态 Q^{n+1} 的变化形式有四种:现态 Q^n0 态→次态 $Q^{n+1}0$ 态、现态 Q^n0 态→次态 $Q^{n+1}1$ 态、现态 Q^n1 态→次态 $Q^{n+1}0$ 态、现态 Q^n1 态→次态 $Q^{n+1}1$ 态,可用有向带箭头线表示,用带箭头线的起始端代表现态 Q^n,箭头端指向次态 Q^{n+1}。

③触发器现态 Q^n→次态 Q^{n+1} 的变化条件。

电平 JK 触发器为电平触发触发器,现态 Q^n→次态 Q^{n+1} 的变化条件就触发器时钟信号 CP=1 期间及外部输入信号 J、K 不同取值,用 CP=1 期间,$J、K/$ 表示,具体条件可由表 9.6 确定。

A. CP=1 时,电平 JK 触发器状态为 0 态、1 态两个状态;

B. CP=1,电平 JK 触发器 Q^n→Q^{n+1} 的变化情况和相应触发信号条件为:

Q^n0 态→$Q^{n+1}0$ 态,条件为:$J=0、K=0$;或者 $J=0、K=1$;

Q^n0 态→$Q^{n+1}1$ 态,条件为:$J=1、K=0$;或者 $J=1、K=1$;

Q^n1 态→$Q^{n+1}1$ 态,条件为:$J=0、K=0$;或者 $J=1、K=0$;

Q^n1 态→$Q^{n+1}0$ 态,条件为:$J=0、K=1$;或者 $J=1、K=1$。

电平 JK 触发器的状态图如图 9.28 所示。

（6）波形图。

时钟信号 CP、触发输入信号 $J、K$ 如图 9.29 所示,电平 JK 触发器波形图需要表述和关注两种内容:

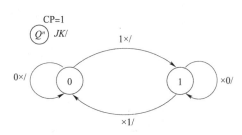

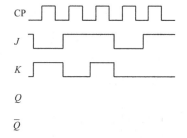

图 9.28　电平 JK 触发器的状态图　　图 9.29　电平 JK 触发器的波形图输入信号

①触发器现态 Q^n→次态 Q^{n+1} 的变化时刻。

电平 JK 触发器现态 Q^n→次态 Q^{n+1} 的变化时刻为 CP=1 期间的每一次触发器外部输入 $J、K$ 出现了输入或者变化;

②触发器现态 Q^n→次态 Q^{n+1} 的变化情况。

电平 JK 触发器为电平触发器,现态 Q^n→次态 Q^{n+1} 的变化情况就是根据在 CP=1 期间的触发器外部输入信号 $J、K$ 输入或者变化时刻的不同取值,具体变换情况可由表 9.6 确定。

A. 触发有效期间为 CP=1,共有 5 个 CP=1 区间,为触发信号 J、K 触发信号有效作用区间,如图 9.30 所示。

B. 若触发器初态为 0 态,如图 9.31 所示。

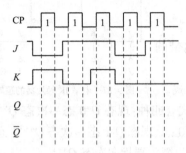 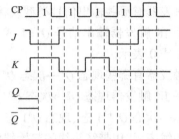

图 9.30　电平 JK 触发器的波形图 CP＝1 有效区间　　图 9.31　电平 JK 触发器的波形图初始波形

触发器输出端 Q 波形变化情况为:

第一个 CP＝1,J＝0,K＝1,Q 保持为 0 态,JK 触发信号无其他变化,并一直保持到第二个 CP 高电平来临,如图 9.32 所示。

第二个 CP＝1,J＝1,K＝0,Q 置为 1 态,JK 触发信号无其他变化,并一直保持到第三个 CP 高电平来临,如图 9.33 所示。

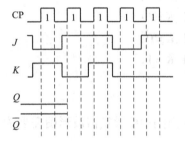 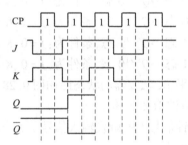

图 9.32　电平 JK 触发器的波形图第一个 CP 周期波形　　图 9.33　电平 JK 触发器的波形图第二个 CP 周期波形

第三个 CP＝1,J＝1,K＝1,Q 翻转为 0 态,JK 触发信号无其他变化,并一直保持到第四个 CP 高电平来临,如图 9.34 所示。

第四个 CP＝1,J＝0,K＝0,Q 保持为 0 态,JK 触发信号无其他变化,并一直保持到第五个 CP 高电平来临,如图 9.35 所示。

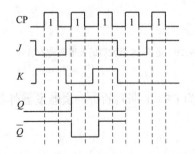 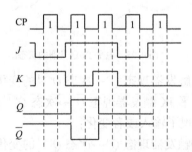

图 9.34　电平 JK 触发器的波形图第三个 CP 周期波形　　图 9.35　电平 JK 触发器的波形图第四个 CP 周期波形

第五个 CP＝1,J＝1,K＝0,Q 置为 1 态,JK 触发信号无其他变化,并一直保持到第六个 CP 高电平来临,如图 9.36 所示。

9.3.3　电平 D 触发器

（1）电路结构。

电路结构类似于电平 RS 触发器，触发输入信号端为 D，时钟信号为 CP，输出信号为 Q、$\overline{Q}$，有一点不同：G_3 逻辑门一个输入信号端同 G_4 逻辑门一个输入信号端信号互反。

可在电平触发器 RS 基础上，分析新的电平 D 触发器，如图9.37所示。

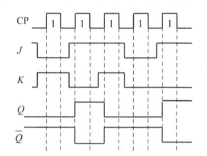

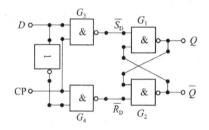

图9.36　电平 JK 触发器的波形图第五个 CP 周期波形　　　图9.37　电平 D 触发器电路结构

（2）信号分析。

对比电平 RS 触发器的电路结构图，可建立触发输入信号端为 D，同触发输入信号端为 R、S 关系如下：

$$S = D, R = \overline{D}$$

代入电平 RS 触发器的特性方程，得电平 D 触发器的特性方程：

$$Q^{n+1} = S + \overline{R}Q^n = D + \overline{\overline{D}}Q^n$$
$$= D \tag{9.4}$$
$$CP = 1 \text{ 期间有效}$$

（3）真值表。

在时钟信号 CP、触发输入信号端 D 的四种全部取值组合下，可得到输出信号为 Q、$\overline{Q}$ 对应取值，真值表见表9.7。

电平 D 触发器的逻辑真值表

表9.7

CP	D	Q^n	Q^{n+1}	
0	×	Q^n	Q^n	保持
1	0	0	0	置0态
1	0	1	0	
1	1	0	1	置1态
1	1	1	1	

从真值表9.7可得，电平 D 触发器在 CP = 1 期间，其功能为：

①$D = 0$ 时，Q 端置 0 态；

②$D = 1$，Q 端置 1 态。

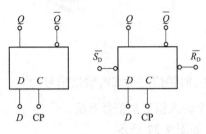

图9.38　电平 D 触发器的逻辑符号

（4）逻辑符号。

电平 D 触发器的逻辑电路符号如图9.38所示。

（5）状态图。

电平 D 触发器的状态图中,需要表示和关注的三方面内容为:

①触发器有哪些输出信号类型或状态类型。

电平 D 触发器输出信号 $Q=1$ 或者 $Q=0$,用带圆符号的 1 或 0 表示。

②触发器有哪些现态 Q^n→次态 Q^{n+1} 的变化形式。

电平 D 触发器现态 Q^n→次态 Q^{n+1} 的变化形式有四种:现态 Q^n0 态→次态 $Q^{n+1}0$ 态、现态 Q^n0 态→次态 $Q^{n+1}1$ 态、现态 Q^n1 态→次态 $Q^{n+1}0$ 态、现态 Q^n1 态→次态 $Q^{n+1}1$ 态,可用有向带箭头线表示,用带箭头线的起始端代表现态 Q^n,箭头端指向次态 Q^{n+1}。

③触发器现态 Q^n→次态 Q^{n+1} 的变化条件。

电平 D 触发器为电平触发触发器,现态 Q^n→次态 Q^{n+1} 的变化条件就触发器时钟信号 CP=1 期间及外部输入信号 D 不同取值,用 CP=1 期间,D/表示,具体条件可由表 9.7 确定。

A. CP=1 时,电平 D 触发器状态为 0 态、1 态两个状态;

B. CP=1,电平 D 触发器 Q^n→Q^{n+1} 的变化情况和相应触发信号条件为:

Q^n0 态→$Q^{n+1}0$ 态,条件为:$D=0$;

Q^n0 态→$Q^{n+1}1$ 态,条件为:$D=1$;

Q^n1 态→$Q^{n+1}1$ 态,条件为:$D=1$;

Q^n1 态→$Q^{n+1}0$ 态,条件为:$D=0$。

电平 D 触发器的状态图如图9.39所示。

（6）波形图。

时钟信号 CP、触发输入信号 D 如图9.40所示,电平 D 触发器波形图需要表述和关注两种内容:

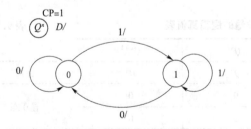

图9.39　电平 D 触发器的状态图

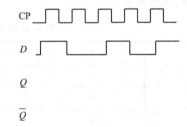

图9.40　电平 D 触发器的波形图输入信号

①触发器现态 Q^n→次态 Q^{n+1} 的变化时刻。

电平 D 触发器现态 Q^n→次态 Q^{n+1} 的变化时刻为 CP=1 期间的每一次触发器外部输入 D 出现了输入或者变化;

②触发器现态 Q^n→次态 Q^{n+1} 的变化情况。

电平 D 触发器为电平触发器,现态 Q^n→次态 Q^{n+1} 的变化情况就是根据在 CP=1 期间的触发器外部输入信号 D 输入或者变化时刻的不同取值,具体变换情况可由真值表确定。

A. 触发有效期间为 CP = 1,共有 5 个 CP = 1 区间,为触发信号 D 触发信号有效作用区间,如图 9.41 所示。

B. 若触发器初态为 0 态,如图 9.42 所示。

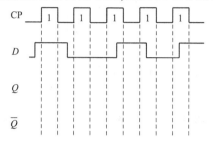

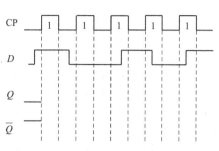

图 9.41　电平 D 触发器的波形图 CP = 1 有效区间　　　图 9.42　电平 D 触发器的波形图初始波形

触发器输出端 Q 波形变化情况为:

第一个 CP = 1,D = 1,Q 置为 1 态,并一直保持到第二个 CP 高电平来临,如图 9.43 所示。

第二个 CP = 1,D = 0,Q 置为 0 态,并一直保持到第三个 CP 高电平来临,如图 9.44 所示。

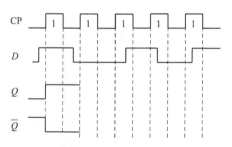

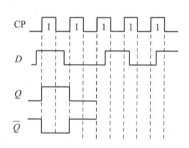

图 9.43　电平 D 触发器的波形图　　　　　图 9.44　电平 D 触发器的波形图
第一个 CP 周期波形　　　　　　　　第二个 CP 周期波形

第三个 CP = 1,开始 D = 0,Q 置为 0 态;接着变化 D = 1,Q 置为 1 态,并一直保持到第四个 CP 高电平来临,如图 9.45、图 9.46 所示。

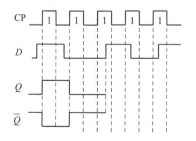

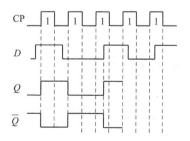

图 9.45　电平 D 触发器的波形图第三个　　　图 9.46　电平 D 触发器的波形图第三个
CP 周期内第一次变化波形　　　　　　　CP 周期第二次变化波形

第四个 CP = 1,开始 D = 1,Q 置为 1 态;接着变化 D = 0,Q 置为 0 态,并一直保持到第五个 CP 高电平来临,如图 9.47、图 9.48 所示。

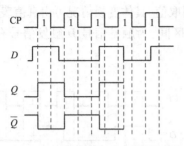 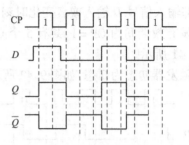

图 9.47　电平 D 触发器的波形图第四个　　　图 9.48　电平 D 触发器的波形图第四个
CP 周期内第一次变化波形　　　　　　　　CP 周期内第二次变化波形

第五个 CP = 1, 开始 $D = 0$, Q 置为 0 态; 接着变化 $D = 1$, Q 置为 1 态, 并一直保持到第六个 CP 高电平来临, 如图 9.49、图 9.50 所示。

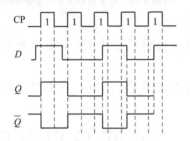 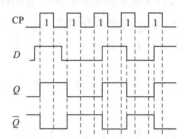

图 9.49　电平 D 触发器的波形图第五个　　　图 9.50　电平 D 触发器的波形图第五个
CP 周期内第一次变化波形　　　　　　　　CP 周期内第二次变化波形

9.3.4　电平触发器的特点

综上, 电平 RS 触发器、电平 JK 触发器、电平 D 触发器具有一些共同的特点如下:
(1) 电路具有两个稳定状态, 在 CP 信号低电平无效时, 电路将保持原状态不变;
(2) CP 信号高电平有效时, 根据触发信号情况, 电路可触发翻转, 实现置 0 或置 1;
(3) 在稳定状态下两个输出端的状态必须是互补关系;
(4) 存储一位二进制信息;
(5) 动作特点是输入信号在 CP 信号高电平有效时间里, 才允许改变输出端的状态;
(6) 触发器次态不仅与输入信号状态有关, 而且与触发器现态有关。

9.4　边沿触发器

9.4.1　边沿 D 触发器

(1) 电路结构。

电路结构类似于电平 D 触发器, 触发输入信号端为 D, 时钟信号为 CP, 输出信号为 Q、$\bar{Q}$, 共有 8 个逻辑非门组成, 如图 9.51 所示。其中 G_1、G_2、G_3、G_4 逻辑门构成一个电平 D 触发器, G_5、G_6、G_7、G_8 逻辑门构成第二个电平 D 触发器; G_5 逻辑门的输出信号作为 G_3 逻辑门的输入信号;G_7、G_8 逻辑门的 CP 信号同 G_3、G_4 逻辑门的 CP 信号互为逻辑非信号,可在电平 D 触发器基础上,分析新的触发器特性。

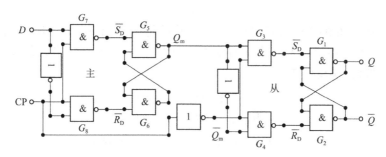

图9.51 边沿 D 触发器电路结构

(2)信号分析。

对比电平 D 触发器的电路结构图,可得到其信号关系结构图,如图9.52 所示。

G_1、G_2、G_3、G_4 逻辑门的电平 D 触发器称为从 D 触发器;G_5、G_6、G_7、G_8 逻辑门的电平 D 触发器称为主 D 触发器;两个触发器的信号关联有两点:一是两个 D 触发器的 CP 互为逻辑非关系(表明:一个 D 触发器工作,另一个 D 触发器不工作);二是主 D 触发器的输出信号 $Q_主$ 作为从 D 触发器的输入信号 $D_从$(有 $D_从 = Q_主$),两个触发信号关系表,见表9.8。

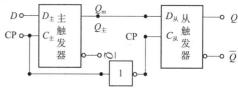

图9.52 边沿 D 触发器信号关系结构

边沿 D 触发器信号关系表　　　　　　　　　　　　　表9.8

输入信号	内部(状态)信号	输出信号	
D	$Q_主 = D_从$	Q	$\overline{Q}$

并可依据电平 D 触发器特性,分别建立主 D 触发器、从 D 触发器表达式如下:

$$CP = 1 \text{ 时}, Q_主 = D \qquad CP = 0 \text{ 时}, Q = D_从$$

为得到触发器输入信号 D、时钟信号 CP、输出信号 Q 关系,可分析如下:

①CP = 1 时,门 G_7、G_8 打开,主 D 触发器工作,主 D 触发器输出状态 $Q_主$ 跟随输入信号 D 的变化而变化,有:

$$Q_主 = D \rightarrow D_从 = Q_主 = D$$

但门 G_3、G_4 被封锁,从 D 触发器不工作,从 D 触发器输出状态不变,有:

$$Q \neq D_从 \rightarrow Q \neq D_从 = Q_主 = D$$

即在 CP = 1 期间,触发器输出信号 Q 始终保持不变,同触发器输入信号 D 无关,有:

$$Q \neq D_{CP=1}$$

②CP = 0 时,门 G_7、G_8 被封锁,主 D 触发器不工作,主 D 触发器输出状态 $Q_主$ 不跟随输入信号 D 的变化而变化,有:

$$Q_主 \neq D \rightarrow D_从 = Q_主 \neq D$$

门 G_3、G_4 打开,从 D 触发器工作,但 $D_从$ 无变化,故从 D 触发器输出状态不变,有:

$$Q = D_{从} \rightarrow Q = D_{从} = Q_{主} \neq D$$

即在 $CP = 0$ 期间,触发器输出信号 Q 始终保持不变,同触发器输入信号 D 无关,有:

$$Q \neq D_{CP=0}$$

③$CP = 1 \rightarrow CP = 0$ 的变化瞬间,门 G_7、G_8 开始被封锁,主 D 触发器不再工作,主 D 触发器输出状态 $Q_{主}$ 不再跟随输入信号 D 的变化而变化,主 D 触发器输出状态 $Q_{主}$ 保持最后一次输入信号 D 带来的影响,有:

$$Q_{主} = D_{CP=1} \rightarrow D_{从} = Q_{主} = D_{CP=1}$$

$$Q_{主} = D_{CP=1 \rightarrow 0} \rightarrow D_{从} = Q_{主} = D_{CP=1 \rightarrow 0}$$

$$Q_{主} \neq D_{CP=0} \rightarrow D_{从} = Q_{主} = D_{CP=1 \rightarrow 0} \neq D_{CP=0}$$

门 G_3、G_4 开始被打开,从 D 触发器工作,$D_{从}$ 不再变化,从 D 触发器输入信号 $D_{从}$ 保持最后一次主 D 触发器输出状态 $Q_{主}$ 带来的影响,故从 D 触发器输出状态也会保持主 D 触发器输出状态 $Q_{主}$ 不变,有:

$$Q \neq D_{从} \rightarrow Q \neq D_{从} = Q_{主} = D_{CP=1}$$

$$Q = D_{从} \rightarrow Q = D_{从} = Q_{主} = D_{CP=1 \rightarrow 0}$$

$$Q = D_{从} \rightarrow Q = D_{从} = Q_{主} = D_{CP=1 \rightarrow 0} \neq D_{CP=0}$$

即在 $CP = 1 \rightarrow CP = 0$ 的变化瞬间,触发器输出信号 Q 会受到触发器输入信号 D 影响,有:

$$Q = D_{CP=1 \rightarrow 0}$$

④$CP = 0 \rightarrow CP = 1$ 的变化瞬间,门 G_7、G_8 开始被打开,主 D 触发器开始工作,主 D 触发器输出状态 $Q_{主}$ 开始跟随输入信号 D 的变化而变化,主 D 触发器输出状态 $Q_{主}$ 开始受到输入信号 D 带来的影响,有:

$$Q_{主} \neq D_{CP=0} \rightarrow D_{从} = Q_{主} \neq D_{CP=0}$$

$$Q_{主} \neq D_{CP=0 \rightarrow 1} \rightarrow D_{从} = Q_{主} \neq D_{CP=0 \rightarrow 1}$$

$$Q_{主} = D_{CP=1} \rightarrow D_{从} = Q_{主} = D_{CP=1}$$

门 G_3、G_4 开始被封锁,从 D 触发器开始不再工作,D 触发器输出信号 Q 保持最后一次 $D_{从}$ 带来的变化影响(该变化为上一次 $CP = 1 \rightarrow CP = 0$ 的变化瞬间的变化),Q 不再变化,有:

$$Q = D_{从} \rightarrow Q = D_{从} = Q_{主} \neq D_{CP=0}$$

$$Q = D_{从} \rightarrow Q = D_{从} = Q_{主} \neq D_{CP=0 \rightarrow 1}$$

$$Q \neq D_{从} \rightarrow Q \neq D_{从} = Q_{主} = D_{CP=1}$$

即在 $CP = 0 \rightarrow CP = 1$ 的变化瞬间,触发器输出信号 Q 不会受到触发器输入信号 D 影响,有:

$$Q \neq D_{CP=0 \rightarrow 1}$$

因此,得到边沿 D 触发器的特性方程,为:

$$Q^{n+1} = D, CP = 1 \rightarrow 0 \tag{9.5}$$

$$CP = 1 \rightarrow 0 \text{ 期间有效}$$

(3)真值表。

在时钟信号 CP、触发输入信号端 D 的四种全部取值组合下,可得到输出信号为 Q、$\overline{Q}$ 对应取值见表9.9。

边沿 D 触发器的逻辑真值表

表9.9

CP	D	Q^n	Q^{n+1}	
0	×	Q^n	Q^n	
1	×	Q^n	Q^n	触发无效保持
0→1	×	Q^n	Q^n	
1→0	0	0	0	
1→0	0	1	0	置0态
1→0	1	0	1	
1→0	1	1	1	置1态

从表9.9可得,边沿 D 触发器在 CP $=1\to0$ 时刻,其功能为:

①$D=0$ 时,Q 端置 0 态;

②$D=1$,Q 端置 1 态。

③逻辑符号。

下降沿触发的边沿 D 触发器,CP $=1\to0$ 时刻有效,其逻辑电路符号如图9.53所示。

上升沿触发的边沿 D 触发器,CP $=0\to1$ 时刻有效,其逻辑电路符号如图9.54所示。

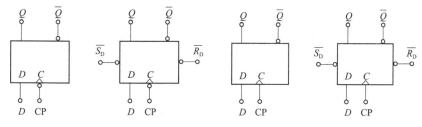

图9.53 下降边沿 D 触发器的逻辑符号   图9.54 上升边沿 D 触发器的逻辑符号

(4)状态图。

以下降沿触发的边沿 D 触发器为例,CP $=1\to0$ 时刻触发有效,边沿 D 触发器的状态图中,需要表示和关注的三方面内容为:

①触发器有哪些输出信号类型或状态类型。

边沿 D 触发器输出信号 $Q=1$ 或者 $Q=0$,用带圆符号的 1 或 0 表示。

②触发器有哪些现态 Q^n→次态 Q^{n+1} 的变化形式。

边沿 D 触发器现态 Q^n→次态 Q^{n+1} 的变化形式有四种:现态 Q^n0 态→次态 Q^{n+1}0 态、现态 Q^n0 态→次态 Q^{n+1}1 态、现态 Q^n1 态→次态 Q^{n+1}0 态、现态 Q^n1 态→次态 Q^{n+1}1 态,可用有向带箭头线表示,用带箭头线的起始端代表现态 Q^n,箭头端指向次态 Q^{n+1}。

③触发器现态 Q^n→次态 Q^{n+1} 的变化条件。

边沿 D 触发器现态 Q^n→次态 Q^{n+1} 的变化条件就触发器时钟信号 CP $=1\to0$ 时刻及外部输入信号 D 不同取值,用 CP $=1\to0$ 时刻,$D/$表示,具体条件可由表9.9确定。

A. CP $=1\to0$ 时,电平 D 触发器状态为 0 态、1 态两个状态;

B. CP $=1\to0$,电平 D 触发器 Q^n→Q^{n+1} 的变化情况和相应触发信号条件为:

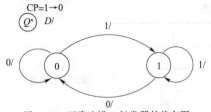

图 9.55　下降边沿 D 触发器的状态图

$Q^n 0$ 态 $\rightarrow Q^{n+1} 0$ 态,条件为:$D = 0$;

$Q^n 0$ 态 $\rightarrow Q^{n+1} 1$ 态,条件为:$D = 1$;

$Q^n 1$ 态 $\rightarrow Q^{n+1} 1$ 态,条件为:$D = 1$;

$Q^n 1$ 态 $\rightarrow Q^{n+1} 0$ 态,条件为:$D = 0$。

CP = 1 $\rightarrow$ 0 下降沿触发的 D 触发器状态图如图 9.55 所示。

（5）波形图。

以下降沿 D 触发器为例,时钟信号 CP、触发输入信号 D,如图 9.56 所示,边沿 D 触发器波形图需要表述和关注两种内容:

①触发器现态 $Q^n \rightarrow$ 次态 Q^{n+1} 的变化时刻。

边沿 D 触发器现态 $Q^n \rightarrow$ 次态 Q^{n+1} 的变化时刻为 CP = 1 $\rightarrow$ 0 时刻的每一次触发器外部输入 D 出现了输入或者变化;

②触发器现态 $Q^n \rightarrow$ 次态 Q^{n+1} 的变化情况。

下降沿 D 触发器为边沿触发器,现态 $Q^n \rightarrow$ 次态 Q^{n+1} 的变化情况就是根据在 CP = 1 $\rightarrow$ 0 时刻的触发器外部输入信号 D 输入或者变化时刻的不同取值,具体变换情况可由表 9.9 确定。

A. 触发有效期间为 CP = 1 $\rightarrow$ 0 时刻,共有 4 个 CP = 1 $\rightarrow$ 0 时刻,为触发信号 D 触发信号有效作用区间,如图 9.57 所示。

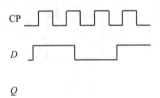

图 9.56　下降沿 D 触发器的波形图输入信号

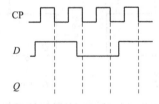

图 9.57　下降沿 D 触发器的波形图 CP = 1 $\rightarrow$ 0 有效时刻

B. 若触发器初态为 0 态,触发器输出端 Q 波形变化情况为:

第一个 CP = 1 $\rightarrow$ 0 时刻,$D = 1$,Q 置为 1 态,并一直保持到第二个 CP = 1 $\rightarrow$ 0 时刻,如图 9.58 所示。

第二个 CP = 1 $\rightarrow$ 0 时刻,$D = 0$,Q 置为 0 态,并一直保持到第三个 CP = 1 $\rightarrow$ 0 时刻,如图 9.59 所示。

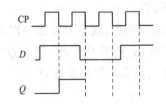

图 9.58　下降沿 D 触发器的波形图 第一个 CP 周期波形

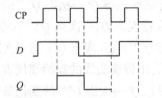

图 9.59　下降沿 D 触发器的波形图 第二个 CP 周期波形

第三个 CP = 1 $\rightarrow$ 0 时刻,$D = 0$,Q 置为 0 态,并一直保持到第四个 CP = 1 $\rightarrow$ 0 时刻,如图 9.60所示。

第四个 $CP=1\to0$ 时刻，开始 $D=1$，Q 置为 1 态，并一直保持到下一个 $CP=1\to0$ 时刻，如图 9.61 所示。

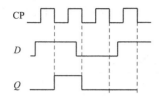

图 9.60 下降沿 D 触发器的波形图
第三个 CP 周期波形

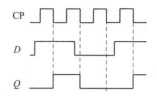

图 9.61 下降沿 D 触发器的波形图
第四个 CP 周期波形

9.4.2 边沿 JK 触发器

（1）电路结构。

电路主体结构为边沿 D 触发器，触发输入信号端为 J、K，时钟信号为 CP，输出信号为 Q、$\overline{Q}$，触发器输入信号端 J、K 利用一个逻辑电路处理得到内部的 D 逻辑信号。可在边沿 D 触发器基础上，分析新的边沿 JK 触发器，如图 9.62 所示。

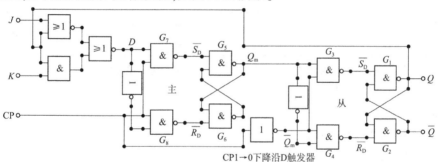

图 9.62 边沿 JK 触发器电路结构

（2）信号分析。

对比边沿 D 触发器的电路结构图，可建立触发输入信号端为 J、K，同内部边沿 D 触发信号端 D 关系如下：

$$D = \overline{\overline{J+Q_n}+K\cdot Q_n}$$
$$= \overline{\overline{J+Q_n}}\cdot\overline{K\cdot Q_n}$$
$$= (J+Q_n)\cdot(\overline{K}+\overline{Q_n})$$
$$= J\cdot\overline{K}+J\cdot\overline{Q_n}+Q_n\cdot\overline{K}+Q_n\cdot\overline{Q_n}$$
$$= J\cdot\overline{Q_n}+\overline{K}\cdot Q_n+J\cdot\overline{K}$$
$$= J\cdot\overline{Q_n}+\overline{K}\cdot Q_n$$

代入边沿 D 触发器的特性方程，得边沿 JK 触发器的特性方程：

$$Q^{n+1} = D$$
$$= J\cdot\overline{Q_n}+\overline{K}\cdot Q_n \tag{9.6}$$

$$CP = 1 \rightarrow 0 \text{ 时刻有效}$$

（3）真值表。

在时钟信号 CP、触发输入信号端 J、K 的 6 种全部取值组合下，可得到输出信号为 Q、$\overline{Q}$ 对应取值见表 9.10。

边沿 JK 触发器的逻辑真值表 表9.10

CP	J	K	Q^n	Q^{n+1}	
0	×	×	Q^n	Q^n	
1	×	×	Q^n	Q^n	触发无效保持
0→1	×	×	Q^n	Q^n	
1→0	0	0	0	0	
1→0	0	0	1	1	保持
1→0	0	1	0	0	
1→0	0	1	1	0	置0态
1→0	1	0	0	1	
1→0	1	0	1	1	置1态
1→0	1	1	0	1	
1→0	1	1	1	0	现态翻转

从表 9.10 可得，边沿 JK 触发器在 CP = 1→0 时刻，其功能为：

①JK = 00 时，Q 端保持；

②JK = 01 时，Q 端置 0 态；

③JK = 10 时，Q 端置 1 态；

④JK = 11 时，Q 端翻转为 $\overline{Q}$ 态。

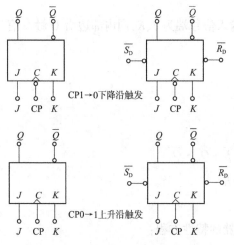

图 9.63　上升边沿 JK 触发器和下降
边沿 JK 触发器的逻辑符号

（4）逻辑符号。

下降沿触发的边沿 JK 触发器，CP = 1→0 时刻有效；上升沿触发的边沿 JK 触发器，CP = 0→1 时刻有效，如图 9.63 所示。

（5）状态图。

以下降沿触发的边沿 JK 触发器为例，CP = 1→0 时刻触发有效，边沿 JK 触发器的状态图中，需要表示和关注的三方面内容为：

①触发器有哪些输出信号类型或状态类型。

边沿 JK 触发器输出信号 $Q = 1$ 或者 $Q = 0$，用带圆符号的 1 或 0 表示。

②触发器有哪些现态 Q^n →次态 Q^{n+1} 的变化形式。

边沿 JK 触发器现态 Q^n →次态 Q^{n+1} 的变化形式有四种：现态 Q^n0 态→次态 Q^{n+1}0 态、现态 Q^n0

态→次态 $Q^{n+1}1$ 态、现态 Q^n1 态→次态 $Q^{n+1}0$ 态、现态 Q^n1 态→次态 $Q^{n+1}1$ 态,可用有向带箭头线表示,用带箭头线的起始端代表现态 Q^n,箭头端指向次态 Q^{n+1}。

③触发器现态 Q^n→次态 Q^{n+1} 的变化条件。

边沿 JK 为边沿触发触发器,现态 Q^n→次态 Q^{n+1} 的变化条件就触发器时钟信号 CP $=1$→0 时刻及外部输入信号 J、K 不同取值,用 CP $=1$→0 时刻,J、$K/$ 表示,具体条件可由表 9.10 确定。

A. CP $=1$→0 时刻,边沿 JK 触发器状态为 0 态、1 态两个状态;

B. CP $=1$→0 时刻,电平 JK 触发器 Q^n→Q^{n+1} 的变化情况和相应触发信号条件为:

Q^n0 态→$Q^{n+1}0$ 态,条件为:$J=0$、$K=0$;或者 $J=0$、$K=1$;

Q^n0 态→$Q^{n+1}1$ 态,条件为:$J=1$、$K=0$;或者 $J=1$、$K=1$;

Q^n1 态→$Q^{n+1}1$ 态,条件为:$J=0$、$K=0$;或者 $J=1$、$K=0$;

Q^n1 态→$Q^{n+1}0$ 态,条件为:$J=0$、$K=1$;或者 $J=1$、$K=1$。

CP $=1$→0 下降沿触发的边沿 JK 触发器状态图如图 9.64 所示。

(6)波形图。

以下降沿有效的为例,时钟信号 CP、触发输入信号 J、K,如图 9.65 所示。

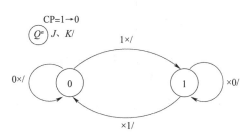

图 9.64 下降边沿 JK 触发器的波形图

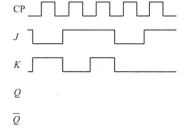

图 9.65 下降边沿 JK 触发器的波形图输入信号

边沿 JK 触发器波形图需要表述和关注两种内容。

①触发器现态 Q^n→次态 Q^{n+1} 的变化时刻。

边沿 JK 触发器现态 Q^n→次态 Q^{n+1} 的变化时刻为 CP $=1$→0 时刻的每一次触发器外部输入 J、K 出现了输入或者变化;

②触发器现态 Q^n→次态 Q^{n+1} 的变化情况。

边沿 JK 触发器为边沿触发器,现态 Q^n→次态 Q^{n+1} 的变化情况就是根据在 CP $=1$→0 时刻的触发器外部输入信号 J、K 输入或者变化时刻的不同取值,具体变换情况可由表 9.10 确定。

A. 触发有效期间为 CP $=1$→0 时刻,共有 5 个 CP $=1$→0 时刻,为触发信号 J、K 触发信号有效作用区间,如图 9.66 所示。

B. 若触发器初态为 0 态,触发器输出端 Q 波形变化情况,如图 9.67 所示。

第一个 CP $=1$→0 时刻,$J=0$、$K=1$,Q 置为 0 态,并一直保持到第二个 CP $=1$→0 时刻,如图 9.68 所示。

第二个 CP $=1$→0 时刻,$J=1$、$K=0$,Q 置为 1 态,并一直保持到第三个 CP $=1$→0 时刻,如图 9.69 所示。

第三个 CP $=1$→0 时刻,$J=1$、$K=1$,Q 翻转为 0 态,并一直保持到第四个 CP $=1$→0 时刻,如图 9.70 所示。

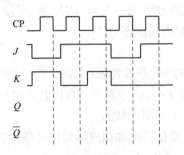

图 9.66 下降边沿 JK 触发器的波形图
CP = 1→0 有效时刻

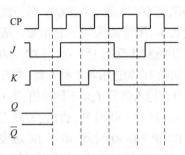

图 9.67 下降沿 JK 触发器的波形图初始波形

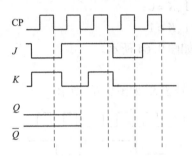

图 9.68 下降沿 D 触发器的波形图
第一个 CP 周期波形

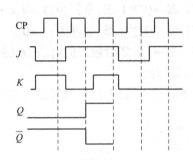

图 9.69 下降沿 D 触发器的波形图
第二个 CP 周期波形

第四个 CP = 1→0 时刻,开始 $J=0$、$K=0$,Q 保持 0 态,并一直保持到第五个 CP = 1→0 时刻,如图 9.71 所示。

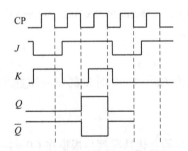

图 9.70 下降沿 D 触发器的波形图
第三个 CP 周期波形

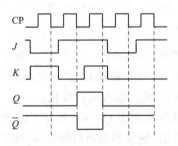

图 9.71 下降沿 D 触发器的波形图
第四个 CP 周期波形

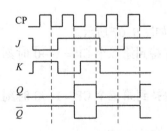

图 9.72 下降沿 D 触发器的波形图
第五个 CP 周期波形

第五个 CP = 1→0 时刻,开始 $J=1$、$K=0$,Q 置为 1 态,并一直保持到下一个 CP = 1→0 时刻,如图 9.72 所示。

9.4.3 边沿触发器的特点

综上,边沿 D 触发器、边沿 JK 触发器具有一些共同特点如下:

(1)电路具有两个稳定状态,在 CP = 1→0 信号或 CP = 0→1 时刻无效时,电路将保持原状态不变;

（2）CP = 1→0 信号或 CP = 0→1 时刻有效时,根据触发信号情况,电路可触发翻转,实现置 0 或置 1;

（3）在稳定状态下两个输出端的状态必须是互补关系;

（4）存储一位二进制信息;

（5）动作特点是输入信号在 CP = 1→0 信号或 CP = 0→1 时刻有效时间里,才允许改变输出端的状态;

（6）触发器次态不仅与输入信号状态有关,而且与触发器现态有关。

9.5 触发器应用分析

9.5.1 按触发信号分类的触发器

（1）RS 触发器。

逻辑功能符合表 9.11 所示特性的触发器称为 RS 触发器。

RS 触发器的逻辑真值表　　　　表 9.11

R	S	Q^n	Q^{n+1}	
0	0	0	0	保持原态
0	0	1	1	
0	1	0	1	置 1 态
0	1	1	1	
1	0	0	0	置 0 态
1	0	1	0	
1	1	0	1	无效不用
1	1	1	1	

RS 触发器特性方程为:

$$Q^{n+1} = S + \overline{R} \cdot Q^n$$

约束条件:$S \cdot R = 0$

（2）JK 触发器。

逻辑功能符合表 9.12 所示特性的触发器称为 JK 触发器。

JK 触发器的逻辑真值表　　　　表 9.12

J	K	Q^n	Q^{n+1}	
0	0	0	0	保持原态
0	0	1	1	
0	1	0	0	置 0 态
0	1	1	0	
1	0	0	1	置 1 态

J	K	Q^n	Q^{n+1}	
1	0	1	1	置1态
1	1	0	1	现态翻转
1	1	1	0	

JK 触发器特性方程为：

$$Q^{n+1} = J \cdot \overline{Q^n} + \overline{K} \cdot Q^n$$

（3）D 触发器。

逻辑功能符合表 9.13 特性的触发器称为 D 触发器。

D 触发器的逻辑真值表　　　　表 9.13

D	Q^n	Q^{n+1}	
0	0	0	
0	1	0	置0态
1	0	1	
1	1	1	置1态

D 触发器特性方程为：

$$Q^{n+1} = D$$

（4）T 触发器。

逻辑功能符合如表 9.14 所示特性表的触发器称为 T 触发器。

T 触发器的逻辑真值表　　　　表 9.14

T	Q^n	Q^{n+1}	
0	0	0	
0	1	1	保持
1	0	1	
1	1	0	现态翻转

T 触发器特性方程为：

$$Q^{n+1} = T \cdot \overline{Q^n} + \overline{T} \cdot Q^n$$

9.5.2　按触发时钟分类的触发器

触发时钟是指触发器触发输入信号对触发器输出信号的逻辑作用有效的时间信号，也可表述为触发器现态 Q^n→次态 Q^{n+1}的信号转换发生时刻。

（1）基本触发器。

基本触发器触发输入信号，对触发器输出信号的逻辑作用有效的时间信号为：每次触发信号输入时刻,或者触发信号发生变化时刻。

在本教材中,此类触发器为基本 RS 触发器。触发输入信号 $\overline{R_D}$、$\overline{S_D}$ 对触发输出信号 Q 的影响时刻为:每次触发信号 $\overline{R_D}$、$\overline{S_D}$ 输入或者触发信号 $\overline{R_D}$、$\overline{S_D}$ 发生变化的时刻,也即触发器现态 Q^n→次态 Q^{n+1} 的时刻。

(2)电平触发器。

电平触发器触发输入信号,对触发器输出信号的逻辑作用有效的时间信号为:CP = 1 高电平期间每次触发信号输入时刻,或者触发信号发生变化时刻。

在本教材中,此类触发器有电平 RS 触发器。触发输入信号 R、S 对触发输出信号 Q 的影响时刻为:CP = 1 高电平期间,每次触发信号 R、S 输入或者触发信号 R、S 发生变化的时刻,也即触发器现态 Q^n→次态 Q^{n+1} 的时刻。

在本教材中,此类触发器有电平 JK 触发器。触发输入信号 J、K 对触发输出信号 Q 的影响时刻为:CP = 1 高电平期间,每次触发信号 J、K 输入或者触发信号 J、K 发生变化的时刻,也即触发器现态 Q^n→次态 Q^{n+1} 的时刻。

在本教材中,此类触发器有电平 D 触发器。触发输入信号 D 对触发输出信号 Q 的影响时刻为:CP = 1 高电平期间,每次触发信号 D 输入或者触发信号 D 发生变化的时刻,也即触发器现态 Q^n→次态 Q^{n+1} 的时刻。

(3)边沿触发器。

边沿触发器触发输入信号,对触发器输出信号的逻辑作用有效的时间信号为:CP = 1→0 下降沿时刻,或者 CP = 0→1 上升沿时刻的输入触发信号,或者触发信号变化。

在本教材中,此类触发器有边沿 JK 触发器。触发输入信号 J、K 对触发输出信号 Q 的影响时刻为:CP = 1→0 下降沿时刻或者 CP = 0→1 上升沿时刻的触发信号 JK 输入或者触发信号 JK 变化,也即触发器现态 Q^n→次态 Q^{n+1} 的时刻。

在本教材中,此类触发器有边沿 D 触发器。触发输入信号 D 对触发输出信号 Q 的影响时刻为:CP = 1→0 下降沿时刻或者 CP = 0→1 上升沿时刻的触发信号 D 输入或者触发信号 D 变化,也即触发器现态 Q^n→次态 Q^{n+1} 的时刻。

因此,在触发器使用中,需要着重关注两点:

①触发器的触发输入信号同输出信号的逻辑关系是 RS、JK、D、T 触发器的哪一种,可从触发器触发输入信号的符号标识得出;

②触发器的触发输入信号同输出信号的逻辑作用有效的时间信号是基本、电平、边沿的哪一种,可从触发器时钟信号 CP 有无、CP 端符号得出。

9.5.3 触发器应用

9.5.3.1 触发器波形分析

【例9.1】 触发器电路如图 9.73 所示,试画出触发器输出端 Q 的波形,设 Q 的初始状态 $Q = 0$。

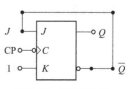

图9.73 触发器电路

解:(1)触发器类型。

由触发器输入信号端为 J、K 输入信号端,该触发器为 JK 触发器，J、K 输入信号关系式为：

$$J = \overline{Q^n}, K = 1$$

（2）触发器时钟。

由触发器时钟信号端可知为边沿 JK 触发器，CP 信号有效时刻为 CP = 1→0 时刻；

（3）输入-输出关系式。

$$Q^{n+1} = J \cdot \overline{Q^n} + \overline{K} \cdot Q^n$$
$$= \overline{Q^n} \cdot \overline{Q^n} + \overline{1} \cdot Q^n$$
$$= \overline{Q^n}$$

（4）波形图。

触发器的现态 Q^n→次态 Q^{n+1} 关系式表明其为翻转状态，即为：现态 Q^n 为 0 态，次态 Q^{n+1} 为 1 态；现态 Q^n 为 1 态，次态 Q^{n+1} 为 0 态。

触发器触发有效时刻为 CP = 1→0 时刻，即在该 CP = 1→0 时刻发生现态 Q^n→次态 Q^{n+1} 变化。

时钟 CP 波形如图 9.74 所示。触发有效期间为 CP = 1→0 时刻，共有 4 个 CP = 1→0 时刻，为触发信号 J、K 触发信号有效作用区间。

若触发器初态为 0 态，触发器输出端 Q 波形变化情况，如图 9.75 所示。

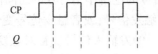

图 9.74　波形图 CP 有效时刻

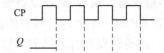

图 9.75　波形图初始波形

第一个 CP = 1→0 时刻，Q 翻转置为 1 态，并一直保持到第二个 CP = 1→0 时刻，如图 9.76 所示。

第二个 CP = 1→0 时刻，Q 翻转置为 0 态，并一直保持到第三个 CP = 1→0 时刻，如图 9.77 所示。

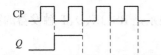

图 9.76　波形图第一个 CP 周期波形

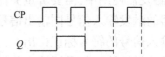

图 9.77　波形图第二个 CP 周期波形

第三个 CP = 1→0 时刻，Q 翻转置为 1 态，并一直保持到第四个 CP = 1→0 时刻，如图 9.78 所示。

第四个 CP = 1→0 时刻，Q 翻转置为 0 态，并一直保持到下一个 CP = 1→0 时刻，如图 9.79 所示。

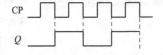

图 9.78　波形图第三个 CP 周期波形

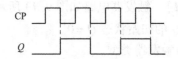

图 9.79　波形图第四个 CP 周期波形

9.5.3.2 触发器波形分析2

【例9.2】 触发器电路如图9.80所示,试画出触发器输出端 Q 的波形,设 Q 的初始状态 $Q = 0$。

解:(1)触发器类型。

由触发器输入信号端为 D 输入信号端,该触发器为 D 触发器,D 输入信号关系式为:

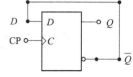

图9.80 触发器电路

$$D = \overline{Q^n}$$

(2)触发器时钟。

由触发器时钟信号端可知为边沿 D 触发器,CP 信号有效时刻为 CP $= 0 \to 1$ 时刻。

(3)输入-输出关系式。

$$Q^{n+1} = D$$
$$= \overline{Q^n}$$

(4)波形图。

触发器的现态 $Q^n \to$ 次态 Q^{n+1} 关系式表明其为翻转状态,即为:现态 Q^n 为 0 态,次态 Q^{n+1} 为 1 态;现态 Q^n 为 1 态,次态 Q^{n+1} 为 0 态。

触发器的触发有效时刻为:CP $= 0 \to 1$ 时刻,即在该 CP $= 0 \to 1$ 时刻发生现态 $Q^n \to$ 次态 Q^{n+1} 变化。

时钟 CP 波形如图9.81所示,触发有效期间为 CP $= 0 \to 1$ 时刻,共有 4 个 CP $= 0 \to 1$ 时刻,为触发信号 D 触发信号有效作用区间。

若触发器初态为 0 态,如图9.82所示,触发器输出端 Q 波形变化情况为:

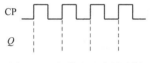

图9.81 波形图 CP 有效时刻

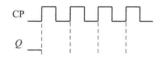

图9.82 波形图初始波形

第一个 CP $= 0 \to 1$ 时刻,Q 翻转置为 1 态,并一直保持到第二个 CP $= 0 \to 1$ 时刻,如图9.83所示。

第二个 CP $= 0 \to 1$ 时刻,Q 翻转置为 0 态,并一直保持到第三个 CP $= 0 \to 1$ 时刻,如图9.84所示。

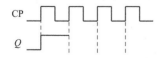

图9.83 波形图第一个 CP 周期波形

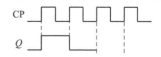

图9.84 波形图第二个 CP 周期波形

第三个 CP $= 0 \to 1$ 时刻,Q 翻转置为 1 态,并一直保持到第四个 CP $= 0 \to 1$ 时刻,如图9.85所示。

第四个 CP $= 0 \to 1$ 时刻,Q 翻转置为 0 态,并一直保持到下一个 CP $= 0 \to 1$ 时刻,如图9.86所示。

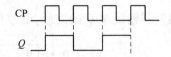
图 9.85 波形图第三个 CP 周期波形

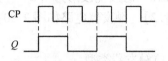
图 9.86 波形图第四个 CP 周期波形

❓ 习题9

9-1 简述触发器逻辑电路同组合逻辑电路的联系和区别。

9-2 简述基本 RS 触发器、RS 触发器、JK 触发器、D 触发器的联系和区别。

9-3 简述电平触发器、边沿触发器的联系和区别。

9-4 触发器和触发信号如题图 9.1 所示,绘制输出端的输出信号波形。

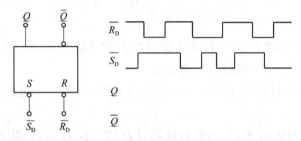

题图9.1

9-5 触发器和触发信号如题图 9.2 所示,绘制输出端的输出信号波形。

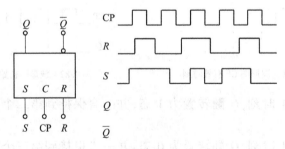

题图9.2

9-6 触发器和触发信号如题图 9.3 所示,绘制输出端的输出信号波形。

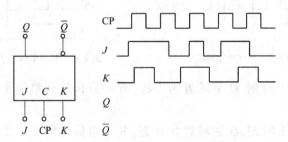

题图9.3

9-7 触发器和触发信号如题图 9.4 所示,绘制输出端的输出信号波形。

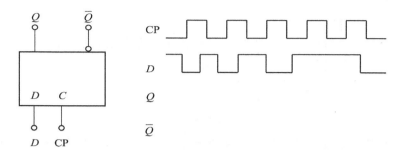

题图 9.4

9-8 触发器和触发信号如题图 9.5 所示,绘制输出端的输出信号波形。

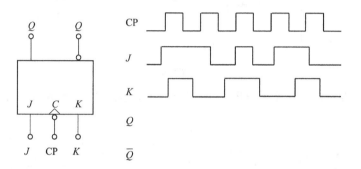

题图 9.5

9-9 触发器和触发信号如题图 9.6 所示,绘制输出端的输出信号波形。

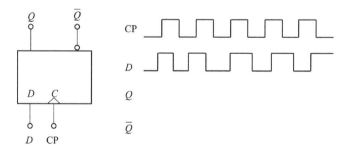

题图 9.6

9-10 触发器和触发信号如题图 9.7 所示,若初态为 1 态,绘制输出端 Q 的输出信号波形。

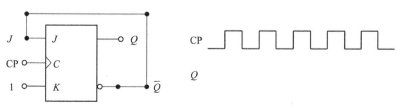

题图 9.7

9-11 触发器和触发信号如题图 9.8 所示,若初态为 0 态,绘制输出端 Q 的输出信号波形。

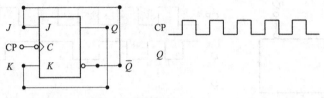

题图 9.8

9-12 触发器和触发信号如题图 9.9 所示,若初态为 1 态,绘制输出端 Q 的输出信号波形。

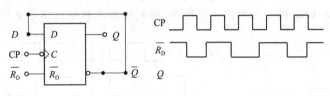

题图 9.9

9-13 触发器和触发信号如题图 9.10 所示,若初态为 0 态,绘制输出端 Q 的输出信号波形。

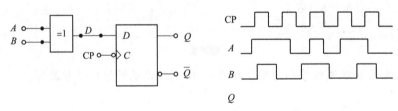

题图 9.10

第10章

时序逻辑电路

10.1 时序逻辑电路概念

在数字电路中,凡是任一时刻的稳定输出不仅决定于该时刻的输入,而且还和电路原来的状态有关者,都称为时序逻辑电路,简称时序电路。

10.1.1 组成结构

时序电路必然具有记忆功能,故组成时序电路的基本单元是触发器。时序逻辑电路结构如图10.1所示。

(1)时序逻辑电路包含组合逻辑电路和存储电路两个部分。

(2)存储电路的输出状态必须反馈到组合电路的输入端,与输入信号一起,共同决定组合逻辑电路的输出。

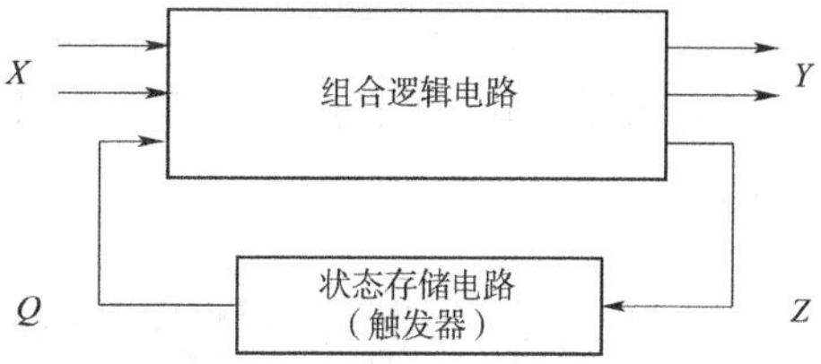

图10.1 时序逻辑电路组成结构

可用三个方程组来描述:

输出方程用于描述输出信号 Y、输入信号 X、现态信号 Q^n 之间关系。

$$\begin{cases} y_1 = f_1(x_1, x_2, \cdots, x_i, q_1^n, q_2^n, \cdots, q_l^n) \\ \qquad\qquad \vdots \\ y_j = f_j(x_1, x_2, \cdots, x_i, q_1^n, q_2^n, \cdots, q_l^n) \end{cases} \Rightarrow 输出方程\ Y = F(X, Q^n) \qquad (10.1)$$

驱动方程用于描述触发器触发信号(驱动信号)Z、输入信号 X、现态信号 Q^n 之间关系。

$$\begin{cases} z_1 = g_1(x_1, x_2, \cdots, x_i, q_1^n, q_2^n, \cdots, q_l^n) \\ \qquad\qquad \vdots \\ z_k = g_k(x_1, x_2, \cdots, x_i, q_1^n, q_2^n, \cdots, q_l^n) \end{cases} \Rightarrow 驱动方程\ Z = G(X, Q^n) \qquad (10.2)$$

状态方程用于描述触发器次态信号 $Q^{n+1}(Q^*)$、触发信号(驱动信号)Z、现态信号 Q^n 之间关系。

$$\begin{cases} q_1^{n+1} = h_1(z_1, z_2, \cdots, z_k, q_1^n, q_2^n, \cdots, q_l^n) \\ \qquad\qquad \vdots \\ q_l^{n+1} = h_l(z_1, z_2, \cdots, z_k, q_1^n, q_2^n, \cdots, q_l^n) \end{cases} \Rightarrow 状态方程\ Q^{n+1} = H(Z, Q^n) \qquad (10.3)$$

10.1.2 描述方法

时序电路的逻辑功能可以用状态方程、状态图、状态表、时序图四种方法来表示,四种表示方法是等价的,可以相互转换。

(1)状态方程。

状态方程是表明时序电路中触发器状态转换条件的代数表示方式。

如有触发器 F 状态方程为:

$$Q^{n+1} = X \cdot Q^n$$

则表明当 $X=1$、$Q^n=1$ 时,F 次态 $Q^{n+1}=1$。

(2)状态图。

状态图或状态转换图是反映时序电路转移规律以及相应输入、输出情况的图形。状态的符号为:状态图中每个圆圈表示一个状态;状态图中带箭头弧线表示状态转移方向;状态图中转移线旁标注出转移的外输入条件和当前的外输出情况。

(3)状态表。

状态表或状态转换表是反映时序电路中外输出及各个触发器次态 Q^{n+1} 与外部输入信号、现态 Q^n 之间逻辑关系的表格。

(4)时序图。

时序图是反映时序电路的输出 Y 和内部状态 Q 随时钟和输入信号变化的工作波形图。

10.2 时序逻辑电路分析

时序逻辑电路的分析是根据给定的时序逻辑电路,写出其电信号关系表达式,确定输出、输入、状态之间逻辑关系,并以此来描述其逻辑功能,评定电路设计的合理性、可靠性,指出原电路设计的不足之处,必要时提出改进意见和改进方案,便于完善、改进设计。

10.2.1 分析步骤

时序逻辑电路的分析步骤为:

(1)根据电路图,确定是否为时序逻辑电路(触发器逻辑类型和时钟有效);

(2)根据电路图,确定电路的输入信号、输出信号、状态信号、驱动信号;

(3)根据电路图,写出各触发器的驱动方程,电路的输出方程;

(4)将得到的驱动方程带入相应触发器的特性方程中,得到每个触发器的状态方程;

(5)根据三类方程,计算,列出状态转换表、状态转换图或波形图;

(6)总结出电路的逻辑功能。

10.2.2 分析实例

10.2.2.1 时序逻辑电路分析 1

【例 10.1】 已知某同步时序电路的逻辑图如图 10.2 所示,分析电路逻辑功能。

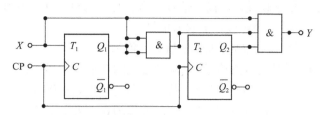

图 10.2 时序逻辑电路分析示例 1

解:(1)触发器类型和时钟有效情况。

电路中有 2 个 T 触发器,触发器逻辑方程为:

$$Q^{n+1} = T \cdot \overline{Q^n} + \overline{T} \cdot Q^n$$

两个 T 触发器时钟有效信号为:CP = 0→1 有效。

(2)电路的输入信号、输出信号、状态信号、驱动信号。

电路的输入信号为:X;

电路的输出信号为:Y;

电路的状态信号为 Q_2^n、Q_1^n,状态组合方式为 $Q_2^n Q_1^n$;

电路的驱动信号为:T_2、T_1。

(3)根据电路图,写出各触发器的驱动方程,电路的输出方程。

电路两个 T 触发器的驱动方程为:

$$T_1 = X$$

$$T_2 = Q_1^n \cdot X$$

电路的输出方程为:

$$Y = Q_2^n \cdot Q_1^n \cdot X$$

将上述得到的驱动方程带入两个 T 触发器的特性方程中,得到每个 T 触发器的状态方程。

T_1 触发器的状态方程为:

$$
\begin{aligned}
Q_1^{n+1} &= T_1 \cdot \overline{Q_1^n} + \overline{T_1} \cdot Q_1^n \\
&= X \cdot \overline{Q_1^n} + \overline{X} \cdot Q_1^n \\
&= X \oplus Q_1^n
\end{aligned}
$$

T_2 触发器的状态方程为:

$$
\begin{aligned}
Q_2^{n+1} &= T_2 \cdot \overline{Q_2^n} + \overline{T_2} \cdot Q_2^n \\
&= Q_1^n \cdot X \cdot \overline{Q_2^n} + \overline{Q_1^n \cdot X} \cdot Q_2^n
\end{aligned}
$$

(4)根据三类方程,计算,列出状态转换表、状态转换图。

①状态转换表。

时序逻辑电路的状态转换表为全部输入信号、现态信号、触发信号、次态信号、输出信号的 0、1 取值对应形式。

从信号时序分析而言,状态转换表中各信号时序为:

输入信号、现态信号、触发信号、输出信号为当前时序的对应 0、1 取值信号；

次态信号为下一个时序的对应 0、1 取值信号。

从信号取值关系而言，状态转换表中各信号取值为：

触发信号 $= G($输入信号，现态信号$)$ 是驱动方程的 0、1 表示形式；

次态信号 $= H($输入信号，现态信号$)$ 是状态方程的 0、1 表示形式；

输出信号 $= F($输入信号，现态信号$)$ 是输出方程的 0、1 表示形式。

因此，状态转换表可在列出输入信号、现态信号的全部 0、1 取值组合后，逐一利用驱动方程、次态方程、输出方程，分别计算列出驱动信号、次态信号、输出信号的全部 0、1 取值，有时在实践中，触发信号可省略。

本例中，输入信号 X、现态信号 $Q_2^n Q_1^n$ 的全部取值为一个八值集合，如下：

$$XQ_2^n Q_1^n \in \{000,001,010,011,100,101,110,111\}$$

再利用驱动方程、次态方程、输出方程，计算出触发信号、次态信号、输出信号的全部 0、1 取值，见表 10.1。

状态表

表 10.1

输入	现态		触发		次态		输出
X	Q_2^n	Q_1^n	T_2	T_1	Q_2^{n+1}	Q_1^{n+1}	Y
0	0	0	0	0	0	0	0
0	0	1	0	0	0	1	0
0	1	0	0	0	1	0	0
0	1	1	0	0	1	1	0
1	0	0	0	1	0	1	0
1	0	1	1	1	1	0	0
1	1	0	0	1	1	1	0
1	1	1	1	1	0	0	1

②状态转换图。

电路的状态信号由电路中 2 个 T 触发器输出端信号 $Q_2^n Q_1^n$ 组成，状态转换条件采用输入信号 X/输出信号 Y 取值表示，可利用表 10.1 中的输入信号 X、现态信号 $Q_2^n Q_1^n$、次态信号 $Q_2^{n+1} Q_1^{n+1}$ 三列信息表示状态转换图中的三个含义。

A. 电路的状态有哪些？

电路的状态用表 10.1 中现态信号 $Q_2^n Q_1^n$ 列的 0、1 取值信号表示，需要外加小圆形符号代表其状态含义。

由表 10.1 可知，本电路 $Q_2^n Q_1^n$ 状态有 00、01、10、11 四个状态。

B. 电路的状态转换情况有哪些？

电路的状态转换用表 10.1 中现态信号 $Q_2^n Q_1^n$ 列→次态信号 $Q_2^{n+1} Q_1^{n+1}$ 列的每行同行对应状态转换情况，采用有向箭头表示(起始为现态信号 $Q_2^n Q_1^n$，结束为次态信号 $Q_2^{n+1} Q_1^{n+1}$ 列)。

由表 10.1 可知,本电路现态信号 $Q_2^n Q_1^n$ 列→次态信号 $Q_2^{n+1} Q_1^{n+1}$ 列有:00→00、00→01、01→01、01→10、10→10、10→11、11→11、11→00 八种状态转换情况。

C. 电路的状态转换条件有哪些?

电路的状态转换条件用表 10.1 中现态信号 $Q_2^n Q_1^n$ 列→次态信号 $Q_2^{n+1} Q_1^{n+1}$ 列的同行对应输入信号 X、输出信号 Y 取值情况,采用 X/Y 表示(X 为输入信号,Y 为输出信号)。

本电路的状态转换条件有:00→00 状态转换条件为 0/0、00→01 状态转换条件为 1/0、01→01 状态转换条件为 0/0、01→10 状态转换条件为 1/0、10→10 状态转换条件为 0/0、10→11 状态转换条件为 1/0、11→11 状态转换条件为 0/0、11→00 状态转换条件为 1/1 八种状态转换条件。

依据上述分析,可绘制出电路的状态转换图如图 10.3 所示。

(5)波形图。

波形图需要表示电路状态随着时序脉冲、输入信号发生变化的情况。

①状态变换的有效时钟情况。

本电路的状态信号是由两个 T 触发器输出信号组成,由两个 T 触发器时钟有效信号为:CP = 0→1 有效,故电路状态 $Q_2^n Q_1^n → Q_2^{n+1} Q_1^{n+1}$ 变换有效时钟为 CP = 0→1 有效。

②状态变换的情况。

由本电路的状态方程可知,次态信号 $Q_2^{n+1} Q_1^{n+1}$ 同现态信号 $Q_2^n Q_1^n$、输入信号 X 有关,故可观察表 10.1 中,输入信号 X 列、现态信号 $Q_2^n Q_1^n$

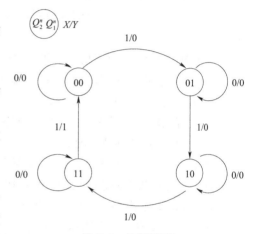

图 10.3 状态转换图

列→次态信号 $Q_2^{n+1} Q_1^{n+1}$ 列的每行同行对应状态转换情况,即为 $X Q_2^n Q_1^n → Q_2^{n+1} Q_1^{n+1}$ 的 0、1 取值对应关系。

本电路的状态转换情况有:000→00、001→01、010→10、011→11、100→01、101→10、110→11、111→00 八种情况。

由上述分析可知,输入信号 X 为 0 时,有四种状态转换关系;输入信号 X 为 1 时,另有四种状态转换关系。

为充分表示全部状态信号变换情况,建议输入信号 X 为 0,或输入信号 X 为 1 在波形图中,都维持四个 CP = 0→1 有效时刻以上。

状态图中有时也需要同时表示输出信号随着时序脉冲、输入信号、现态信号发生变化的情况。

由本电路的输出方程可知,输出信号 Y 同输入信号 X、现态信号 $Q_2^n Q_1^n$ 有关,故可观察表 10.1 中,输入信号 X 列、现态信号 $Q_2^n Q_1^n$ 列→输出信号 Y 列的每行同行对应状态转换情况,即为 $X Q_2^n Q_1^n → Y$ 的 0、1 取值对应关系。

本电路的输出信号情况有:000→0、001→0、010→0、011→0、100→0、101→0、110→0、111→1 八种情况。

因此,按照上述分析,在波形图中,绘制出时钟信号 CP、输入信号 X、状态信号 Q_2^n、Q_1^n、

输出信号 Y 的波形如图 10.4 所示,其中 CP = 0→1 有效时刻共有 10 个,依次编号为 1~10。

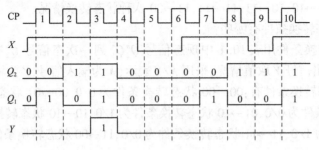

图 10.4 波形图

从图 10.4 可得到电路的一些特性:

A. 在 CP = 0→1 有效时刻,电路状态信号 Q_2^n、Q_1^n、输出信号 Y 可能会发生转换,其他时间无效;

B. 在输入信号 $X = 0$ 时,CP = 0→1 有效时刻时,状态信号 $Q_2^n Q_1^n$→$Q_2^{n+1} Q_1^{n+1}$ 保持无变化,如:00→00、01→01、10→10、11→11;在输入信号 $X = 1$ 时,CP = 0→1 有效时刻时,状态信号 $Q_2^n Q_1^n$→$Q_2^{n+1} Q_1^{n+1}$ 有新状态转换,如:00→01、01→10、10→11、11→00;

C. 只有当输入信号 $X = 1$,且现在状态信号 $Q_2^n Q_1^n = 11$ 时,才有输出信号 $Y = 1$。

(6)电路的逻辑功能情况。

电路是一个可控 4 进制计数器:X 端是控制端,时钟脉冲作为计数脉冲输入。

若 $X = 1$,且初态为 00 时,00→01→10→11→00,次态变化,类似于加法计数;

若 $X = 0$,且初态为 00 时,00→00、01→01、10→10、11→11,次态保持不变;

输出 Y 不仅取决于电路本身的状态 $Q_2^n Q_1^n$,而且也与输入变量 X 有关。

10.2.2.2 时序逻辑电路分析 2

【例 10.2】 已知某同步时序电路的逻辑图如图 10.5 所示,分析电路逻辑功能。

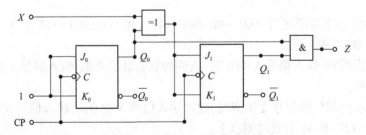

图 10.5 时序逻辑电路分析示例 2

解:(1)触发器类型和时钟有效情况。

电路中有 2 个 JK 触发器,触发器逻辑方程为:

$$Q^{n+1} = J \cdot \overline{Q^n} + \overline{K} \cdot Q^n$$

两个 JK 触发器时钟有效信号为:CP = 1→0 有效。

(2)电路的输入信号、输出信号、状态信号、驱动信号。

电路的输入信号为:X;

电路的输出信号为:Z;

电路的状态信号为：Q_1^n、Q_0^n，状态组合方式为 $Q_1^n Q_0^n$；

电路的驱动信号为：J_1、K_1、J_0、K_0；

（3）根据电路图，写出各触发器的驱动方程、电路的输出方程。

电路两个 JK 触发器的驱动方程为：

$$J_0 = 1, K_0 = 1$$

$$J_1 = X \oplus Q_0^n, K_1 = X \oplus Q_0^n$$

电路的输出方程为：

$$Z = Q_1^n \cdot Q_0^n$$

将上述得到的驱动方程带入两个 JK 触发器的特性方程中，得到每个 JK 触发器的状态方程。

$J_0 K_0$ 触发器的状态方程为：

$$
\begin{aligned}
Q_0^{n+1} &= J_0 \cdot \overline{Q_0^n} + \overline{K_0} \cdot Q_0^n \\
&= 1 \cdot \overline{Q_0^n} + \overline{1} \cdot Q_0^n \\
&= \overline{Q_0^n}
\end{aligned}
$$

$J_1 K_1$ 触发器的状态方程为：

$$
\begin{aligned}
Q_1^{n+1} &= J_1 \cdot \overline{Q_1^n} + \overline{K_1} \cdot Q_1^n \\
&= Q_0^n \oplus X \cdot \overline{Q_1^n} + \overline{Q_0^n \oplus X} \cdot Q_1^n \\
&= X \oplus Q_1^n \oplus Q_0^n
\end{aligned}
$$

（4）根据三类方程，计算，列出状态表、状态转换图。

①状态表。

状态转换表的组成信号构成类似于例 10.1，不再赘述。

本例中，输入信号 X、现态信号 $Q_1^n Q_0^n$ 的全部取值为一个八值集合，如下：

$$XQ_1^n Q_0^n \in \{000, 001, 010, 011, 100, 101, 110, 111\}$$

再利用驱动方程、次态方程、输出方程，计算出触发信号、次态信号、输出信号的全部 0、1 取值，见表 10.2。

状态表　　　　　　　　　　　　　　　　　　　　表 10.2

输入	现态		触发				次态		输出
X	Q_1^n	Q_0^n	J_1	K_1	J_0	K_0	Q_1^{n+1}	Q_0^{n+1}	Z
0	0	0	0	0	1	1	0	1	0
0	0	1	1	1	1	1	1	0	0
0	1	0	0	0	1	1	1	1	0
0	1	1	1	1	1	1	0	0	1
1	0	0	0	0	1	1	1	1	0
1	0	1	1	1	1	1	0	0	0
1	1	0	0	0	1	1	0	1	0
1	1	1	1	1	1	1	1	0	1

②状态转换图。

电路的状态信号由电路中 2 个 JK 触发器输出端信号 $Q_1^n Q_0^n$ 组成,状态转换条件采用输入信号 X/输出信号 Z 取值表示,可利用状态装换表中的输入信号 X、现态信号 $Q_1^n Q_0^n$、次态信号 $Q_1^{n+1} Q_0^{n+1}$ 三列信息表示状态转换图中的三个含义:

A. 电路的状态有哪些?

电路的状态用表 10.2 中现态信号 $Q_1^n Q_0^n$ 列的 0、1 取值信号表示,需要外加小圆形符号代表其状态含义。

由表 10.2 可知,本电路 $Q_2^n Q_1^n$ 状态有 00、01、10、11 四个状态。

B. 电路的状态转换情况有哪些?

电路的状态转换用表 10.2 中现态信号 $Q_1^n Q_0^n$ 列→次态信号 $Q_1^{n+1} Q_0^{n+1}$ 列的每行同行对应状态转换情况,采用有向箭头表示(起始为现态信号 $Q_1^n Q_0^n$,结束为次态信号 $Q_1^{n+1} Q_0^{n+1}$ 列)。

由表 10.2 可知,本电路现态信号 $Q_1^n Q_0^n$ 列→次态信号 $Q_2^{n+1} Q_1^{n+1}$ 列有:00→01、01→10、10→11、11→00、00→11、01→00、10→01、11→10 八种状态转换情况。

C. 电路的状态转换条件有哪些?

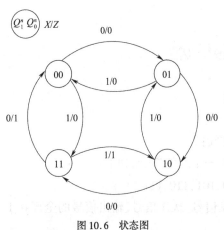

图 10.6 状态图

电路的状态转换条件用表 10.2 中现态信号 $Q_1^n Q_0^n$ 列→次态信号 $Q_1^{n+1} Q_0^{n+1}$ 列的同行对应输入信号 X、输出信号 Z 取值情况,采用 X/Z 表示(X 为输入信号,Z 为输出信号)。

本电路的状态转换条件有:00→01 状态转换条件为 0/0、01→10 状态转换条件为 0/0、10→11 状态转换条件为 0/0、11→00 状态转换条件为 0/1、00→11 状态转换条件为 1/0、01→00 状态转换条件为 1/0、10→01 状态转换条件为 1/0、11→10 状态转换条件为 1/1 八种状态转换条件。

依据上述分析,可绘制出电路的状态转换图如图 10.6 所示。

(5)波形图。

波形图需要表示电路状态随着时序脉冲、输入信号发生变化的两个情况。

①状态变换的有效时钟情况。

本电路的状态信号是由两个 JK 触发器输出信号组成,由两个 JK 触发器时钟有效信号为:CP = 1→0 有效,故电路状态 $Q_1^n Q_0^n$→$Q_1^{n+1} Q_0^{n+1}$ 变换有效时钟为 CP = 1→0 有效。

②状态变换的情况。

由本电路的状态方程可知,次态信号 $Q_1^{n+1} Q_0^{n+1}$ 同现态信号 $Q_1^n Q_0^n$、输入信号 X 有关,故可观察状态转换表 10.2 中,输入信号 X 列、现态信号 $Q_1^n Q_0^n$ 列→次态信号 $Q_1^{n+1} Q_0^{n+1}$ 列的每行同行对应状态转换情况,即为 $X Q_1^n Q_0^n$→$Q_1^{n+1} Q_0^{n+1}$ 的 0、1 取值对应关系。

本电路的状态转换情况有:000→01、001→10、010→11、011→00、100→11、101→00、110→01、111→10 八种情况。

由上述分析可知,输入信号 X 为 0 时,有四种状态转换关系;输入信号 X 为 1 时,另有四种状态转换关系,为充分表示全部状态信号变换情况,建议输入信号 X 为0,或输入信号 X 为1,都在波形图中维持四个 $CP = 1 \rightarrow 0$ 有效时刻以上。

状态图中有时也需要同时表示输出信号随着时序脉冲、输入信号、现态信号发生变化的情况。

由本电路的输出方程可知,输出信号 Z 同现态信号 $Q_1^n Q_0^n$ 有关,故可观察状态转换表10.2中,现态信号 $Q_1^n Q_0^n$ 列→输出信号 Z 列的每行同行对应状态转换情况,即为 $Q_1^n Q_0^n \rightarrow Z$ 的0、1取值对应关系。

本电路的输出信号情况有:$00 \rightarrow 0$、$01 \rightarrow 0$、$10 \rightarrow 0$、$11 \rightarrow 1$ 四种情况。

因此,按照上述分析,在如图10.7所示波形图中,绘制出时钟信号 CP、输入信号 X、状态信号 Q_1^n、Q_0^n、输出信号 Z 的波形如下,其中 $CP = 1 \rightarrow 0$ 有效时刻共有10个,依次编号为 $1 \sim 10$。

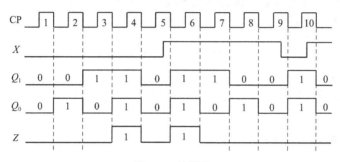

图10.7　波形图

从图10.7可得到电路的一些特性:

A. 在 $CP = 1 \rightarrow 0$ 有效时刻,电路状态信号 $Q_1^n Q_0^n$,输出信号 Z 会发生转换,其他时间无效;

B. 在输入信号 $X = 0$ 时,$CP = 1 \rightarrow 0$ 有效时刻时,状态信号 $Q_1^n Q_0^n \rightarrow Q_1^{n+1} Q_0^{n+1}$ 有新状态转换,如:$00 \rightarrow 01$、$01 \rightarrow 10$、$10 \rightarrow 11$、$11 \rightarrow 00$;在输入信号 $X = 1$ 时,$CP = 1 \rightarrow 0$ 有效时刻时,状态信号 $Q_1^n Q_0^n \rightarrow Q_1^{n+1} Q_0^{n+1}$ 有新状态转换,如:$00 \rightarrow 11$、$01 \rightarrow 00$、$10 \rightarrow 01$、$11 \rightarrow 10$;

C. 只有当现在状态信号 $Q_1^n Q_0^n = 11$ 时,才有输出信号 $Z = 1$。

(6)电路的逻辑功能情况。

电路是一个可控4进制计数器,X 端是控制端,时钟脉冲作为计数脉冲输入。

若 $X = 0$,且初态为00时,$00 \rightarrow 01 \rightarrow 10 \rightarrow 11 \rightarrow 00$,次态变化,类似于加法计数;

若 $X = 1$,且初态为00时,$00 \rightarrow 11 \rightarrow 10 \rightarrow 01 \rightarrow 00$,次态变化,类似于减法计数;

输出 Z 取决于电路本身的状态 $Q_1^n Q_0^n = 1$,同输入变量 X 无关。

10.2.2.3　时序逻辑电路分析3

【例10.3】 已知某同步时序电路的逻辑图如图10.8所示,分析电路逻辑功能。

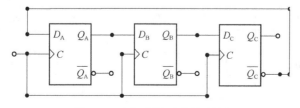

图10.8　时序逻辑电路分析示例3

解:(1)触发器类型和时钟有效情况

电路中有 3 个 D 触发器,触发器逻辑方程为:

$$Q^{n+1} = D$$

三个 D 触发器时钟有效信号为:CP = 0→1 有效。

(2)电路的输入信号、输出信号、状态信号、驱动信号。

电路的输入信号为:无;

电路的输出信号为:无;

电路的状态信号为:Q_A^n、Q_B^n、Q_C^n,状态组合方式为 $Q_C^n Q_B^n Q_A^n$;

电路的驱动信号为:D_A、D_B、D_C。

(3)根据电路图,写出各触发器的驱动方程,电路的输出方程。

电路三个 D 触发器的驱动方程为:

$$D_A = \overline{Q_C^n}, D_B = Q_A^n, D_C = Q_B^n$$

电路的输出方程为:无。

(4)将上述得到的驱动方程带入三个 D 触发器的特性方程中,得到每个 D 触发器的状态方程。

D_A 触发器的状态方程为:

$$Q_A^{n+1} = D_A = \overline{Q_C^n}$$

D_B 触发器的状态方程为:

$$Q_B^{n+1} = D_B = Q_A^n$$

D_C 触发器的状态方程为:

$$Q_C^{n+1} = D_C = Q_B^n$$

(5)根据三类方程,计算,列出状态转换表、状态转换图。

①状态转换表。

本例中,无输入信号 X,现态信号 $Q_C^n Q_B^n Q_A^n$ 的全部取值可一个八个值集合,如下:

$$Q_C^n Q_B^n Q_A^n \in \{000,001,010,011,100,101,110,111\}$$

再利用驱动方程、次态方程、输出方程计算出触发信号、次态信号、输出信号的全部 0、1 取值,见表10.3。

状态表　　　　　　　　　　　　　表 10.3

输入	现态			触发			次态			输出
无	Q_C^n	Q_B^n	Q_A^n	D_C	D_B	D_A	Q_C^{n+1}	Q_B^{n+1}	Q_A^{n+1}	无
	0	0	0	0	0	1	0	0	1	
	0	0	1	0	1	1	0	1	1	
	0	1	0	1	0	1	1	0	1	
	0	1	1	1	1	1	1	1	1	

续上表

输入	现态			触发			次态			输出
无	Q_C^n	Q_B^n	Q_A^n	D_C	D_B	D_A	Q_C^{n+1}	Q_B^{n+1}	Q_A^{n+1}	无
	1	0	0	0	0	0	0	0	0	
	1	0	1	0	1	0	0	1	0	
	1	1	0	1	0	0	1	0	0	
	1	1	1	1	1	0	1	1	0	

②状态转换图。

电路的状态信号由电路中 3 个 D 触发器输出端信号 $Q_C^n Q_B^n Q_A^n$ 组成,由于无输入信号和无输出信号,在 $CP = 0 \rightarrow 1$ 有效时,就发生状态转换,用现态信号 $Q_C^n Q_B^n Q_A^n$、次态信号 $Q_C^{n+1} Q_B^{n+1} Q_A^{n+1}$ 三列信息表示状态转换图中的三个含义:

A. 电路的状态有哪些?

电路的状态用状态表 10.3 中用现态信号 $Q_C^n Q_B^n Q_A^n$ 列的 0、1 取值信号表示,需要外加小圆形符号代表其状态含义。

由表 10.3 可知,本电路 $Q_C^n Q_B^n Q_A^n$ 状态有:000、001、010、011、100、101、110、111 八个状态。

B. 电路的状态转换情况有哪些?

电路的状态转换用表 10.3 中现态信号 $Q_C^n Q_B^n Q_A^n$ 列→次态信号 $Q_C^{n+1} Q_B^{n+1} Q_A^{n+1}$ 列的每行同行对应状态转换情况,采用有向箭头表示(起始为现态信号 $Q_C^n Q_B^n Q_A^n$,结束为次态信号 $Q_C^{n+1} Q_B^{n+1} Q_A^{n+1}$ 列)。

本电路现态信号 $Q_C^n Q_B^n Q_A^n$ 列→次态信号 $Q_C^{n+1} Q_B^{n+1} Q_A^{n+1}$ 列有:000→001、001→011、010→101、011→111、100→000、101→010、110→100、111→110 等八种状态转换情况。

C. 电路的状态转换条件有哪些?

电路的状态转换条件用表 10.3 中现态信号 $Q_C^n Q_B^n Q_A^n$ 列→次态信号 $Q_C^{n+1} Q_B^{n+1} Q_A^{n+1}$ 列的同行对应输入信号、输出信号取值情况,由于无输入信号和无输出信号,在 $CP = 0 \rightarrow 1$ 有效时,就发生状态转换。

依据上述分析,可绘制出电路的状态转换图如图 10.9 所示。

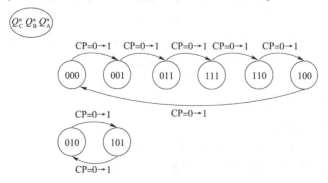

图 10.9 状态图

（6）波形图。

波形图需要表示电路状态随着时序脉冲、输入信号发生变化的两个情况：

①状态变换的有效时钟情况。

本电路的状态信号是由三个 D 触发器输出信号组成，由三个 D 触发器时钟有效信号为：CP = 0→1 有效，故电路状态变换有效时钟为 CP = 0→1 有效。

②状态变换的情况。

由本电路的状态方程可知，次态信号 $Q_C^{n+1} Q_B^{n+1} Q_A^{n+1}$ 同现态信号 $Q_C^n Q_B^n Q_A^n$ 有关，故可观察状态转换表 10.3 中，现态信号 $Q_C^n Q_B^n Q_A^n$ 列→次态信号 $Q_C^{n+1} Q_B^{n+1} Q_A^{n+1}$ 列的每行同行对应状态转换情况，即为 $Q_C^n Q_B^n Q_A^n$，$Q_C^{n+1} Q_B^{n+1} Q_A^{n+1}$ 的 0、1 取值对应关系。

本电路的状态转换情况有：000→001、001→011、010→101、011→111、100→000、101→010、110→100、111→110 八种情况。

由上述分析可知，有八种状态转换关系，为充分表示全部状态信号变换情况，建议在波形图中维持八个 CP = 0→1 有效时刻以上。

电路无输出信号，波形图中不需要绘制波形曲线。

因此，按照上述分析，在图 10.10 所示波形图绘制出时钟信号 CP、状态信号 Q_C、Q_B、Q_C 波形，其中 CP = 0→1 有效时刻共有 10 个，依次编号为 1～10。

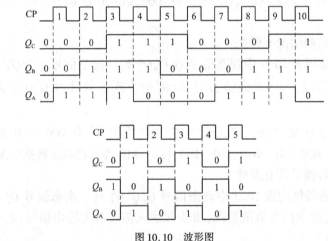

图 10.10 波形图

从图 10.10 可得到电路的一些特性：

A. 在 CP = 0→1 有效时刻，电路状态信号 $Q_C^n Q_B^n Q_A^n$ 会发生转换，其他时间无效；

B. 在 CP = 0→1 有效时刻时，状态信号 $Q_C^n Q_B^n Q_A^n$→$Q_C^{n+1} Q_B^{n+1} Q_A^{n+1}$ 有新状态转换，但有两种状态转换关系，即为：6 个状态间的转换 000→001→011→111→110→100→000；2 个状态间的转换 010→101→010。

C. 无输入信号、无输出信号。

（7）电路的逻辑功能情况。

考虑电路设计中一般是使用其主要工作状态情况，因此，一般把多数状态间的转换形式作为电路工作有效的形式，少数状态间的转换形式作为电路工作无效的形式。

电路有 6 个有效状态的相互转换，只受到 CP = 0→1 有效时刻、现态信号的影响，可以是一个 6 进制计数器,同时有两个无效状态的相互转换。

时钟脉冲作为计数脉冲输入。

若初态为 000 时,000→001→011→111→110→100→000,6 个有效状态相互转换;

若初态为 010 时,010→101→010,2 个无效状态相互转换。

同时,需要注意的是,由于该电路的 6 个有效状态间转换、2 个无效状态间转换的两种状态转换形式并无相同状态存在,故电路的 2 种工作状态转换关系无法相互转向。即当电路工作在 6 个有效工作状态时,一般不会出现转向另外 2 个无效工作状态的失效情况;但类似的,若电路一旦工作在 2 个无效工作状态时,一般也不会恢复到 6 个有效工作状态,这种工作特性被称为无法自启动。

在时序逻辑电路工作需求中,为让电路具有一定的失效恢复、工作恢复的能力,一般是要求电路能具有从无效工作状态循环转向有效工作状态循环的能力,该功能要求一般被称为电路可以自启动。

自启动是时序逻辑电路的一种重要工作能力,后面设计内容部分会讨论如何设计实现具有自启动能力的时序逻辑电路。

10.3 时序逻辑电路设计

时序逻辑电路设计是依据电路设计需求,设计出功能相符合的时序逻辑电路,过程上同时序逻辑电路分析互逆。

10.3.1 设计步骤

同步时序逻辑电路设计步骤如图 10.11 所示,主要步骤说明如下:

第一步,进行设计需求分析,将实际问题转换为逻辑问题描述形式,以便于用数字电子技术的概念、方法来进行处理;

第二步,由逻辑问题描述,得到时序状态转换情况:状态类型数量情况、转换情况等,形成规范化的状态表或者状态图形式;

第三步,用二进制代码表示状态及其变换,得到逻辑状态信号、输入信号、输出信号之间的逻辑代数式方程形式;

第四步,将逻辑代数式方程表示为电路信号连接关系的电路图形式。

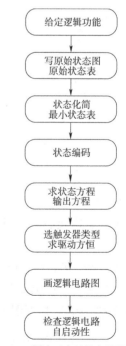

图 10.11 同步时序逻辑电路设计步骤

10.3.2 设计举例

10.3.2.1 时序逻辑电路设计 1

【例 10.4】 设计一个七进制计数器,要求计数器状态转换图如图 10.12 所示。

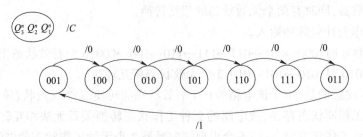

图 10.12 状态转换设计需求

解: 设计问题中已经直接给出了所需要的状态图,完整设计步骤中的第一步、第二步就可跳过,需要直接从第三步的状态图中获取状态信号、输入信号、输出信号关系的逻辑表达式方程形式。

(1)由状态图形式可知,问题的状态信号由 Q_3^n、Q_2^n、Q_1^n 三位信号组成,表示为 $Q_3^n Q_2^n Q_1^n$;输入信号无;输出信号为 C。

(2)为便于认识状态图描述的逻辑变化情况,可得到其状态表形式,列出现态 $Q_3^n Q_2^n Q_1^n$ 全部八种情况,状态图得到对应次态 $Q_3^{n+1} Q_2^{n+1} Q_1^{n+1}$,及现在输出信号 C,见表 10.4。

状态表设计需求   表 10.4

输入	现态			触发	次态			输出
无	Q_3^n	Q_2^n	Q_1^n	?	Q_3^{n+1}	Q_2^{n+1}	Q_1^{n+1}	C
	0	0	0		×	×	×	×
	0	0	1		1	0	0	0
	0	1	0		1	0	1	0
	0	1	1	?	0	0	1	1
	1	0	0		0	1	0	0
	1	0	1		1	1	0	0
	1	1	0		1	1	1	0
	1	1	1		0	1	1	0

(3)由上述状态表或状态图可得到状态变化情况 $Q_3^n Q_2^n Q_1^n \rightarrow Q_3^{n+1} Q_2^{n+1} Q_1^{n+1}$,输出情况 $Q_3^n Q_2^n Q_1^n \rightarrow C$。

(4)为便于建立状态信号、输出信号间变化的逻辑表达式方程关系,可以卡诺图形式描述:$Q_3^n Q_2^n Q_1^n \rightarrow Q_3^{n+1}$ 情况如图 10.13 所示。

$Q_3^n Q_2^n Q_1^n \rightarrow Q_2^{n+1}$ 情况图 10.14 所示。

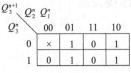

Q_3^{n+1} $\quad Q_2^n Q_1^n$				
Q_3^n	00	01	11	10
0	×	1	0	1
1	0	1	0	1

图 10.13 Q_3^{n+1} 卡诺图

Q_2^{n+1} $\quad Q_2^n Q_1^n$				
Q_3^n	00	01	11	10
0	×	0	0	0
1	1	1	1	1

图 10.14 Q_2^{n+1} 卡诺图

$Q_3^n Q_2^n Q_1^n \rightarrow Q_1^{n+1}$ 情况如图 10.15 所示。

$Q_3^n Q_2^n Q_1^n \to C$ 情况如图 10.16 所示。

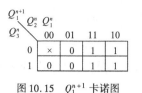

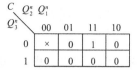

图 10.15　Q_1^{n+1} 卡诺图　　　　图 10.16　C 卡诺图

(5)卡诺图常规化简后(不考虑无关项),可得三个状态方程 $Q_3^{n+1}=f_{Q3}(Q_3^n Q_2^n Q_1^n)$、$Q_2^{n+1}=f_{Q2}(Q_3^n Q_2^n Q_1^n)$、$Q_1^{n+1}=f_{Q1}(Q_3^n Q_2^n Q_1^n)$、一个输出方程 $C=f_C(Q_3^n Q_2^n Q_1^n)$,如下:

$$
\begin{cases}
Q_3^{n+1} = Q_2^n \oplus Q_1^n \\
Q_2^{n+1} = Q_3^n \\
Q_3^{n+1} = Q_2^n
\end{cases}
\qquad C = \overline{Q_3^n} \cdot Q_2^n \cdot Q_1^n
$$

此时,状态变化情况 $Q_3^n Q_2^n Q_1^n 000 \to Q_3^{n+1} Q_2^{n+1} Q_1^{n+1} 000$,表明问题中的无效状态 000 下一个次态依然是无效状态 000,这对电路工作是不利的。

若电路出现一些意外工作情况,进入了无效状态 000,电路自身没有办法再进入下一个工作状态。

无效工作状态彼此之间的变化导致了电路无法实现自启动,丧失了经过若干时序后,再次恢复正常工作状态的能力,在实践中一般应该避免这种情况。

解决电路无法自启动的方式可考虑为:

指定无效状态 000 下一个次态是某一个正常状态,本例中可考虑为:$Q_3^n Q_2^n Q_1^n 000 \to Q_3^{n+1} Q_2^{n+1} Q_1^{n+1} 010$。

图 10.17 所示的卡诺图化简中应用了上述的无关项化简思路,此时表明化简得到的 $Q_2^{n+1}=f_{Q2}(Q_3^n Q_2^n Q_1^n)$,已包含了该无关项所限定的 $Q_2^n 0 \to Q_2^{n+1} 1$ 含义。

图 10.17　设计调整的卡诺图(例 10.4)

三个状态方程 $Q_3^{n+1}=f_{Q3}(Q_3^n Q_2^n Q_1^n)$、$Q_2^{n+1}=f_{Q2}(Q_3^n Q_2^n Q_1^n)$、$Q_1^{n+1}=f_{Q1}(Q_3^n Q_2^n Q_1^n)$、一个输出方程 $C=f_C(Q_3^n Q_2^n Q_1^n)$,形式如下:

$$
\begin{cases}
Q_3^{n+1} = Q_2^n \oplus Q_1^n \\
Q_2^{n+1} = Q_3^n + \overline{Q_2^n} \cdot \overline{Q_1^n} \\
Q_1^{n+1} = Q_2^n
\end{cases}
\qquad C = \overline{Q_3^n} \cdot Q_2^n \cdot Q_1^n
$$

驱动方程的建立需要明确电路中,采用的触发器触发信号类型,因此需要选择待使用的触发器类型。

(6)若选择用 D 触发器组成这个电路,将状态方程化成 D 触发器特性方程的标准形式:

$$Q^{n+1} = D$$

根据(5)中得到的状态方程形式,可得到三位触发器 $Q_3^n Q_2^n Q_1^n$ 的驱动方程为:

$$\begin{cases} Q_3^{n+1} = Q_2^n \oplus Q_1^n \\ Q_2^{n+1} = Q_3^n + \overline{Q_2^n} \cdot \overline{Q_1^n} \\ Q_1^{n+1} = Q_2^n \end{cases} \Rightarrow \begin{cases} D_3 = Q_2^n \oplus Q_1^n \\ D_2 = Q_3^n + \overline{Q_2^n} \cdot \overline{Q_1^n} \\ D_1 = Q_2^n \end{cases}$$

（7）若选用 D 触发器构成设计电路，根据驱动方程、输出方程的逻辑表达式形式，得出设计的逻辑电路图，如图 10.18 所示。

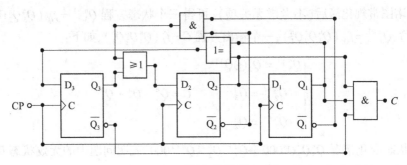

图 10.18　D 触发器构成逻辑电路

图 10.18 电路图中，三个触发器驱动信号 D_1、D_2、D_3 的信号连接可由上述驱动方程得到，输出信号 C 可由上述输出方程得到。

（8）JK 触发器的电路构成分析。

为便于对比采用不同类型触发器构成电路的不同之处，若再选用 JK 触发器组成电路，需要将状态方程化成 JK 触发器特性方程的标准形式，为：

$$Q^{n+1} = J \cdot \overline{Q^n} + \overline{K} \cdot Q^n$$

因此，按此形式，将三位触发器 $Q_3^n Q_2^n Q_1^n$ 状态方程进行 JK 形式变换为：

$$\begin{cases} Q_3^{n+1} = Q_2^n \oplus Q_1^n (Q_3^n + \overline{Q_3^n}) = (Q_2^n \oplus Q_1^n) \cdot \overline{Q_3^n} + (Q_2^n \oplus Q_1^n) \cdot Q_3^n \\ Q_2^{n+1} = Q_3^n (Q_2^n + \overline{Q_2^n}) + \overline{Q_2^n} \cdot \overline{Q_1^n} = (Q_3^n + \overline{Q_1^n}) \cdot \overline{Q_2^n} + Q_3^n \cdot Q_2^n \\ Q_1^{n+1} = Q_2^n (Q_1^n + \overline{Q_1^n}) = Q_2^n \cdot \overline{Q_1^n} + Q_2^n \cdot Q_1^n \end{cases}$$

则三位触发器 $Q_3^n Q_2^n Q_1^n$ 的驱动方程为：

$$\begin{cases} J_3 = Q_2^n \oplus Q_1^n, K_3 = \overline{Q_2^n \oplus Q_1^n} \\ J_2 = Q_3^n + \overline{Q_1^n}, K_2 = \overline{Q_3^n} \\ J_1 = Q_2^n, K_1 = \overline{Q_2^n} \end{cases}$$

电路逻辑图可根据 JK 触发器类型的驱动方程、输出方程逻辑表达式，连接得到如图 10.19 所示的逻辑电路图。

图 10.19 所示电路中，三个触发器驱动信号 J_3、K_3、J_2、K_2、J_1、K_1 的信号连接可由上述驱动方程得到，输出信号 C 可由上述输出方程得到。

设计完成的时序逻辑电路工作状态如图 10.20 所示。

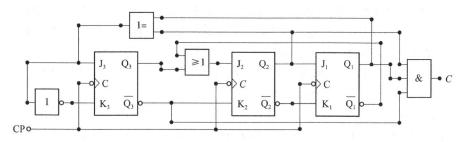

图 10.19　JK 触发器构成逻辑电路

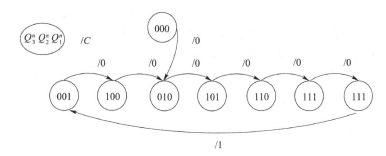

图 10.20　设计电路的工作状态图

从图 10.20 所示可知,已经实现了需求的状态变化,并且,从电路自启动性能方面,增添了一个无效状态 000 到有效状态 010 的附加自启动功能。

10.3.2.2　时序逻辑电路设计2

【例10.5】　设计一个串行数据检测电路,当连续输入 3 个或 3 个以上 1 时,电路的输出为 1,其他情况下输出为 0。

如:输入 X 101100111011110;输入 Y 000000001000110

解:由于设计问题中没有给出所需要的状态图,需要按照完整设计步骤中的第一步、第二步得到状态情况(状态图或者状态表),再从第三步的状态图中获取状态信号、输入信号、输出信号关系的逻辑表达式方程形式。

(1)设计需求分析。

从题意可知,电路输出信号为 1 时,表明当前输入信号为一个 1,并且电路已累计连续输入了 3 个及以上的 1 的输入信号;否则,电路输出信号为 0。

电路输出信号除了受到当前输入信号为 1 或者 0 的影响,在输入信号为 1 时,还需要关注之前连续输入信号为 1 的累计情况。

若把累计连续输入信号为 1 的数量作为一个电路状态信号,则该问题的工作需求表明了电路的输出信号同时受到当前输入信号、状态信号的影响。

因此,能实现该需求的电路一定是一个时序逻辑电路。

(2)状态需求情况分析。

从设计需求可得,输入信号为输入的 0 或 1,用 X 代表;输出信号为 0 或 1,用 Y 代表;状态信号为累计连续输入了 1 数量情况,用 S 代表。

若设电路开始处于初始状态为 S0(S0 代表无输入 0,无输入 1 的状态),电路工作情况为:第一次输入 1 时,由状态 S0 转入状态 S1(S1 代表已输入一个 1 的状态),并输出 0;若继续输入

1,由状态 S1 转入状态 S2(S2 代表已连续输入两个 1 的状态),并输出 0;如果仍接着输入 1,由状态 S2 转入状态 S3(S3 代表已连续输入是三个 1 的状态),并输出 1;此后若继续输入 1,电路仍停留在状态 S3(S3 同时代表已连续输入是三个以上 1 的状态),并输出 1;只要输入 0,电路无论处在什么状态,都应回到初始状态,并输出 0,以便重新工作计数输入 1 的数量。

据此建立原始状态图如图 10.21 所示。

(3)状态化简。

为化简状态数量,可利用等价状态减少原始状态中状态数量。原始状态图中,凡是在输入相同时,输出相同、要转换到的次态也相同的状态,称为等价状态。状态化简就是将多个等价状态合并成一个状态,把多余的状态都去掉,从而得到最简的状态图。

图 10.21 原始状态图中,状态 S2 和 S3 等价。等价原因是:它们在输入为 1 时,输出都为 1,且都转换到次态 S3;在输入为 0 时,输出都为 0,且都转换到次态 S0。所以,状态 S2 和 S3 可以合并为一个状态,合并后的状态用 S2 表示,化简后的状态图如图 10.22 所示。

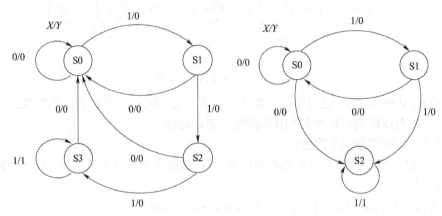

图 10.21　设计需求原始状态图　　　　图 10.22　设计需求化简状态图

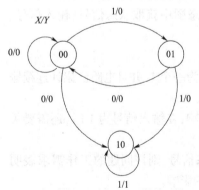

图 10.23　设计需求化编码态图(例 10.5)

(4)状态编码。采用二进制代码对简化状态图的不同进行编码,用不同代码表示不同状态。

简化状态图 10.22 中有三个不同状态 S0、S1、S2,可用两位 0、1 代码表示,选择两位 0、1 代码中的 00 代表 S0 状态、01 代表 S1 状态、10 代表 S2 状态,则简化状态图变化为二进制状态图,如图 10.23 所示。

(5)由状态图求输出方程、状态方程,并选触发器确定驱动方程。

输入信号为 X,输出信号为 Y,状态信号需要用两位触发器输出信号 Q_1^n、Q_0^n 组合表示描述状态信号 $Q_1^n Q_0^n$。

状态信号 $Q_1^{n+1} Q_0^{n+1}$ 的卡诺图形式如图 10.24 所示。

状态方程为:

$$Q_1^{n+1} = X \cdot Q_0^n + X \cdot Q_1^n \qquad Q_0^{n+1} = X \cdot \overline{Q_1^n} \cdot \overline{Q_0^n}$$

输出信号 Y 的卡诺图形式如图 10.25 所示。

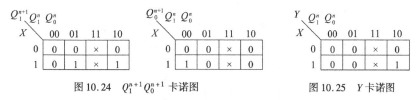

图 10.24　$Q_1^{n+1}Q_0^{n+1}$ 卡诺图　　　　图 10.25　Y 卡诺图

输出方程为：

$$Y = X \cdot Q_1^n$$

选用 2 个 CP 下降沿触发的 JK 触发器描述 $Q_1^n Q_0^n$，由状态方程可得驱动方程 J_1、K_1、J_0、K_0 形式为：

$$Q_1^{n+1} = X \cdot Q_0^n + X \cdot Q_1^n = (X \cdot Q_0^n + X \cdot Q_1^n) \cdot (Q_1^n + \overline{Q_1^n}) = X \cdot Q_0^n \cdot \overline{Q_1^n} + X \cdot Q_1^n$$

$$Q_0^{n+1} = X \cdot \overline{Q_1^n} \cdot \overline{Q_0^n} = X \cdot \overline{Q_1^n} \cdot \overline{Q_0^n} \cdot (Q_0^n + \overline{Q_0^n}) = X \cdot \overline{Q_1^n} \cdot \overline{Q_0^n} + 0 \cdot Q_0^n$$

$$\begin{cases} J_1 = X \cdot Q_0^n, & K_1 = \overline{X} \\ J_0 = X \cdot \overline{Q_1^n}, & K_0 = 1 \end{cases}$$

（6）由输出方程、触发方程可得逻辑电路图，如图 10.26 所示。

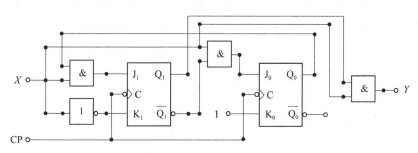

图 10.26　JK 触发器构成逻辑电路

图 10.26 中，两个触发器驱动信号 J_1、K_1、J_0、K_0 的信号连接可由上述驱动方程得到，输出信号 Y 可由上述输出方程得到。

（7）电路能否自启动。

将无效状态 11 代入设计电路的输出方程和状态方程计算，有：

$$00 \xleftarrow{0/0} 11 \xrightarrow{1/1} 10$$

设计得到的电路能够自启动。

❓ 习题10

10-1　逻辑电路如题图 10.1 所示，列出输出方程、触发方程，状态方程及其状态表，绘制状态图和波形图，分析其逻辑功能。

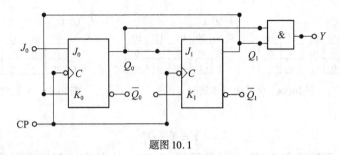

题图 10.1

10-2 逻辑电路如题图 10.2 所示,列出输出方程、触发方程,状态方程及其状态表,绘制状态图和波形图,分析其逻辑功能。

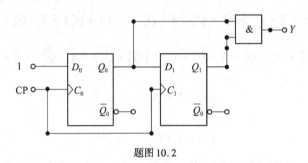

题图 10.2

10-3 逻辑电路如题图 10.3 所示,列出输出方程、触发方程,状态方程及其状态表,绘制状态图和波形图,分析其逻辑功能。

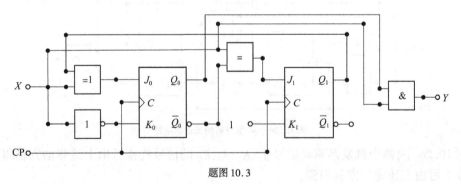

题图 10.3

10-4 逻辑电路如题图 10.4 所示,列出输出方程、触发方程,状态方程及其状态表,绘制状态图和波形图,分析其逻辑功能。

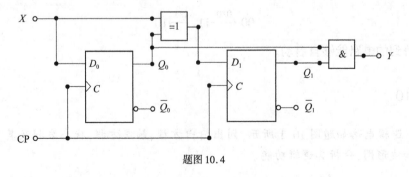

题图 10.4

10-5　逻辑电路如题图 10.5 所示,列出输出方程、触发方程,状态方程及其状态表,绘制状态图和波形图,分析其逻辑功能。

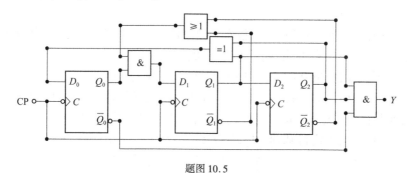

题图 10.5

10-6　逻辑状态如题图 10.6 所示,采用两种不同触发器,设计逻辑电路完成该功能。

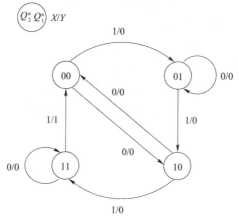

题图 10.6

10-7　逻辑状态如题图 10.7 所示,采用 JK 触发器,设计逻辑电路完成该功能。

10-8　逻辑状态如题图 10.8 所示,采用 D 触发器,设计逻辑电路完成该功能。

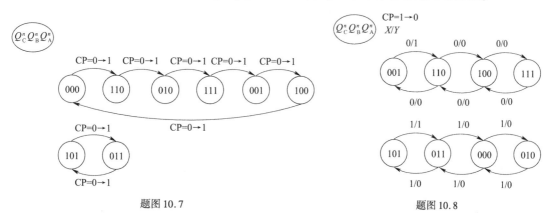

题图 10.7　　　　　　　题图 10.8

10-9　设计一个倒计时 10 的逻辑电路,到 0 后,电路显示红灯,并停止工作。

10-10　设计一个 20 以内的奇偶指示电路,要求偶数时输出高电平。

参 考 文 献

[1] 李哲英,骆丽,刘元盛.电子科学与技术导论[M].3 版.北京:电子工业出版社,2016.

[2] 邱关源.电路[M].5 版.北京:高等教育出版社,2006.

[3] 王磊,曾令琴.电路分析基础[M].5 版.北京:人民邮电出版社,2021.

[4] 童诗白,华成英.模拟电子技术基础[M].5 版.北京:高等教育出版社,2015.

[5] 朱正涌.半导体集成电路[M].2 版.北京:清华大学出版社,2009.

[6] 高文焕,李冬梅.电子线路基础[M].2 版.北京:高等教育出版社,2006.

[7] 阎石,王红.数字电子技术基础[M].6 版.北京:高等教育出版社,2016.

[8] 张克农.数字电子技术基础[M].2 版.北京:高等教育出版社,2010.

[9] 康华光.电子技术基础[M].6 版.北京:高等教育出版社,2014.

[10] 谢嘉奎.电子线路[M].5 版.北京:高等教育出版社,2010.

[11] 李洁编.电子技术基础[M].2 版.北京:清华大学出版社,2012.

[12] 杨建国.你好,放大器(初识篇)[M].北京:科学出版社,2015.

[13] 梁明理,孙尽尧.电子线路[M].6 版.北京:高等教育出版社,2019.

[14] 李国林.电子电路与系统基础[M].北京:清华大学出版社,2017.

[15] 王志功,沈永朝.电路与电子线路基础—电子线路部分[M].北京:高等教育出版社,2013.